高等学校建筑学专业系列教材

建 筑 力 学

李前程　安学敏　编著
赵　彤　刘明威　主审

中国建筑工业出版社

图书在版编目（CIP）数据

建筑力学/李前程，安学敏编著. —北京：中国建筑工
业出版社，2005
（高等学校建筑学专业系列教材）
ISBN 978-7-112-01307-4

Ⅰ. 建… Ⅱ. ①李… ②安… Ⅲ. 建筑力学-高等
学校-教材 Ⅳ.TU311

中国版本图书馆 CIP 数据核字（2005）第 106681 号

　　本书是根据力学知识自身的内在联系，针对建筑学、城市规划、建筑管理、房地产专业的特点编写而成的。该书共十五章，主要内容包括静力学基础，静定及超静定结构的内力计算，构件的强度、刚度、稳定性。各章均有小结、思考题和习题，习题附有答案。

　　该书可作为高等工业院校建筑学、城市规划、建筑管理、房地产等专业的教学用书，也可供建筑技术人员参考。

高等学校建筑学专业系列教材

建 筑 力 学

李前程　安学敏　编著

赵　彤　刘明威　主审

中国建筑工业出版社出版、发行（北京西郊百万庄）
各地新华书店、建筑书店经销
北京富生印刷厂印刷

＊

开本：787×1092 毫米　1/16　印张：19½　字数：473 千字
1998 年 4 月第一版　2019 年 2 月第三十七次印刷
定价：**27.00** 元
ISBN 978-7-112-01307－4
（14905）

修 订 前 言

本书是根据高等工业院校建筑学、城市规划、建筑管理、房地产等专业的特点编写的。全书讲述了静力学基础，静定及超静定结构的内力计算，构件的强度、刚度、稳定性问题等内容。

本书依据力学知识自身的内在联系，将理论力学、材料力学、结构力学组织形成新的建筑力学课程体系。该体系体现了建筑力学知识的系统性，保证了专业对力学知识的基本要求。这一新体系的特点是：

(1) 反映建筑力学基本理论的科学性、系统性。

(2) 确保专业对建筑力学知识的基本需要。

(3) 按专业培养目标确定教学内容的深度广度及对学生能力方面的培养要求。

(4) 删减重复和不必要的内容。

本书是在一九九一年版建筑力学的基础上改编而成的，经过几年来在我校及其他院校的建筑学、城市规划、建筑管理、房地产等专业的教学实践表明，建筑力学的课程体系和内容完全满足上述专业对力学知识的需求，较好地解决了上述各专业在力学课程教学中存在的问题。这次改编是根据教学改革及培养跨世纪人才的需要，适当地增编了一些内容，对某些问题的讨论加强了定性分析，对一些不足之处及印刷错误作了改正，使得本书进一步完善。

本书由李前程、安学敏编著，赵彤、刘明威主审，编写分工为：一、二、七、八、九、十、十一、十四、十五章由安学敏编写，三、四、五、六、十二、十三章由李前程编写。

教材改革是一项长期的工作，需要经受教学的检验，希望使用本书的广大读者及教师多提宝贵意见。

目　　录

第一章 绪 论

§1-1 结 构 与 构 件

建筑物中承受荷载而起骨架作用的部分称为结构。图 1-1 中所示的即为一单层厂房结构。结构受荷载作用时，如不考虑建筑材料的变形，其几何形状和位置不发生改变。

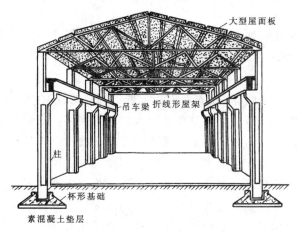

图 1-1

组成结构的各单独部分称为构件。图 1-1 中的基础、柱、吊车梁、屋面板等均为构件。

结构一般可按其几何特征分为三种类型：

（1）**杆系结构** 组成杆系结构的构件是杆件。杆件的几何特征是其长度远远大于横截面的宽度和高度。

（2）**薄壁结构** 组成薄壁结构的构件是薄板或薄壳。薄板、薄壳的几何特征是其厚度远远小于它的另两个方向的尺寸。

（3）**实体结构** 它是三个方向的尺寸基本为同量级的结构。

建筑力学以杆系结构作为研究对象。

§1-2 刚体、变形固体及其基本假设

结构和构件可统称为物体。在建筑力学中将物体抽象化为两种计算模型：刚体模型、理想变形固体模型。

刚体是受力作用而不变形的物体。实际上，任何物体受力作用都发生或大或小的变形，但在一些力学问题中，物体变形这一因素与所研究的问题无关，或对所研究的问题影响甚微，这时，我们就可以不考虑物体的变形，将物体视为刚体，从而使所研究的问题得到简

化。

在另一些力学问题中，物体变形这一因素是不可忽略的主要因素，如不予考虑就得不到问题的正确解答。这时，我们将物体视为理想变形固体。所谓理想变形固体，是将一般变形固体的材料加以理想化，作出以下假设：

（1）**连续性假设** 认为物体的材料结构是密实的，物体内材料是无空隙的连续分布。

（2）**均匀性假设** 认为材料的力学性质是均匀的，从物体上任取或大或小的一部分，材料的力学性质均相同。

（3）**各向同性假设** 认为材料的力学性质是各向同性的，材料沿不同的方向具有相同的力学性质。有些材料沿不同方向的力学性质是不同的，称为各向异性材料。本教材中仅研究各向同性材料。

按照连续、均匀、各向同性假设而理想化了的一般变形固体称为理想变形固体。采用理想变形固体模型不但使理论分析和计算得到简化，且所得结果的精度能满足工程的要求。

无论是刚体还是理想变形固体，都是针对所研究的问题的性质，略去一些次要因素，保留对问题起决定性作用的主要因素，而抽象化形成的理想物体，它们在生活和生产实践中并不存在，但解决力学问题时，它们是必不可少的理想化的力学模型。

变形固体受荷载作用时将产生变形。当荷载值不超过一定范围时，荷载撤去后，变形随之消失，物体恢复原有形状。撤去荷载可消失的变形称为**弹性变形**。当荷载值超过一定范围时，荷载撤去后，一部分变形随之消失，另一部分变形仍残留下来，物体不能恢复原有形状。撤去荷载仍残留的变形称为**塑性变形**。在多数工程问题中，要求构件只发生弹性变形。也有些工程问题允许构件发生塑性变形。本教材中局限于研究弹性变形范围内的问题。

§1-3 杆件变形的基本形式

杆系结构中的杆件其轴线多为直线，也有轴线为曲线和折线的杆件。它们分别称为直杆、曲杆和折杆，如图 1-2 (*a*)、(*b*)、(*c*) 所示。

横截面相同的杆件称为等截面杆（图 1-2）；横截面不同的杆件称为变截面杆（图 1-3 (*a*)、(*b*)）。

杆件受外力作用将产生变形。变形形式是复杂多样的，它与外力施加的方式有关。无论何种形式的变形，都可归结为四种基本变形形式之一，或者是基本变形形式的组合。直

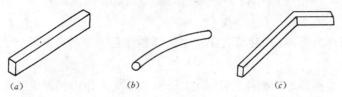

(*a*)   (*b*)   (*c*)

图 1-2

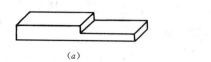
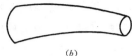

(a)   *(b)*

图 1-3

杆的这四种基本变形形式是：

（1）**轴向拉伸或压缩**　一对方向相反的外力沿轴线作用于杆件，杆件的变形主要表现为长度发生伸长或缩短的改变。这种变形形式称为轴向拉伸或轴向压缩（图 1-4 *(a)*）。

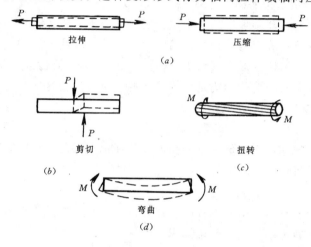

图 1-4

（2）**剪切**　一对相距很近的方向相反的平行力沿横向（垂直于轴线）作用于杆件，杆件的变形主要表现为横截面沿力作用方向发生错动。这种变形形式称为剪切（图 1-4 *(b)*）。

（3）**扭转**　一对方向相反的力偶作用于杆件的两个横截面，杆件的相邻横截面绕轴线发生相对转动。这种变形形式称为扭转（图 1-4 *(c)*）。

（4）**弯曲**　一对方向相反的力偶作用于杆件的纵向平面（通过杆件轴线的平面）内，杆件的轴线由直线变为曲线。这种变形形式称为弯曲（图 1-4 *(d)*）。

各基本变形形式都是在特定的受力状态下发生的，杆件正常工作时的实际受力状态往往不同于上述特定的受力状态，所以，杆件的变形多为各种基本变形形式的组合。当某一种基本变形形式起主要作用时，可按这种基本变形形式计算，否则，即属于组合变形的问题（见第十章）。

§1-4　建筑力学的任务和内容

建筑力学的任务是研究结构的几何组成规律，以及在荷载作用下结构和构件的强度、刚度和稳定性问题。其目的是保证结构按设计要求正常工作，并充分发挥材料的性能，使设计的结构既安全可靠又经济合理。

结构是由构件所组成，起着承受荷载、支撑建筑物的作用。这就要求构件必须按一定的规律来组成结构，以确保在荷载作用下结构的几何形状不发生改变。

结构正常工作必须满足强度、刚度和稳定性的要求。

强度是指抵抗破坏的能力。满足强度要求就是要求结构的各构件在正常工作条件下不发生破坏。

刚度是指抵抗变形的能力。满足刚度要求就是要使结构或构件在正常工作条件下所发生的变形不超过允许的范围。

稳定性是指结构或构件以原有的形状保持稳定的平衡状态。稳定性要求就是要使结构或构件在正常工作条件下不突然改变原有形状，因发生过大的变形而导致破坏。

按教学要求，建筑力学的内容包含以下几部分：

1. 静力学基础及静定结构的内力计算

这是建筑力学中的重要基础理论。其中包括物体的受力分析；力系简化理论及平衡方程；结构组成的几何规律；静定构件和结构的内力计算等。这些问题中，有些是与物体变形因素无关的，有些虽与物体变形因素有关，但由于我们局限于研究小变形的情况，在此情况下，变形因素对所研究问题的影响是微不足道的。所以，在这部分内容中以刚体作为研究对象，将结构和构件均视为刚体。

2. 强度问题

主要研究构件在各种基本变形形式下的强度计算理论和方法。要使结构满足强度要求，应保证结构的各构件满足强度要求。

3. 刚度问题

研究静定构件的变形及静定结构位移的计算理论和方法。这里不仅解决如何满足刚度要求问题，还为研究超静定结构提供基础知识。

4. 超静定结构的内力计算

介绍力法、位移法这两种基本方法，以及求解连续梁的力矩分配法。求解超静定结构的内力是为了解决超静定结构的强度和刚度问题。

5. 稳定性问题

这里只研究不同支撑条件下的直杆的稳定性问题

在 2～5 的各部分内容中，尽管是研究小变形的情况，但变形因素在所研究的问题中起着决定性的作用。所以，研究这些问题时，以理想变形固体为研究对象，构件或结构均视为理想变形固体。

§1-5 荷 载 的 分 类

结构工作时所承受的外力称为荷载。荷载可分为不同的类型。

1. 按荷载作用的范围可分为分布荷载和集中荷载

分布作用在体积、面积和线段上的荷载分别称为体荷载、面荷载和线荷载，并统称为分布荷载。重力属于体荷载，风、雪的压力等属于面荷载。本教材中局限于研究由杆件组成的结构，可将杆件所受的分布荷载视为作用在杆件的轴线上。这样，杆件所受的分布荷载均为线荷载。

如果荷载作用的范围与构件的尺寸相比十分微小，这时可认为荷载集中作用于一点，并称之为集中荷载。

当以刚体为研究对象时，作用在构件上的分布荷载可用其合力（集中荷载）来代替。例如，分布的重力荷载可用作用在重心上的集中合力代替。当以变形固体为研究对象时，作用在构件上的分布荷载则不能用其集中合力来代替。

2. 按荷载作用时间的久暂可分为恒荷载和活荷载

永久作用在结构上的荷载称为恒荷载。结构的自重、固定在结构上的永久性设备等属于恒荷载。

暂时作用在结构上的荷载称为活荷载。风、雪荷载等属于活荷载。

3. 按荷载作用的性质可分为静荷载和动荷载

由零逐渐增加到最后值的荷载称为静荷载。静荷载作用的基本特点是：荷载施加过程中，结构上各点产生的加速度不明显；荷载达到最后值以后，结构处于静止平衡状态。

大小、方向随时间而改变的荷载称为动荷载。机器设备的运动部分所产生的扰力荷载属于动荷载；地震时由于地面运动在结构上产生的惯性力荷载也属于动荷载。动荷载作用的基本特点是：由于荷载的作用，结构上各点产生明显的加速度，结构的内力和变形都随时间而发生变化。

第二章 结构计算简图·物体受力分析

§2-1 约束与约束反力

物体可这样分为两类：一类是**自由体**，自由体可以自由位移，不受任何其它物体的限制。飞行的飞机是自由体，它可以任意的移动和旋转；一类是**非自由体**，非自由体不能自由位移，其某些位移受其它物体的限制不能发生。结构和结构的各构件是非自由体。限制非自由体位移的其它物体称作非自由体的**约束**。约束的功能是限制非自由体的某些位移。例如，桌子放在地面上，地面具有限制桌子向下位移的功能，桌子是非自由体，地面是桌子的约束。约束对非自由体的作用力称为**约束反力**。显然，约束反力的方向总是与它所限制的位移方向相反。地面限制桌子向下位移，地面作用给桌子的约束反力指向上。

工程中物体之间的约束形式是复杂多样的，为了便于理论分析和计算，只考虑其主要的约束功能，忽略其次要的约束功能，便可得到一些理想化的约束形式。本节中所讨论的正是这些理想化的约束，它们在力学分析和结构设计中被广泛采用。

一、柔索约束

柔索约束由软绳、链条等构成。柔索只能承受拉力，即只能限制物体在柔索受拉方向的位移。这就是柔索的约束功能。所以，**柔索的约束反力 T 通过接触点，沿柔索而背离物体**。

图 2-1 给出一受柔索约束的物体 A。物体 A 所受的约束反力 T 如图中所示。约束反力 T 的反作用力 T' 作用在柔索上，使柔索受拉。

二、光滑面约束

光滑面约束是由两个物体光滑接触所构成。两物体可以脱离开，也可以沿光滑面相对滑动，但沿接触面法线且指向接触面的位移受到限制。这是光滑面约束的约束功能。**光滑面的约束反力作用于接触点，沿接触面的法线且指向物体**。

图 2-2 (a)、(b) 中给出光滑面约束及其约束反力的例子。圆盘 O 为非自由体，各光滑接触面的约束反力均沿接触面法线，指向圆盘中心 O。

三、光滑圆柱铰链约束

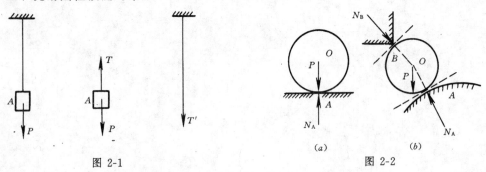

图 2-1   图 2-2

铰链约束是连接两个构件的常见的约束形式。铰链约束可以这样构成：在两个物体上各作一大小相同的光滑圆孔，用光滑圆柱销钉插入两物体的圆孔中，如图 2-3（a）所示。以后，这种约束用简化图形图 2-3（b）表示。根据构造情况可知其约束功能是：两物体铰接处允许有相对转动（角位移）发生，不允许有相对移动（线位移）发生。相对线位移可分解为两个相互垂直的分量，与之对应，铰链约束有两个相互垂直的约束反力。它们的指向是未知的，可假定一个物体所受约束反力的指向，另一物体所受的约束反力指向按作用反作用定律确定，如图 2-3（c）所示。

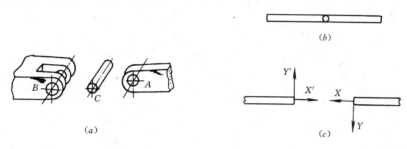

图 2-3

四、铰支座

　　铰支座有固定铰支座和滚动铰支座两种。

　　将构件用铰链约束与地面相连接，这样的约束称为固定铰支座，其构造如图 2-4（a）所示。将构件用铰链约束连接在支座上，支座用滚轴支持在光滑面上，这样的约束称为滚动铰支座，其构造如图 2-4（b）所示。这两种支座的简化图形分别如图 2-4（c）和（d）所示。

　　固定铰支座的约束功能与铰链约束相同，所以，其约束反力也用两个垂直分力表示。滚动铰支座的约束功能与光滑面约束相同，所以，其约束反力也是沿光滑面法线方向且指向构件。

　　图 2-4（e）中的简支梁 AB 就是用这两种支座固定在地面上，支座的约束反力示于该图中，其中约束反力 X_A 和 Y_A 的指向是假定的。

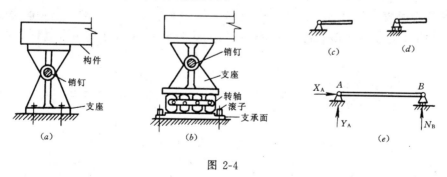

图 2-4

五、链杆约束

　　链杆是两端用光滑铰链与其它物体连接，不计自重且中间不受力作用的杆件。链杆只在两铰链外受力作用，因此又称二力杆。

　　处于平衡状态时，链杆所受的两个力，应是大小相等、方向相反地作用在两个铰链中心的连线上，其指向一般不能确定。按作用以及作用定律，链杆对它所约束的物体的约束反力必定沿着两铰链中心的连线作用在物体上。

图 2-5（a）中，当不计构件自重时，构件 BC 即为二力杆。它的一端用铰链 C 与构件 AD 连接，另一端用固定铰支座 B 与地面连接。BC 杆件所受的两个力 N_C 和 N_B 如图（c）中所示。杆件 BC 作用给杆件 AD 的约束反力 N_C' 是 N_C 的反作用力，如图（b）所示。N_B、N_C、N_C' 三个力中，只需假定一个力的指向，另外两个力的指向可由二力平衡条件和作用、反作用定律确定。对这三个力的指向都作随意的假定，那是错误的。

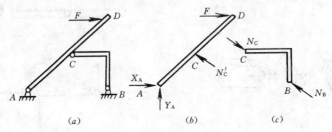

图 2-5

应该注意，一般情况下铰链约束的约束反力是用两个垂直分力来表示，但对连接二力杆的铰链来说，铰链约束的约束反力作用线是确定的，不用两个垂直分力表示。在上述的例子中，如将 AD 上 C 点的反力用两个垂直分力表示，就会给计算工作带来麻烦。因此，对给定的结构和给定的荷载，应会识别结构中有无二力杆件，哪个构件是二力杆件。

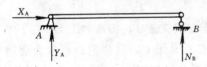

图 2-6

也可以用链杆作支座。图 2-6 中的简支梁 AB，其 B 端即为链杆支座。该支座约束反力 N_B 的作用线沿链杆，图中该反力的指向是假定的。

六、固定端约束（固定支座）

图 2-7（a）中，杆件 AB 的 A 端被牢固地固定，使杆件既不能发生移动也不能发生转动，这种约束称为固定端约束或固定支座。固定端约束的简化图形如图 b 所示。固定端的约束反力是两个垂直的分力 X_A、Y_A 和一个力偶 m_A，它们在图（b）中的指向是假定的。约束反力 X_A、Y_A 对应于约束限制移动的位移；约束反力偶 m_A 对应于约束限制转动的位移。

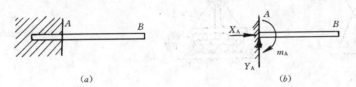

图 2-7

七、定向支座

将构件用两根相邻的等长、平行链杆与地面相连接，如图 2-8（a）所示。这种支座允许杆端沿与链杆垂直的方向移动，限制了沿链杆方向的移动，也限制了转动。定向支座的约束反力是一个沿链杆方向的力 N 和一个力偶 m。图 2-8（b）中反力 N_A 和反力偶 m_A 的指向都是假定的。

图 2-8

§2-2 结 构 计 算 简 图

实际结构是很复杂的，无法按照结构的真实情况进行力学计算。因此，进行力学分析时，必须选用一个能反映结构主要工作特性的简化模型来代替真实结构，这样的简化模型称作结构**计算简图**。结构计算简图略去了真实结构的许多次要因素，是真实结构的简化，便于分析和计算；结构计算简图保留了真实结构的主要特点，是真实结构的代表，能够给出满足精度要求的分析结果。

选择结构计算简图是重要而困难的工作。对常见的工程结构，已有经过实践检验了的成熟的计算简图。本节主要介绍结构计算简图中支座的简化、结点的简化等问题。

一、支座简化示例

§2-1 中介绍的固定铰支座、滚动支座、固定支座等都是理想的支座，这些理想的支座在土建工程中几乎是见不到的。为便于计算，要分析实际结构支座的主要约束功能与哪种理想支座的约束功能相符合，将工程结构的真实支座简化为力学中的理想支座。

图 2-9 中所示的预制钢筋混凝土柱置于杯形基础中，基础下面是比较坚实的地基土壤。如杯口四周用细石混凝土填实（图 2-9 (a)），柱端被相当坚实地固定，其约束功能基本上与固定支座相符合，则可简化为固定支座。如杯口四周填入沥青麻丝（图 2-9 (b)），柱端可发生微小转动，但其约束功能基本上与固定铰支座相符合，则可简化为固定铰支座。

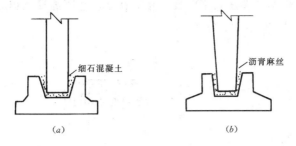

图 2-9

二、结点简化示例

结构中构件的交点称为结点。结构计算简图中的结点有铰结点、刚结点、组合结点等三种。

铰结点上的各杆件用铰链相连接。杆件受荷载作用产生变形时，结点上各杆件端部的夹角发生改变。图 2-10 (a) 中的结点 A 为铰结点。

刚结点上的各杆件刚性连接。杆件受荷载作用产生变形时，结点上各杆件端部的夹角

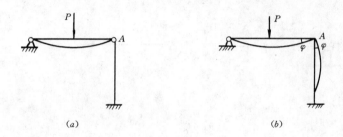

图 2-10

保持不变,即各杆件的刚接端都有一相同的旋转角度 φ。图 2-10 (b) 中的结点 A 为刚结点。

如果结点上的一些杆件用铰链连接,而另一些杆件刚性连接,这种结点称为组合结点。图 2-11 (a)、(b) 中的结点 A 为组合结点。铰结点上的铰链 (图 2-10 (a) 上铰链 A) 称为全铰;组合结点上的铰链 (图 2-11 上铰链 A) 称为半铰。

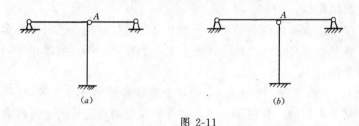

图 2-11

对实际结构中的结点,要根据结点的构造情况及结构的几何组成情况等因素简化为上述三种结点。如图 2-12 (a) 中的屋架端部和柱顶设置有预埋钢板,将钢板焊接在一起,构成结点。由于屋架端部和柱顶之间不能发生相对移动,但可发生微小的相对转动,固可将此结点简化为铰结点 (图 (b))。又如图 2-12 (c) 中钢筋混凝土框架顶层的结点,梁与柱用混凝土整体浇注,因梁端与柱端之间不能发生相对移动,也不能发生相对转动,固可将此结点简化为刚结点 (图 2-12 (d))。

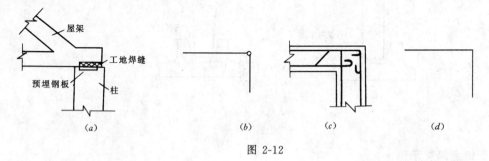

图 2-12

三、计算简图示例

图 2-13 (a) 所示的单层厂房结构是一个空间结构。厂房的横向是由柱子和屋架所组成的若干横向单元。沿厂房的纵向,由屋面板、吊车梁等构件将各横向单元联系起来。由于各横向单元沿厂房纵向有规律地排列,且风、雪等荷载沿纵向均匀分布,因此,可以通过纵向柱距的中线,取出图 (a) 中阴影线部分作为一个计算单元 (图 (b))。将空间结构简化

为平面结构来计算。

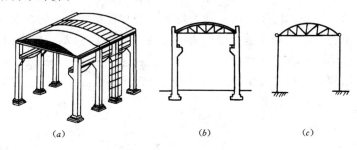

图 2-13

　　根据屋架和柱顶端结点的连接情况，进行结点简化；根据柱下端基础的构造情况，进行支座简化，便可得到单层厂房的结构计算简图，如图（c）所示。

　　四、平面杆系结构的分类

　　工程中常见的平面杆系结构有以下几种。

　　（1）梁　梁由受弯杆件构成，杆件轴线一般为直线。图 2-14（a）、（c）所示为单跨梁，图（b）、（d）所示为多跨梁。

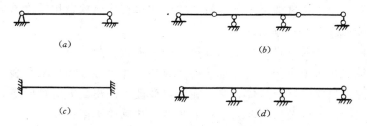

图 2-14

　　（2）拱　拱一般由曲杆构成。在竖向荷载作用下，支座产生水平反力。图 2-15（a）、（b）所示分别为三铰拱和无铰拱。

图 2-15

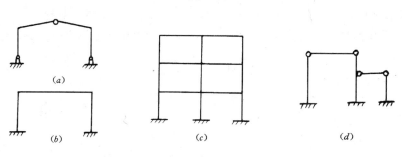

图 2-16

(3) **刚架** 刚架是由梁和柱组成的结构。刚架结构具有刚结点。图 2-16（*a*）、（*b*）所示为单层刚架，图（*c*）为多层刚架。图（*d*）称为排架，也称铰结刚架或铰结排架。

(4) **桁架** 桁架是由若干直杆用铰链连接组成的结构。图 2-17 所示结构为桁架。

(5) **组合结构** 组合结构是桁架和梁或刚架组合在一起形成的结构，其中含有组合结点。图 2-18（*a*）、（*b*）都为组合结构。

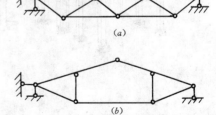
（*a*）

（*b*）

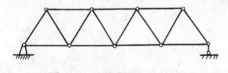

图 2-17

图 2-18

上述几种结构都是实际结构的计算简图，以后将分别进行讨论。

§2-3 物 体 受 力 分 析

在工程中常常将若干构件通过某种连接方式组成机构或结构，用以传递运动或承受荷载。这些机构或结构统称为**物体系统**。

进行力学计算，首先要对物体系统或其组成构件进行受力分析。

物体受力分析包含两个步骤。一是把所要研究的物体单独分离出来，画出其简图。这一步骤称作取研究对象或说取分离体。二是在分离体图上画出研究对象所受的全部力，这些力包括荷载——主动力以及约束反力。这一步骤称作画受力图。

下面举例说明物体受力分析的方法。

【**例 2-1**】 起吊架由杆件 *AB* 和 *CD* 组成，起吊重物的重量为 *Q*。不计杆件自重，作杆件 *AB* 的受力图。

【**解**】 取杆件 *AB* 为分离体，画出其分离体图。

杆件 *AB* 上没有荷载，只有约束反力。*A* 端为固定铰支座。约束反力用两个垂直分力 X_A 和 Y_A 表示，二者的指向是假定的。*D* 点用铰链与 *CD* 杆连接，因为 *CD* 为二力杆，所以铰 *D* 反力的作用线沿 *C*、*D* 两点连线，以 N_D 表示。图中 N_D 的指向也是假定的。*B* 点与绳索连接，绳索作用给 *B* 点的约束反力 *T* 沿绳索、背离杆件 *AB*。图 2-19（*b*）为杆件 *AB* 的受力图。

应该注意，图（*b*）中的力 *T* 不是起吊重物的重力 *Q*。力 *T* 是绳索对杆件 *AB* 的作用力；力 *Q* 是地球对重物的作用力。这两个力的施力物体和受力物体是完全不同的。在绳索和重

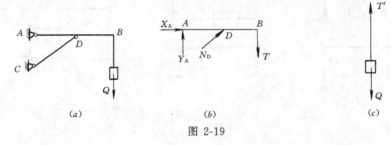

（*a*）

（*b*）

（*c*）

图 2-19

物的受力图（图（c））上，作用有力 T 的反作用力 T' 和重力 Q。由二力平衡条件，力 T' 与力 Q 是反向、等值的；由作用反作用定律，力 T 与力 T' 是反向、等值的。所以，力 T 与力 Q 大小相等，方向相同。

【**例 2-2**】 图 2-20（a）所示结构中，构件 AB 和 BC 的自重分别为 P_1 和 P_2，BC 上受荷载 F 的作用。作构件 AB、BC 及结构整体的受力图。

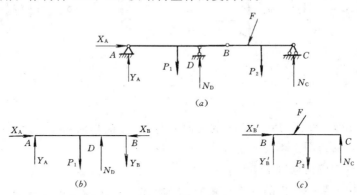

图 2-20

【**解**】 构件 AB 的受力图如图（b）所示，其上各约束反力的指向都是假定的。

构件 BC 的受力图如图（c）所示。其上反力 N_C 的指向是根据滚动支座的约束功能确定的。反力 X'_B、Y'_B 是图（b）上反力 X_B、Y_B 的反作用力，在已经假定了反力 X_B、Y_B 的指向后，反力 X'_B、Y'_B 的指向根据作用、反作用定律确定。

结构整体的受力图如图（a）所示。其上的主动力有 P_1、P_2、F；约束反力有 X_A、Y_A、N_D、N_C。构件 AB 和 BC 在铰 B 处的相互作用力在图（a）上没有画出，这是因为两个构件相互作用的两对力 X_B、与 X'_B、Y_B 与 Y'_B 对结构整体来说是作用在一点上的平衡力，可以去掉。

分离体内各构件之间相互作用的力，称为分离体的内力。分离体以外的物体对分离体作用的力，称为分离体的外力。在受力图上只画外力，不画内力。内力、外力因分离体不同而相互转化。当取结构整体为分离体时，铰 B 处的反力是分离体内二物体之间的相互作用力，是内力；当取构件 AB（或 BC）为分离体时，铰 B 处的反力是分离体以外的物体对分离体的作用力，是外力。

【**例 2-3**】 图 2-21（a）所示系统中，物体 F 重 P，其它各构件不计自重。作（1）整体；（2）AB 杆；（3）BE 杆；（4）杆 CD、轮 C、绳及重物 F 所组成的系统的受力图。

【**解**】 整体受力图如图（a）所示。固定支座 A 处有两个垂直反力和一个约束反力偶。铰 C、D、E 和 G 点这四处的约束反力对整体来说是内力，受力图上不应画出。

杆件 AB 的受力图如图（b）所示。对杆件 AB 来说，铰 B、D 的反力为外力，应画出。

杆件 BE 的受力图如图（c）所示。BE 上 B 点的反力 X'_B 和 Y'_B 是 AB 上 X_B 和 Y_B 的反作用力，必须等值、反向的画出。

杆件 CD、轮 C、绳和重物 F 所组成的系统的受力图如图（d）所示。其上的约束反力分别是图（b）和图（c）上相应力的反作用力，它们的指向分别与相应力的指向相反。如 X'_E

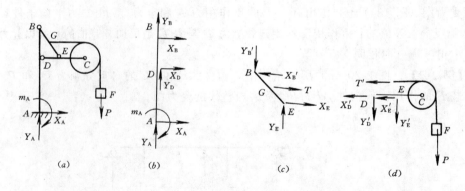

图 2-21

是图 (c) 上 X_E 的反作用力，力 X'_E 的指向应与力 X_E 的指向相反，不能再随意假定。铰 C 的反力为内力，受力图上不应画出。

作受力分析时应注意以下事项：

（1）作结构上某一构件的受力分析时，必须单独画出该构件的分离体图，不能在整体结构图上作该构件的受力图。例如，例 2-3 中构件 BE 的受力图不能作在图 2-21 (a) 上，因为在图 (a) 上 BE 所受的力全是内力。

（2）作受力图时必须按约束的功能画约束反力，不能根据主观意测来画约束反力。上例中作受力图 (d) 时，认为没有 BE 杆则 CD 杆将绕 D 点向下转动，所以，E 点受一个向上的力。这是错误的。铰链 E 限制了 BE、CD 二杆件在水平、铅垂两个方向的相对移动，铰 E 的反力应该用二个垂直分力表示。

（3）作用力与反作用力只能假定其中一个的指向，另一个反方向画出，不能再随意假定指向。

（4）分离体内各构件之间的相互作用力是内力，受力图上不能画出。

（5）同一约束反力在不同受力图上出现时，其指向必须一致，如上例中 A 点的水平反力 X_A 在图 (a) 和图 (b) 中都出现，在这两个受力图中反力 X_A 的指向应相同。

小　结

（1）限制非自由体位移的其它物体称作非自由体的约束。

约束对非自由体的作用力称作约束反力。

约束产生什么样的约束反力取决于约束的功能。例如，固定铰支座限制物体任何方向的线位移，而不限制角位移，所以，其约束反力用两个垂直分力表示；又如，固定支座既限制线位移又限制角位移，所以，其约束反力用两个垂直分力和一个力偶表示。

（2）结构计算简图是反映结构主要工作特性而又便于计算的结构简化图形。

建立结构计算简图，需将真实结构的结点和支座进行简化，简化成理想的约束形式，简化时要考虑结构实际约束的约束功能与何种理想约束的约束功能相符合。

（3）物体受力分析是进行力学计算的依据。作物体受力分析必需先作出分离体图，再按所受荷载画出主动力，按约束功能画出约束反力。

作受力图时，要注意正确运用内力与外力和作用力与反作用力的概念。

习　题

2-1　指出以下受力图中的错误和不妥之处。

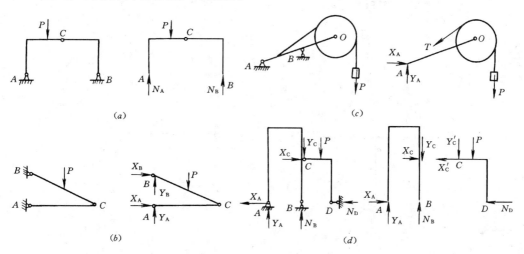

图题 2-1

2-2　作 *AB* 杆件的受力图。图中接触面均为光滑面。

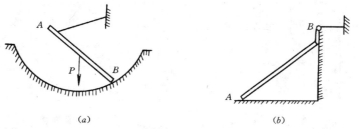

图题 2-2

2-3　作杆件 *AB* 的受力图。

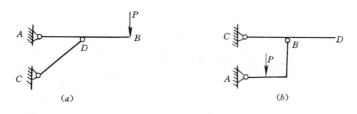

图题 2-3

2-4　作图示系统的受力图。

2-5　作图示系统的受力图。

2-6　系统如图示。（1）作系统受力图。（2）作杆件 *AB* 受力图。（3）以杆 *BC*、轮 *O*、绳索和重物作为一个分离体，作受力图。

2-7　作曲杆 *AB* 和 *BC* 的受力图。

2-8　系统如图示，吊车的两个轮 *E*、*F* 与梁的接触是光滑的。作吊车 *EFG*（包含重物）、梁 *AB*、梁 *BC* 及全系统的受力图。

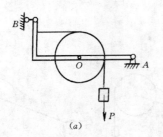
(a)

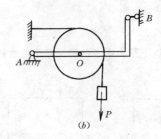
(b)

图题 2-4

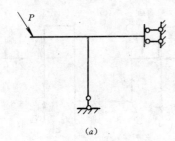
(a)

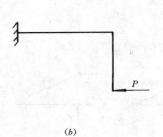
(b)

图题 2-5

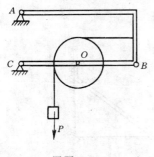

图题 2-6

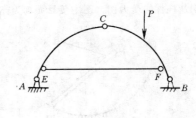

图题 2-7

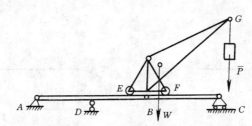

图题 2-8

2-9　结构由 AB、BC、AD 三杆件铰接组成。作此三个杆件的受力图。

2-10　结构由 AB、CD、BD、BE 四杆件铰接组成。作杆件 BD、CD 的受力图。

2-11　按图示系统作

(1) 杆 CD、轮 O、绳索及重物所组成的系统的受力图。

(2) 折杆 AB 的受力图。

(3) 折杆 GE 的受力图。

(4) 系统整体的受力图。

2-12　图示结构中铰 B、E 为半铰，铰 D 为全铰。作杆件 AB、CD 及结构整体的受力图。

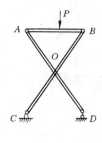

图题 2-9

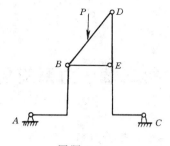

图题 2-10

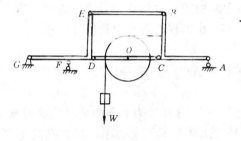

图题 2-11

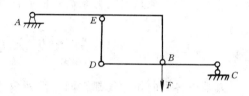

图题 2-12

第三章　力系简化的基础知识

作用在物体上的一组力称为力系。

如果某力与一力系等效，则此力称为力系的合力。

力系简化的目的是为便于进行力学分析，并为建立力系的平衡条件是提供理论依据。

本章将介绍力学中的几个重要基本概念：力对点的矩；力偶和力偶矩；力的等效平移等。这些概念不但是研究力系简化的基础知识，而且在工程问题中得到广泛应用。

§3-1　平面汇交力系的合成与平衡条件

力系中各力的作用线都在同一平面内且汇交于一点，这样的力系称为平面汇交力系。在

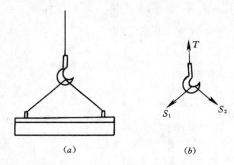

图 3-1

工程中经常遇到平面汇交力系。例如在施工中起重机的吊钩所受各力就构成一平面汇交力系，如图 3-1 (a)、(b) 所示。

一、二汇交力的合成

由物理学可以知道：作用在物体上同一点的两个力，可以合成为作用在该点上的一合力。合力矢量的大小和方向，由以这两个分力为邻边所组成的平行四边形的对角线来确定。上述结论就是力的平行四边形法则。

由矢量代数可知：合力矢量等于二分力矢量的矢量和，即

$$R = F_1 + F_2$$

在图 3-2 (a) 中，A 点上作用有二个力 F_1 和 F_2，以二者为邻边作平行四边形 $ABCD$，对角线 AC 确定了此二力的合力 R，即 $R=AC$。用作图法求合力矢量时，可以不作图 3-2 (a) 所示的力的平行四边形，而采用作力三角形的方法来得到。作法是：选取适当的比例尺表示力的大小，按选定的比例尺依次作出两个分力矢量 F_1 和 F_2，并使二矢量首尾相连。再从第一个矢量的起点向另一矢量的终点引矢量 R，它就是按选定的比例尺所表示的合力矢量，如图 3-2 (b) 所示。上述方法又称为力的三角形法则。

我们可以利用几何关系计算出合力 R 的大小和方向。如果给定两个分力 F_1 和 F_2 的大小及它们之间的夹角 α，对图 3-2 (a) 中平行四边形的一半（或图 3-2 (b) 中的三角形）应用余弦定理，可求得合力 R 的大小为：

$$R = \sqrt{F_1^2 + F_2^2 + 2F_1F_2\cos\alpha}$$

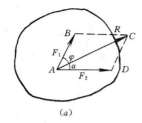
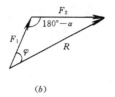

图 3-2

再用正弦定理确定合力 R 与分力 F_1 的夹角 φ

$$\sin\varphi = \frac{F_2}{R}\sin(180° - \alpha) = \frac{F_2}{R}\sin\alpha$$

二、平面汇交力系的合成

1. 平面汇交力系合成的几何法

在物体上的 O 点作用一平面汇交力系（F_1、F_2、F_3、F_4），此汇交力系的合成，可以先将力系中的二个力按力的平行四边形法则合成，用所得的合力再与第三个力合成。如此连续地应用力的平行四边形法则，即可求得平面汇交力系的合力，具体作法如下：

任取一点 a，作矢量 $ab = F_1$，过 b 点作矢量 $bc = F_2$，由力三角形法则，矢量 $R_1 = ac = F_1 + F_2$，即为力 F_1 与 F_2 的合力矢量。再过 C 点作矢量 $cd = F_3$，矢量 $R_2 = ad = R_1 + F_3 = F_1 + F_2 + F_3$，即为力 F_1、F_2 与 F_3 的合力矢量。最后，过 d 点作矢量 $de = F_4$，则矢量 $R = ae = R_2 + F_4 = F_1 + F_2 + F_3 + F_4$，即为力系中各力矢量的合矢量。

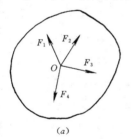
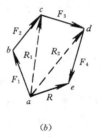

图 3-3

上述过程示于图 3-3（b）。可以看出，不需作出矢量 R_1 与 R_2，直接将力系中的各力矢量首尾相连构成开口的力多边形 $abcde$，然后，由第一个力矢量的起点向最后一个力矢量的末端，引一矢量 R 将力多边形封闭，力多边形的封闭边矢量 R 即等于力系的合力矢量。这种通过几何作图求合力矢量的方法称为**力多边形法**。

上述方法可以推广到包含 n 个力的平面汇交力系中去，并得结论如下：平面汇交力系的合力矢量等于力系中各力的矢量和，即

$$R = F_1 + F_2 \cdots\cdots + F_n = \sum_{i=1}^{n} F_i \tag{3-1}$$

合力的作用线通过各力的汇交点。

值得注意的是，作力多边形时，改变各力的顺序，可得不同形状的力多边形，但合力

矢的大小和方向并不改变。

2. 力在轴上的投影，合力投影定理

力 F 在某轴 x 上的投影，等于力 F 的大小乘以力与该轴正向夹角 α 的余弦，记为 X，即：

$$X = F\cos\alpha \qquad (3\text{-}2)$$

力在轴上的投影是个代数量。当力矢量与轴的正向夹角 α 为锐角时，此代数值取正，反之为负。从图 3-4 （a）、（b）中可以看出，过力矢量的起端 A 和终端 B 分别作轴的垂线，所得垂足 a 和 b 之间的线段长度就是力 F 在轴上投影的绝对值。当从垂足 a 到 b 的指向与轴的正向一致时，力的投影为正。反之力的投影为负。

如果已知力 F 在两个正交轴上的投影 X 和 Y，则该力的大小和方向可由式（3-3）确定：

$$F = \sqrt{X^2 + Y^2}$$

$$\cos\alpha = \frac{X}{F}, \cos\beta = \frac{Y}{F} \qquad (3\text{-}3)$$

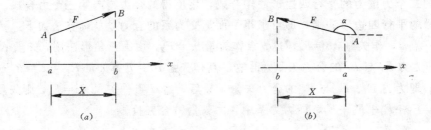

图 3-4

式中 α 和 β 分别为力 F 与 X 轴和 Y 轴正向的夹角。

由图 3-5 可以看出，当力 F 沿正交的 X 轴和 Y 轴分解为两个分力 F_x 和 F_y 时，它们的大小恰好等于力 F 在这两个轴上的投影 X 和 Y 的绝对值。但是当 X、Y 两轴不相互垂直时（见图 3-6），则沿两轴的分力 F_x 和 F_y 在数值上不等于力 F 在此两轴上的投影 X 和 Y。此外还需注意，力 F 在轴上的投影是代数量，而力 F 沿轴方向的分量 F_x 和 F_y 是矢量。

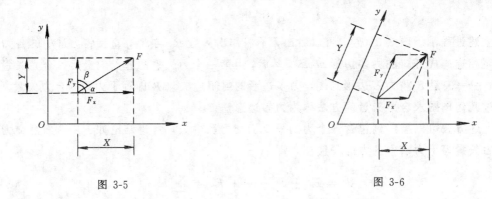

图 3-5   图 3-6

合力投影定理建立了合力在轴上的投影与各分力在同一轴上的投影之间的关系。

图 3-7 表示平面汇交力系的各力 F_1、F_2、F_3、F_4 组成的力多边形，R 为合力。将力多边形中各力矢投影到 X 轴上，由图可知

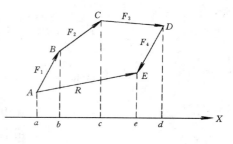

图 3-7

$$ae = ab + bc + cd - de$$

按力在轴上投影的定义，上式左端项为合力 R 在 X 轴上的投影，右端项为力系中四个力在 x 轴上投影的代数和，即

$$R_x = X_1 + X_2 + X_3 + X_4$$

显然，上式可推广到任意多个力的情况，即

$$R_x = X_1 + X_2 + \cdots\cdots + X_n = \sum_{i=1}^{n} X_i \tag{3-4}$$

于是，得到合力投影定理如下：力系的合力在任一轴上的投影，等于力系中各力在同一轴上的投影的代数和。

3. 平面汇交力系合成的解析法

平面汇交力系合成的解析法，是应用力在直角坐标轴上的投影来计算合力的大小，确定合力的方向。

作用于 O 点的平面汇交力系由 F_1、$F_2 \cdots\cdots F_n$ 等 n 个力组成，如图 3-8（a）所示。以汇交点 O 为原点建立直角坐标系 Oxy，按合力投影定理求合力在 x、y 轴上的投影（图 3-8（b））为：

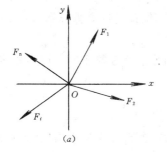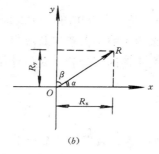

(a) (b)

图 3-8

$$R_x = \sum_{i=1}^{n} X_i$$

$$R_y = \sum_{i=1}^{n} Y_i$$

根据式（3-3）可确定合力的大小和方向：

$$R = \sqrt{R_x^2 + R_y^2} = \sqrt{\left(\sum_{i=1}^{n} X_i\right)^2 + \left(\sum_{i=1}^{n} Y_i\right)^2}$$

$$\cos\alpha = \frac{R_x}{R} \qquad \cos\beta = \frac{R_y}{R}$$

$$(3\text{-}5)$$

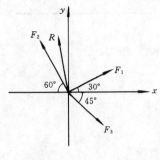

图 3-9

式中 α 和 β 分别为合力 R 与 x 轴和 y 轴的正向夹角。

用上述公式计算合力大小和方向的方法,称为平面汇交力系合成的解析法。

【例 3-1】 在图 3-9 所示的平面汇交力系中,各力的大小分别为 $F_1 = 30\text{N}$;$F_2 = 100\text{N}$;$F_3 = 20\text{N}$,方向给定如图,O 点为力系的汇交点。求该力系的合力。

【解】 取力系汇交点 O 为坐标原点,建立坐标轴如图。合力在各轴上的投影分别为:

$$R_x = F_1\cos30° - F_2\cos60° + F_3\cos45° = -9.87\text{N}$$

$$R_y = F_1\sin30° + F_2\sin60° - F_3\sin45° = 87.46\text{N}$$

然后按式(3-5)求合力的大小和方向为:

$$R = \sqrt{R_x^2 + R_y^2} = 88.02\text{N}$$

$$\cos\alpha = \frac{R_x}{R} = -0.112$$

$$\cos\beta = \frac{R_y}{R} = 0.994$$

得 $\alpha = 96.5°$,$\beta = 6.5°$。合力作用于 O 点,合力作用线位于选定坐标系的第二象限。

三、平面汇交力系的平衡条件及应用

平面汇交力系平衡的充分和必要条件是:该力系的合力等于零,即力系中各力的矢量和为零:

$$R = \sum_{i=1}^{n} F_i = 0 \tag{3-6}$$

合力矢量 $R = 0$ 这一条件在力多边形上表现为,各力首尾相连构成的多边形是自行封闭的。从而得到了平面汇交力系平衡的几何条件是:该力系的力多边形是自身封闭的力多边形。

当用解析法求合力时,平衡条件 $R = 0$ 表示为:

$$R = \sqrt{\left(\sum_{i=1}^{n} X_i\right)^2 + \left(\sum_{i=1}^{n} Y_i\right)^2} = 0$$

该式等价于

$$\left. \begin{array}{l} \sum_{i=1}^{n} X_i = 0 \\[2mm] \sum_{i=1}^{n} Y_i = 0 \end{array} \right\} \tag{3-7}$$

于是，平面汇交力系平衡的充分与必要条件，也可解析地表达为：**力系中各力在两个坐标轴上投影的代数和分别为零。**式（3-7）称为平面汇交力系的平衡方程。平面汇交力系有两个独立的平衡方程，可以求解两个未知量。

下面通过例题来说明平衡方程的应用。

【**例 3-2**】 小滑轮 C 铰接在三角架 ABC 上，绳索绕过滑轮，一端连接在绞车 D 上，另一端悬挂重为 $P=100$kN 的重物（图 3-10（a））。不计各构件的自重和滑轮的尺寸，不计摩擦。试求杆 AC 和 BC 所受的力。

【**解**】 （一）取分离体，作受力图。

取滑轮 C 和绕在它上面的一小段绳索为分离体。绳索两端的拉力分别为 T 和 T'，滑轮 C 平衡时有 $T=T'=P$。杆 AB 和 BC 都是二力杆，它们对轮 C 的约束反力方向可以事先假定，习惯上按照杆件受拉来假定约束反力的指向。因不计滑轮的尺寸，作用在滑轮上的力系可看作为平面汇交力系。受力图如图 3-10（b）所示。反力 S_{CB} 和 S_{CA} 的大小是未知的，可以用平面汇交力系的两个平衡方程求解。

（二）列平衡方程，求解未知量

取 C 点为坐标原点，选择坐标轴如图 b 所示。列平衡方程。

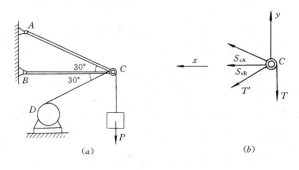

图 3-10

$$\varSigma X = 0, S_{CB} + S_{CA}\cos 30° + T'\cos 30° = 0 \tag{1}$$

$$\varSigma Y = 0, S_{CA}\sin 30° - T'\sin 30° - T = 0 \tag{2}$$

由式（2）解得

$$S_{CA} = 300\text{kN}$$

将 S_{CA} 的值代入式（1），解得

$$S_{CB} = -346.4\text{kN}$$

S_{CA} 为正值，表示此力的实际方向与假定的方向相同，杆 AC 受拉。S_{CB} 为负值，表示此力的实际方向与假定的方向相反，杆 BC 应受压。请注意，没有必要去改变受力图中力 S_{CB} 的方向，因为根据 S_{CB} 取负值这一事实，人们已经知道受力图中力 S_{CB} 的指向与实际指向相反。

【**例 3-3**】 连杆机构由三个无重杆铰接组成（图 3-11（a）），在铰 B 处施加一已知的竖向力 P，要使机构处于平衡状态，试问在铰 C 处施加的力 F 应取何值？

【解】　这是一个比较复杂的平衡问题。先分析解题思路对求解是很有帮助的。

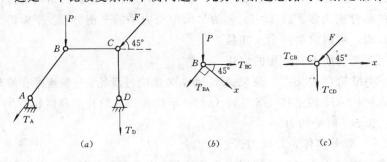

图 3-11

从整个机构来看，它所受的四个力 P、F、T_A、T_D 不是平面汇交力系（图 (a)）。所以，不能取整个机构作为研究对象来求解。要求解的未知力 F 作用于铰 C 上，铰 C 受平面汇交力系的作用，所以应该通过研究铰 C 的平衡来求解。

铰 C 除受未知力 F 的作用外，还受到二力杆 BC 和 DC 的约束反力 T_{CB} 和 T_{CD} 的作用（图 (c)）。这三个力都是未知的，只要能先求出 T_{CB} 或 T_{CD} 之中的任意一个，就能根据铰 C 的平衡求出力 F。

铰 B 除受已知力 P 的作用外，还受二力杆 AB 和 BC 的约束反力 T_{BA} 和 T_{BC} 的作用。通过研究铰 B 的平衡可以求出 BC 杆的约束反力 T_{BC}。

综合以上分析结果，得到本题的解题思路如下：先以铰 B 为分离体求 BC 杆的反力 T_{BC}；再以铰 C 为分离体，求未知力 F。

（一）取铰 B 为分离体，其受力图如图 (b) 所示。因为只需要求反力 T_{BC}，所以，选取 X 轴与不需求的反力 T_{BA} 垂直。由平衡方程

$$\Sigma X = 0, P\cos45° + T_{BC}\cos45° = 0$$

解得
$$T_{BC} = - P$$

（二）取铰 C 为分离体，其受力图如图 (c) 所示。图上力 T_{CB} 的大小是已知的，即 $T_{CB} = T_{BC} = -P$。为求力 F 的大小，选取 X 轴与反力 T_{CD} 垂直，由平衡方程

$$\Sigma X = 0, - T_{CB} - F\cos45° = 0$$

解得

$$F = \sqrt{2}\,P$$

通过以上分析和求解过程可以看出，在求解平衡问题时，要恰当地选取分离体，恰当地选取坐标轴，以最简捷、合理的途径完成求解工作。尽量避免求解联立方程，以提高计算的工作效率。这些都是求解复杂的平衡问题所必须注意的。形成正确的解题思路，不但是正确、顺利解题的指导和保证，更是培养分析问题、解决问题能力所必不可缺的训练。

§3-2　力　对　点　的　矩

首先，从大家熟悉的例子说起。在扳手上加一力 F，可以使扳手绕螺母的轴线旋转（图

3-12）。经验证明，扳手的转动效果不仅与力 F 的大小有关，而且还与点 O 到力作用线的距离 h 有关，当 h 保持不变时，增加或减少力 F 值的大小都会影响扳手绕 O 点的转动效果，当力 F 的值保持不变时，h 值的改变也会影响扳手绕 O 点的转动效果。若改变力的作用方向，则扳手的转向就会发生改变。总之，力 F 使扳手绕 O 点转动的效果可用代数量 $\pm Fh$ 来确定，正、负

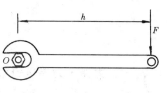

图 3-12

号表示扳手的两个不同的转动方向。确定力使物体绕点转动效果的这个代数量 $\pm Fh$，称为力 F 对 O 点的距。称 O 点为矩心，称 O 点到力 F 作用线的距离 h 为力臂。

在一般情况下，物体受力 F 作用（图 3-13），力 F 使物体绕平面上任意点 O 的转动效果，可用力 F 对 O 点的矩来度量。于是，可将力对点的矩定义如下：力对点的矩是力使物体绕点转动效果的度量，它是一个代数量，其绝对值等于力的大小与力臂之积，其正负可作如下规定：力使物体绕矩心逆时针转动时取正号，反之取负号。

力 F 对 O 点的矩用符号 $m_0 (F)$ 表示：

$$m_0 (F) = \pm Fh \qquad (3-8)$$

由图 3-13 可以看出，力对点的矩还可以用以矩心为顶点，以力矢量为底边所构成的三角形的面积的二倍来表示。即

$$m_0 (F) = \pm 2 \triangle OAB \text{ 面积} \qquad (3-9)$$

显然，当力的作用线通过矩心时，力臂 h 等于零，于是力对点的矩为零。

力矩的单位是牛顿·米（N·m）。

【例 3-4】 矩形板的边长 $a = 0.3m$，$b = 0.2m$，放置在水平面上。给定力 $F_1 = 40N$，$F_2 = 50N$，二力与长边的夹角为 $\alpha = 30°$，如图 3-14 所示。试求两个力对 A 点的矩。如果 A 点是一转轴，试判断在此二力的作用下矩形板绕 A 点转动的方向。

【解】 二力对 A 点的矩分别为

$$m_A (F_1) = F_1 \cdot h_1 = 40 \times 0.3\sin30°$$
$$= 6N \cdot m$$
$$m_A (F_2) = F_2 \cdot h_2 = -50 \times 0.2\cos30°$$
$$= -8.66N \cdot m$$

计算结果表明，力 F_2 使物体绕 A 点转动的效果大于力 F_1 所产生的转动效果。板将绕 A 点顺时针方向转动。

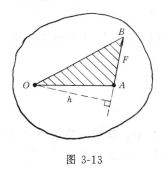

图 3-13

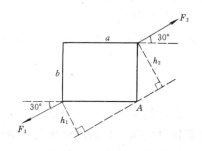

图 3-14

§3-3 力偶・力偶矩

一、力偶・力偶矩的第一个性质

首先给出力偶的定义。

定义：大小相等、方向相反且不共线的两个平行力称为力偶。

在图 3-15 中的两个力，满足条件

$$F = -F'$$

图 3-15

且此二力不共线，这二力就组成一个力偶。两个力作用线之间的距离 d 称为力偶臂，两个力所在的平面称为力偶作用面。由力 F 和 F' 所组成的力偶用记号 $(F，F')$ 表示。力偶是客观存在着的一种机械作用。例如汽车司机转动驾驶盘时，用双手对驾驶盘所施加的一对力就是一个力偶。电动机的定子磁场对转子两极磁场作用的电磁力，也构成力偶。下面将对力偶的概念作进一步的解释，指明力偶的特殊性质。

力偶中的两个力是不共线的，所以两个力不能平衡。因此力偶不是平衡力系。事实上，只受一个力偶作用的物体，一定产生转动的效果，即使物体的转动状态发生改变。力偶既然是一个不平衡力系。那么它是否有不为零的合力，可以用它的合力来等效代换呢？回答是否定的。因为，如果力偶有不为零的合力，则此合力在任选的坐标轴（不与合力作用线垂直）上必有投影。但是，力偶是等值、反向的两个力，它在任何一个轴上的投影的代数和都必然为零。这就排除了力偶具有合力的可能性。

力偶没有合力，不能用一个力来等效代换，也不能用一个力来与之平衡，这就是力偶的第一个性质。

力偶与力同属于机械作用的范畴，但又不同于力。因此力偶与力分别是力学中的两个基本要素。

二、力偶矩・力偶的第二性质

力对物体具有转动效果，力使物体绕点转动的效果用力对点的矩来度量。力偶对物体也有转动效果，力偶使物体转动的效果用力偶矩来度量。

经验表明：力偶的作用效果取决于这样三个因素：

(1) 构成力偶的力的大小。

(2) 力偶臂的大小。

(3) 力偶的转向。

因此，我们可以用代数量 $\pm Fd$ 来确定力偶使物体转动的效果，并称这个代数量为力偶矩。表示为

$$m = \pm Fd \tag{3-10}$$

于是，我们给出力偶矩的定义如下：

力偶矩是力偶使物体转动效果的度量，它是一个代数量，其绝对值等于力偶中力的大小与力偶臂之积，其正负号代表力偶的转向。规定逆时针转向取正号，反之取负。

力偶矩与力对点的矩的单位一样，也是牛顿・米（N・m）。

力偶矩与力对点的矩无论在物理意义上还是在数学定义上都有相似之处。但力对点的矩一般地说与矩心的位置有关，对不同的矩心力的转动效果不同。而力偶则相反，力偶使物体绕不同点的转动效果都是相同的。为了验证这个论点，我们任意选取一点 O，来确定力偶使物体绕 O 点的转动效果。在图 3-16 中，给定力偶的力偶矩为 $m=-Fd$。该力偶使物体绕任意点 O 的转动效果，为力偶中两个力所产生的转动效果之和，其值为

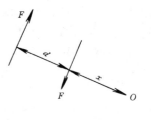

图 3-16

$$m_0(\overline{F}) + m_0(\overline{F'}) = Fx - F'(d + x) = -Fd = m$$

结果表明，力偶使物体绕其作用面内任意一点的转动效果，是与矩心的位置无关的，这个效果完全由力偶矩来确定。这就是力偶的第二个性质。

力偶的这一性质具有重要的理论意义，它阐明了力使物体转动的效果与力偶使物体转动的效果这二者在原则上的不同。同时它也揭示了力偶等效的条件。作用在刚体同平面上的两个力偶，其等效的条件是：此二力偶的力偶矩相等。此条件又称为同平面内力偶的等效定理。因为按力偶的第二个性质，每一力偶使物体的转动效果是唯一的，且此效果只由力偶矩确定，所以两个力偶的力偶矩相同，其作用效果也相同。

由力偶的等效定理引出下面两个推论：

推论一：力偶可以在其作用面内任意移动，不会改变它对刚体的作用效果，即力偶对刚体的作用效果与力偶在作用面内的位置无关。

推论二：在保持力偶矩不变的情况下，可以随意地同时改变力偶中力的大小以及力偶臂的长短，而不会影响力偶对刚体的作用效果。

按照以上推论，我们只要给定力偶矩的大小及符号，力偶的作用效果就确定了，至于力偶中力的大小、力臂的长短如何，都是无关紧要的。根据以上推论就可以在保持力偶矩不变的条件下，把一个力偶等效地变换成另一个力偶。例如在图 3-17 中所进行的变换就是这样的等效变换。

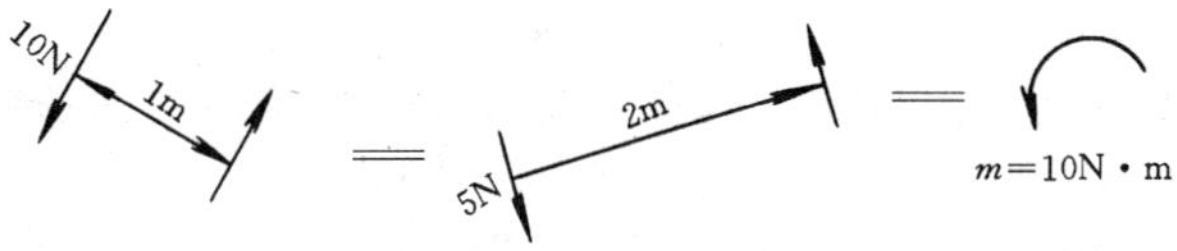

图 3-17

以后，可以这样表示力偶：用一圆弧箭头表示力偶的转向，箭头旁边标出力偶矩的值即可。

上述的力偶等效变换是进行力偶系简化的手段。

§3-4 平面力偶系的合成与平衡条件

一、平面力偶系的合成

作用在物体同一平面内的各力偶组成一平面力偶系，平面力偶系可以根据力偶的第二性质进行合成，作法如下：

设在刚体的同一平面内作用三个力偶 $(F_1、F'_1)$、$(F_2、F'_2)$ 和 $(F_3、F'_3)$，如图 3-18 (a) 所示。三个力偶的力偶矩分别为 $m_1 = F_1 d_1$、$m_2 = F_2 d_2$；和 $m_3 = -F_3 d_3$。在力偶作用面

内任取一线段 $AB=d$，按力偶等效条件，将这三个力偶都等效地改换为以 d 为力偶臂的力偶。等效变换后的三个力偶分别为 $(P_1$、$P'_1)$、$(P_2$、$P'_2)$ 和 $(P_3$、$P'_3)$，如图 3-18 (b) 所示。其中各力偶的力的大小可用等效条件

$$m_1 = P_1 d; \quad m_2 = P_2 d; \quad m_3 = -P_3 d$$

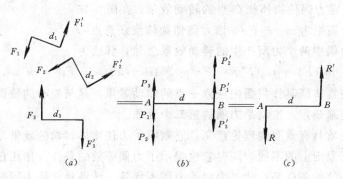

图 3-18

来决定，P_1、P_2 和 P_3 这三个力是作用于 A 点的共线力，其合力 R 的大小

$$R = P_1 + P_2 - P_3$$

对于作用于 B 点的三个力可按同样的方法合成为合力 R'。力 R 和 R' 组成一个新的力偶 $(R$、$R')$，此力偶与原来的三个力偶等效，称为该力偶系的合力偶。用 M 表示此合力偶的力偶矩，则

$$M = Rd = (P_1 + P_2 - P_3)d = m_1 + m_2 + m_3$$

合力偶的力偶矩为各分力偶的力偶矩的代数和

如果力偶系由 n 个力偶组成，同样可用上述方法合成。所得合力偶的力偶矩为

$$M = \sum_{i=1}^{n} m_i \tag{3-11}$$

于是，可得结论如下：

平面力偶系可以合成为一个合力偶，此合力偶的力偶矩等于力偶系中各力偶的力偶矩的代数和。

二、平面力偶系的平衡条件

平面力偶系可以用它的合力偶来等效代换，因此，合力偶的力偶矩为零，则力偶系是平衡的力偶系。由此得到平面力偶系平衡的必要与充分条件是：力偶系中所有各力偶的力偶矩的代数和等于零，即

$$\sum_{i=1}^{n} m_i = 0 \tag{3-12}$$

平面力偶系有一个平衡方程，可以求解一个未知量。

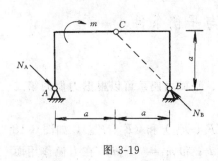

图 3-19

【例 3-5】 三铰刚架如图 3-19 所示，求在力偶矩为 m 的力偶作用下，支座 A 和 B 的反力。

【解】 （一）取分离体，作受力图。取三铰刚架为分离体，其上受到力偶及支座 A 和 B 的约束反力的作用。由于 BC 是二力杆，支座 B 的反力 N_B 的作用线

应在铰 B 和铰 C 的连线上。支座 A 的约束反力 N_A 的作用线是未知的。考虑到力偶只能用力偶来与之平衡，由此断定 N_A 与 N_B 必定组成一力偶。即 N_A 与 N_B 平行，且大小相等方向相反，如图 3-19 所示。

（二）列平衡方程，求解未知量。

分离体在两个力偶作用下处于平衡，由力偶系的平衡条件，有：

$$\Sigma m_i = 0, \ -m + \sqrt{2}\,aN_A = 0$$

解得

$$N_A = N_B = m/\sqrt{2}\,a$$

【例 3-6】　在图 3-20（a）所示的连杆机构中，不计各杆件的自重。B 铰处的水平力 P 为已知，要使机构处于平衡状态，试问在 CD 杆上施加的力偶的力偶矩应取何值？

【解】　由于整个机构上所受的力系即不是平面汇力系，也不是力偶系，所以不能取整体为分离体。铰 B 处除作用一已知水平外力 P 外，还受 AB 杆和 BC 杆的约束反力 S_{BA} 和 S_{BC} 作用（图 3-20（b））。由铰 B 的平衡条件，可求出 BC 杆的约束反力 S_{BC}。再考虑 CD 杆的受力情况，支座 D 的约束反力作用线是未知的，因为力偶只能用力偶来与之平衡，由此可判定 S_{CB} 与 N_D 必定组成一力偶，即 N_D 的作用线与 S_{CB} 的作用线平行，大小相等方向相反（图 3-20（c））。

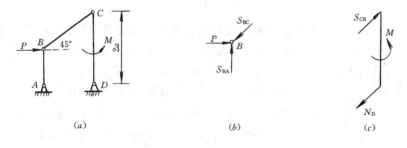

图 3-20

（一）取铰 B 为分离体，列平衡方程

$$\Sigma X = 0, \ P - S_{BC}\cos45° = 0$$

解得

$$S_{BC} = \sqrt{2}\,P$$

（二）取 CD 杆为分离体，列平衡方程

$$\Sigma m = 0, \ M - S_{CB} \times 2a\cos45° = 0$$

解得

$$M = 2Pa$$

§3-5　力 的 等 效 平 移

力的等效平移是进行力系简化的手段。力的平移定理给出了力等效平移所应满足的条件。

力的平移定理：作用在刚体上 A 点的力 F 可以等效地平移到此刚体上的任意一点 B，但必须附加一个力偶，附加力偶的力偶矩等于原来的力 F 对新的作用点 B 的矩。

下面分析定理的正确性。已知力 F 作用在刚体的 A 点上，在刚体上任选一点 B（图 3-21 (a)），为了将力 F 等效地平移到 B 点，在 B 点加两个等值反向的平衡力 F' 和 F''，并使 $F = F' = F''$，如图 (b) 所示。因为 F' 与 F'' 对物体的作用效果互相抵消，所以，力系（F，F'，F''）与力 F 等效。其中力 F 和 F'' 构成一个力偶，于是，这三个力所组成的力系可以看成是作用在 B 点的一个力 F' 和一个力偶（F，F''），如图 (c) 所示。称此力偶为附加力偶，附加力偶的力偶矩为：

$$m = \pm Fd$$

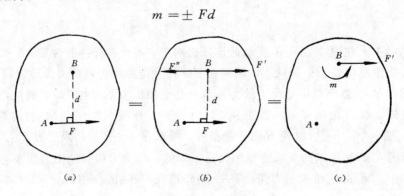

图 3-21

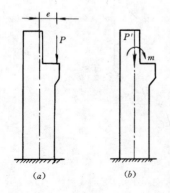

图 3-22

其中 d 是附加力偶的力偶臂，它等于 B 点到力 F 作用线的距离，故附加力偶矩就等于力 F 对 B 点的矩：

$$m = m_B(F) = \pm Fd \tag{3-13}$$

这样，原来作用在 A 点的力 F，现在被一个作用在 B 点的力 F' 和一个力偶 m 等效代替。从而实现了力的等效平移。

力的平移定理不仅是力系向一点简化的工具，而且可以用来解释一些实际问题。例如图 3-22 (a) 所示一厂房立柱，在立柱的突出部分（牛腿）承受吊车梁施加的压力 P。力 P 与柱轴线的距离为 e，称为偏心距。按力的平移定理，可将力 P 等效地平移到立柱的轴线上，同时附加一力偶矩 $m = -Pe$ 的附加力偶，如图 3-22 (b) 所示。移动后可以清楚地看到力 P' 使柱产生压缩变形；力偶 m 使立柱产生弯曲变形。说明力 P 所引起的变形是压缩和弯曲两种变形的组合。

小　结

（1）平面汇交力系简化的结果是一合力。合力作用于力系的汇交点。确定合力大小和方向的解析法是：由合力投影定理求合力在两个相互垂直的坐标轴上的投影，然后按式（3-5）求出合力的大小和方向。

（2）平面汇交力系的平衡条件是力系的合力为零，即合力 R 在两个相互垂直的坐标轴上的投影 R_x 和 R_y 同时为零。

应用平衡条件解题，在作受力分析时，需要假定未知力的指向，通过求解平衡方程得到未知力的大小，并根据所求得的未知力的正负号来判定假定的指向与实际的指向是否相同。

（3）力偶与力都是物体间相互的机械作用，力偶的作用效果是改变物体的转动状态。力偶无合力，不能用一个力等效代换，也不能与一个力平衡。力偶只能用力偶来平衡。这是力偶的第一性质。

（4）力使物体转动的效果与转动中心（矩心）的位置有关。力偶使物体转动的效果与转动中心的位置无关，完全由力偶矩这个代数量唯一地确定。这是力偶的第二性质。这一性质阐明了力对点的矩与力偶矩之间的共性和特性，并揭示了两个力偶等效的条件。

（5）平面力偶系可以合成为一合力偶，合力偶矩等于各力偶矩的代数和。合力偶矩为零是平面力偶系平衡的必要与充分条件。

思 考 题

3-1 已知力 F 在 x 轴上的投影为 X，又知力 F 沿 x 轴方向的分力大小为 $2X$。试问力 F 的另一个分力大小和方向与力矢 F 有何关系？

3-2 某平面汇交力系满足条件 $\Sigma X_1 = 0$，试问此力系合成后，可能是什么结果？

3-3 建立力对点的矩的概念时，是否考虑了加力时物体的运动状态？是否考虑了加力时物体上有无其它力的作用？在图中所示的圆轮上 A 点作用有一力 F，

（1）加力时圆轮静止；

（2）加力时圆轮以角速度 ω 转动；

（3）加力时 A 点还受到一水平 P 的作用。

试问在这三种情况下，力 F 对转轴 O 点的矩是否相同？

3-4 上题图中所示的圆轮只能绕轴 O 转动，试问可以计算力 F 对轮上任意点 B 的矩吗？它的意义是什么？

3-5 半径为 R 的圆轮可绕轴 O 转动。轮上作用一力偶矩为 m 的力偶和一个与轮缘相切的力 T（如图所示）。在力偶和力的作用下，圆轮处于平衡状态。

（1）这是否说明力偶可以用一力来与之平衡？

（2）试求轴 O 的反力的大小和方向。

3-6 在图中，$F = 30\mathrm{N}$，$m = 30\mathrm{N \cdot m}$。试问以下说法对吗？为什么？

（1）受此力和力偶的作用，物体一定顺时针转动。

（2）如果适当地改变力 F 的大小、方向和作用点，有可能使物体处于平衡状态。

3-7 对题 3-6 中的力和力偶，利用力的平移定理，将它们等效地交换为一力，并给出此力的大小和作用线位置。

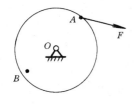
图思 3-3

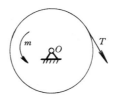
图思 3-5

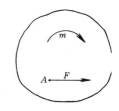
图思 3-6

习 题

3-1 由 P_1、P_2、P_3 三个力组成的平面汇交力系如图所示。已知 $P_1=2$kN，$P_2=25$kN，$P_3=1.5$kN。求该力系的合力。

3-2 平面汇交力系如图所示。$F_1=600$N，$F_2=300$N，$F_3=400$N。求力系的合力。

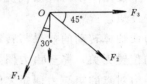

图题 3-1　　　　　　　　　　　　　图题 3-2

3-3 简易起重机由吊臂 BC 和钢索 AB 组成。起吊重物重 Q，$Q=5$kN，不计构件自重，求吊臂 BC 所受的力。

3-4 铰接三角支架悬挂一重物，重量为 $P=10$kN。已知 $AB=AC=2m$，$BC=1m$。求杆 AC 和 BC 所受的力。

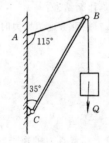
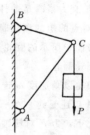

图题 3-3　　　　　　　　　　　　　图题 3-4

3-5 铰接起重架的铰 C 处装有一小滑轮，绳索绕过滑轮，一端固定于墙上，另一端吊起重为 $Q=20$kN 的重物。试按图中给定的角度求杆 AC 和 BC 所受的力。

3-6 压路机的碾子重 20kN，半径 $R=40$cm。由作用在碾子中心 O 的水平力 F 将其拉过高 $h=8$cm 的石块，求水平力 F 的大小。如果要使作用力 F 为最小，问应沿哪个方向拉？并求此最小作用力的大小。

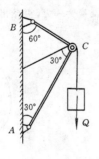

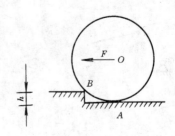

图题 3-5　　　　　　　　　　　　　图题 3-6

3-7 两根相同的圆钢管放在斜面上，并在管的两端用铅垂的挡板挡住，如图所示。每根圆钢重 4kN，求挡板所受的压力。

3-8 压榨机如图所示。在铰 A 处加水平力 P，使压块 C 压紧物体 D。压块 C 与墙面为光滑接触。求物体 D 所受的压力。

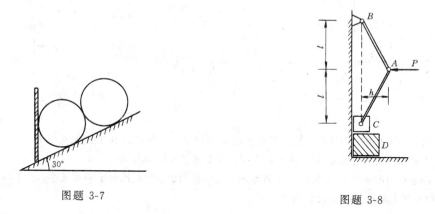

图题 3-7   图题 3-8

3-9 按图中给定的条件，计算力 F 对 A 点的矩。

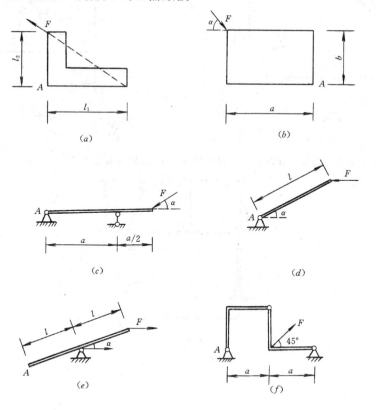

图题 3-9

3-10 T型板上受三个力偶的作用。已知 $F_1=50\text{N}$，$F_2=40\text{N}$，$F_3=30\text{N}$。试按图中给定的尺寸求合力偶的力偶矩。

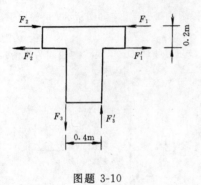

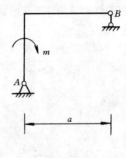

图题 3-10   图题 3-11

3-11 刚架 AB 上受一力偶的作用，其力偶矩 m 为已知。求支座 A 和 B 的约束反力。

3-12 图示结构受一力偶矩为 m 的力偶作用，求支座 A 的约束反力。

3-13 图示机构的连杆 O_2A 和 O_1B 上各作用一已知的力偶，使机构处于平衡状态。已知 $O_1B=r$，求支座 O_1 的约束反力及连杆 O_2A 的长度。

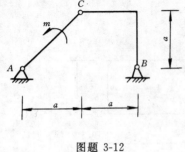

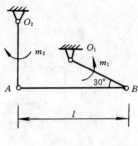

图题 3-12   图题 3-13

3-14 图示结构受一已知力偶的作用，试求铰 A 和铰 E 的约束反力。

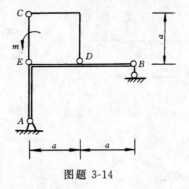

图题 3-14

34

第四章 平面力系的简化与平衡方程

力系中各力的作用线都在同一平面内，且任意地分布，这样的力系称为平面任意力系。

在工程实际中经常遇到平面任意力系的问题。例如图 4-1 所示的简支梁受有外荷载及支座反力的作用，这个力系是平面任意力系。

有些结构所受的力系本不是平面任意力系，但可以简化为平面任意力系来处理。例如图 4-2 所示的屋架，可以忽略它与其它屋架之间的联系，单独分离出来，视为平面结构来考虑。屋架上的荷载及支座反力作用在屋架自身平面内，组成一平面任意力系。

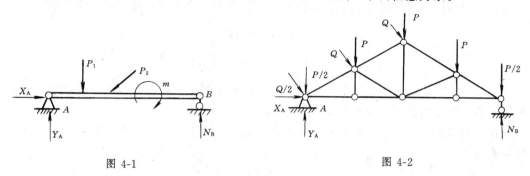

图 4-1   图 4-2

当物体所受的力对称于某一平面时，也可以简化为平面任意力系来处理。事实上，工程中的多数问题都简化为平面任意力系问题来解决。所以，本章的内容在工程实践中有重要的意义。

§4-1 平面任意力系向一点的简化·主矢和主矩

设物体受平面任意力系作用，该力系由 F_1、F_2、F_3 三个力组成，如图 4-3 (a) 所示。在力系作用面内任选一点 O，将各力向 O 点简化。称 O 点为简化中心。应用力的平移定理，将各力向简化中心 O 等效平移，得到汇交于 O 点的力 F'_1、F'_2、F'_3，其中

$$F'_1 = F_1, F'_2 = F_2, F_3 = F'_3$$

此外，还应附加相应的附加力偶，各附加力偶的力偶矩用 m_1、m_2、m_3 表示，它们分别

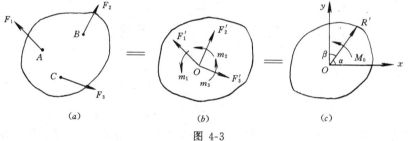

(a) (b) (c)

图 4-3

等于原力系中各力对简化中心 O 之矩：

$$m_1 = m_0(F_1), \quad m_2 = m_0(F_2), \quad m_3 = m_0(F_3)$$

这样，我们就将给定的平面任意力系通过力的等效平移转化为给定的平面汇交力系和力偶系，如图 4-3 (b) 所示。平面任意力系的简化问题转化为平面汇交力系和平面力偶系的简化问题。

对力 F'_1、F'_2、F'_3 所组成的平面汇交力系，可简化为作用于简化中心 O 的一个力 R'，该力的矢量等于 F'_1、F'_2、F'_3 各力的矢量和：

$$R' = F'_1 + F'_2 + F'_3$$

$$= F_1 + F_2 + F_3$$

称 R' 为平面任意力系的主矢。平面任意力系的主矢等于力系中各力的矢量和。

由三个附加力偶所组成的平面力偶来，可简化为一个力偶，此力偶的矩用 M_0 表示

$$M_0 = m_1 + m_2 + m_3$$

$$= m_0(F_1) + m_0(F_2) + m_0(F_3)$$

称为 M_0 为平面任意力系相对于简化中心 O 的主矩。平面任意力系对简化中心 O 的主矩等于力系中各力对简化中心 O 之矩的代数和。

在一般情况下，平面任意力系由几个力组成，则该力系向任意点 O 简化的主矢和主矩应分别为

$$R' = \sum_{i=1}^{n} F_i \tag{4-1}$$

$$M_0 = \sum_{i=1}^{n} m_0(F_i) \tag{4-2}$$

于是，对平面任意力系向任一点简化的结果可以总结如下：

在一般情况下，平面任意力系向平面内任选的简化中心简化，可以得到一个力和一个力偶。此力作用在简化中心上，它的矢量等于力系中各力的矢量和，称为平面任意力系的主矢。此力偶的矩等于力系中各力对简化中心的矩的代数和，称为平面任意力系相对于简化中心的主矩。

力系的主矢可以用解析的方法求得。按图 4-3 (c) 中所选定的坐标系，有

$$\left. \begin{array}{l} R'_x = \sum_{i=1}^{n} X_i \\ R'_y = \sum_{i=1}^{n} Y_i \end{array} \right\} \tag{4-3}$$

$$R' = \sqrt{R'^2_x + R'^2_y} = \sqrt{(\varSigma X_i)^2 + (\varSigma Y_i)^2} \tag{4-4}$$

$$\left. \begin{array}{l} \cos\alpha = \dfrac{R'_x}{R} \\ \cos\beta = \dfrac{R'_y}{R} \end{array} \right\} \tag{4-5}$$

式中 X_i 和 Y_i 是力 F_i 在 x 轴和 y 轴上的投影；α 和 β 分别代表主矢 R' 与 x 和 y 轴正向的夹

角。

力系的主矩可以直接用式（4-2）求得。

必须注意的是：

（1）在一般情况下，平面任意力系等效于一力和一力偶。由此判定：**主矢 R' 一般不与原力系等效，不是原力系的合力；附加力偶系的合力偶 M 一般不与原力系等效，不是原力系的合力偶。**

（2）主矢 R' 由力系中各力的矢量和确定，所以，**主矢与简化中心的位置无关**。对于给定的力系，选取不同的简化中心，所得主矢相同。

（3）主矩 M_0 由力系中各力对简化中心 O 的矩的代数和确定，简化中心 O 的位置不同，各力对 O 点的矩不同，所以，主矩一般与简化中心的位置有关。对于给定的力系，选取不同的简化中心，所得主矩一般不同。

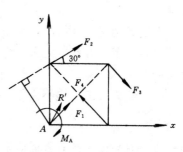

图 4-4

【例 4-1】 在边长为 $a=1\mathrm{m}$ 的正方形的四个顶点上，作用有 F_1、F_2、F_3、F_4 等四个力（图 4-4）。已知 $F_1=40\mathrm{N}$，$F_2=60\mathrm{N}$，$F_3=60\mathrm{N}$，$F_4=80\mathrm{N}$。试求该力系向 A 点简化的结果。

【解】 选坐标系如图。

求力系的主矢 R'

$$
\begin{aligned}
R'_x &= X_1 + X_2 + X_3 + X_4 \\
&= F_1\cos45° + F_2\cos30° + F_3\sin45° - F_4\cos45° \\
&= 66.10\mathrm{N}
\end{aligned}
$$

$$
\begin{aligned}
R'_y &= Y_1 + Y_2 + Y_3 + Y_4 \\
&= F_1\sin45° + F_2\sin30° - F_3\cos45° + F_4\sin45° \\
&= 72.42\mathrm{N}
\end{aligned}
$$

$$
R' = \sqrt{R'^2_x + R'^2_y} = 98.05\mathrm{N}
$$

$$
\cos\alpha = \frac{R'_x}{R} = 0.67
$$

$$
\cos\beta = \frac{R'_y}{R} = 0.74
$$

解得主矢与 x，y 轴正向夹角为

$$
\alpha = 47.93°;\beta = 42.27°
$$

力系相对于简化中心 A 的主矩为

$$
M_A = \sum_{i=1}^{4} m_A(F_i)
$$

$$
= - F_2 a\cos30° - F_3 a/\cos45° + F_4 a\sin45°
$$

$$
= - 80.24\mathrm{N} \cdot \mathrm{m}
$$

负号表明力偶为顺时针转向。

§4-2 平面任意力系简化结果的讨论

平面任意力系向简化中心 O 简化，一般得一力和一力偶。可能出现的情况有四种：(1) $R' \neq 0$，$M_0 = 0$；(2) $R' \neq 0$，$M_0 \neq 0$；(3) $R' = 0$，$M_0 \neq 0$；(4) $R' = 0$，$M_0 = 0$。下面逐一进行讨论。

一、主矢不为零，主矩为零，即

$$R' \neq 0, \quad M_0 = 0$$

在这种情况下，由于附加力偶系的合力偶矩为零，原力系只与一个力等效，因此在这种特殊情况下，力系简化为一合力，此合力的矢量即为力的主矢 R'，合力作用线通过简化中心 O 点。

二、主矢、主矩均不为零，即

$$R' \neq 0, \quad M_0 \neq 0$$

在这种情况下，力系等效于一作用于简化中心 O 的力 R' 和一力偶矩为 M_0 的力偶。由力的平移定理知，一个力可以等效地变换成为一个力和一个力偶，那么，反过来，也可将一力和一力偶等效地变换成为一个力。作法如下：

将力偶矩为 M_0 的力偶用两个力 R 和 R' 表示，并使 $R' = R = R''$，R'' 作用在 O 点，R 作用在 O_1 点，如图 4-5 (b) 所示。R' 与 R'' 组成一平衡力系，将其去掉后得到作用于 O_1 点的力 R （图 4-5 (c)）。力 R 与原力系等效，是原力系的合力。

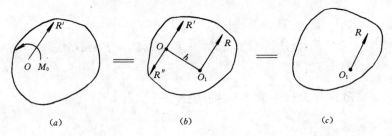

(a) (b) (c)

图 4-5

可见，当主矢和主矩均不为零时，可进一步简化为一合力。合力 R 与主矢 R' 具有相同的大小和方向。合力作用线不通过简化中心 O，而是位于主矢 R' 的这样一侧，使得合力 R 对 O 点的矩与主矩 M_0 具有相同的正负号，且合力 R 与主矢 R' 间的距离 h 可由下式确定：

$$h = \frac{|M_0|}{R'} \tag{4-6}$$

借助这个分析过程，可推导出合力矩定理。

由图 4-5 (b) 可知，合力 R 对 O 点的距为

$$m_0(R) = R \cdot h = M_0$$

而 M_0 是力系中各力（分力）对 O 点的矩的代数和

$$M_0 = \sum_{i=1}^{n} m_0(F_i)$$

所以
$$m_0(R) = \sum_{i=1}^{n} m_0(F_i) \tag{4-7}$$

因为简化中心 O 是任选的，上式有普遍意义。

于是，得合力矩定理如下：**平面任意力系的合力对作用面内任意一点的矩等于力系中各力对同一点的矩的代数和。**

这里针对平面任意力系推导的合力矩定理适合于各种力系。

【例 4-2】 求例 4-1 中所给定的力系的合力作用线

【解】 在例 4-1 中已求出力系向 A 点简化的结果，且主矢和主矩都不为零。这说明力系可简化为一合力 R，该力系的合力为

$$R = R'$$

只要求出合力 R 的作用线与 x 轴的交点 K 的坐标 X_K，则合力作用线位置就完全确定。设想将合力 R 沿其作线移至 K 点，并分解为两个分力 R_x 和 R_y，如图 4-6 所示。根据合力矩定理：

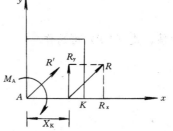

图 4-6

$$M_A = \Sigma m_A(F_i) = m_A(R)$$
$$= m_A(R_x) + m_A(R_y)$$

M_A 是力系向 A 点简化的主矩，而 $m_A(R_x) = 0$，所以有

$$M_A = m_A(R_y) = R_y X_K$$

解得
$$X_K = \frac{M_A}{R_y} = \frac{-80.24}{72.42} = -1.11\text{m}$$

负号表明 K 点在坐标原点 A 的左侧。

三、主矢为零，主矩不为零，即

$$R' = 0, \quad M_0 \neq 0$$

在这种情况下，平面任意力系中各力向简化中心等效平移后，所得到的汇交力系是平衡力系，原力系与附加力偶系等效。原力系简化为一合力偶，该力偶的矩就是原力系相对于简化中心 O 的主矩 M_0。由于原力系等效于一力偶，而力偶对平面内任意一点的矩都相同，因此当力系简化为一力偶时，主矩与简化中心的位置无关，向不同点简化，所得主矩相同。

四、主矢与主矩均为零，即

$$R' = 0, \quad M_0 = 0$$

在这种情况下，平面任意力系是一个平衡力系。下节将对此详细讨论。

总之，对不同的平面任意力系进行简化，其最后结果只有三种可能性：1. 合力；2. 合力偶；3. 平衡。

§4-3 平面任意力系的平衡条件·平衡方程

当平面任意力系的主矢和主矩都等于零时，作用在简化中心 O 的汇交力系是平衡力

系，附加力偶系也是平衡力系，所以该平面任意力系一定是平衡力系。于是得知，**平面任意力系的主矢和主矩同时为零**，即

$$\left.\begin{array}{l} R' = 0 \\ M_0 = 0 \end{array}\right\} \tag{4-8}$$

是平面任意力系平衡的必要与充分条件。

上述平衡条件可以用解析式等价地表示。$R' = 0$ 等价于

$$R_x = 0 \ \text{和} \ R_y = 0$$

$M_0 = 0$ 等价于

$$\sum_{i=1}^{n} m_0(F_i) = 0$$

于是，式（4-8）可写作

$$\left.\begin{array}{l} \sum_{i=1}^{n} X_i = 0 \\[2mm] \sum_{i=1}^{n} Y_i = 0 \\[2mm] \sum_{i=1}^{n} m_0(F_i) = 0 \end{array}\right\} \tag{4-9}$$

由此得出结论：**平面任意力系平衡的必要与充分条件可解析地表达为：力系中所有各力在两个任选的坐标轴中每一轴上的投影的代数和分别等于零，以及各力对任意一点的矩的代数和等于零。**

式（4-9）称为平面任意力系的平衡方程。该方程组是由两个投影方程和一个取矩方程所组成，称为一矩式平衡方程。平面任意力系的平衡方程（4-9）中有三个方程，只能求解三个未知数。

【例 4-3】 图 4-7（a）所示的刚架 AB 受均匀分布的风荷载的作用，单位长度上承受的风压为 q（N/m），称 q 为均布荷载集度。给定 q 和刚架尺寸，求支座 A 和 B 的约束反力。

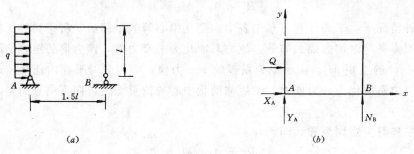

图 4-7

【解】 （一）取分离体，作受力图。

取刚架 AB 为分离体。它所受的分布荷载用其合力 Q 来代替，合力 Q 的大小等于荷载集度 q 与荷载作用长度之积。

$$Q = ql$$

合力 Q 作用在均布荷载作用线的中点，如图 4-7（b）所示。

（二）列平衡方程，求解未知力。

刚架受平面任意力系的作用，三个支座反力是未知量，可由平衡方程求出。取座标轴如图（b）所示。列平衡方程

$$\Sigma X = 0, \quad Q + X_A = 0 \tag{1}$$

$$\Sigma Y = 0, \quad N_B + Y_A = 0 \tag{2}$$

$$\Sigma m_A(F) = 0, \quad 1.5lN_B - 0.5lQ = 0 \tag{3}$$

由（1）式解得

$$X_A = -Q = -ql$$

由（3）式解得

$$N_B = \frac{1}{3}ql$$

将 N_B 的值代入（2）式，得

$$Y_A = -N_B = -\frac{1}{3}ql$$

负号说明约束反力 Y_A 的实际方向与图中假设的方向相反。

【例 4-4】 图 4-8 所示构件的 A 端为固定端，B 端自由，求在已知外力的作用下，固定端 A 的约束反力。

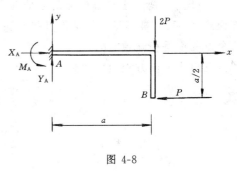

图 4-8

【解】 （一）取分离体，作受力图。

取构件 AB 为分离体，其上除作用有已知主动力外，固定端约束反力为 X_A、Y_A 和约束反力偶 M_A。

（二）列平衡方程，求解未知量。

取坐标轴如图所示。因为力偶在任何轴上的投影为零，所以投影方程为

$$\Sigma X = 0, \quad X_A - P = 0 \tag{1}$$

$$\Sigma Y = 0, \quad Y_A - 2P = 0 \tag{2}$$

在列取矩方程时，可选未知力的交点 A 为矩心，矩方程为

$$\Sigma m_A(F) = 0, \quad M_A - 2P \cdot a - P \cdot \frac{a}{2} = 0 \tag{3}$$

由（1）、（2）、（3）式解得

$$X_A = P$$
$$Y_A = 2P$$
$$M_A = 2.5Pa$$

在以上各例的求解中，都是取未知力的交点为矩心，力求减少每一平衡方程中未知力的数目。否则，不但平衡方程中的项数增多，而且导致求解联立方程，增大了计算工作量。

平面任意力系的平衡方程还可以写成二矩式和三矩式的形式。

二矩式平衡方程的形式是

$$\sum_{i=1}^{n} m_A(F_i) = 0$$

$$\sum_{i=1}^{n} m_B(F_i) = 0$$

$$\sum_{i=1}^{n} X_i = 0 \qquad (4\text{-}10)$$

其中矩心 A 和 B 两点的连线不能与 x 轴垂直。

方程组式（4-10）也是平面任意力系平衡的必要与充分条件，作为平衡的必要条件，是十分明显的，下面对条件的充分性作一解释：当力系满足条件 $\Sigma m_A(F)=0$ 时，说明这个力系不可能简化为一个力偶；或者是通过 A 点的一合力，或者平衡。如果力系同时又满足条件 $\Sigma m_B(F)=0$，则这个力系或有一通过 A、B 两点连线的合力，或者平衡。如果力系又满足条件 $\Sigma X=0$，其中 x 轴不与 A、B 两点的连线垂直，这就排除了力系有合力的可能性。由此断定，当式（4-10）的三个方程同时满足时，力系一定是平衡力系。但须注意，式（4-10）作为平衡的必要与充分条件是有附加条件的。如果 x 轴垂直矩心 A、B 两点的连线，既便式（4-10）被满足，力系仍可能有通过两个矩心的合力，而不一定是平衡力系。这时，三个方程不是相互独立的。

三矩式平衡方程的形式是

$$\left.\begin{array}{l} \sum_{i=1}^{n} m_A(F_i) = 0 \\[2mm] \sum_{i=1}^{n} m_B(F_i) = 0 \\[2mm] \sum_{i=1}^{n} m_C(F_i) = 0 \end{array}\right\} \qquad (4\text{-}11)$$

其中 A、B、C 三点不能共线。

在对三个矩心附加上述条件后，式（4-11）是平面任意力系平衡的必要充分条件。读者可参考对式（4-10）的论证方法对其充分性作出解释。

这样，平面任意力系共有三种不同形式的平衡方程组，每一组方程中都只含有三个独立的方程式，都只能求解三个未知量。应用时可根据问题的具体情况，选用不同形式的平衡方程组。以达到计算方便的目的。

下面举例说明多矩式平衡方程的应用。

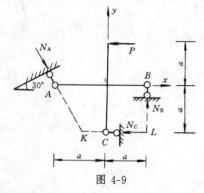

图 4-9

【例 4-5】 十字交叉梁用三个链杆支座固定，如图 4-9 所示。求在水平力 P 的作用下各支座的约束反力。

【解】 （一）取分离体，作受力图。

取十字交叉梁为分离体，其上受主动力 P、约束反力 N_A、N_B 和 N_C 的作用。

（二）列平衡方程，求解未知力。

下面分别用二矩式和三矩式平衡方程求解。

用二矩式平衡方程求解：

分别以反力 N_C 和 N_B 的交点 L 及 B 点为矩心。列平衡方程。

$$\Sigma m_L(F) = 0, \quad 2aP + 2aN_A\cos30° - aN_A\sin30° = 0 \tag{1}$$

$$\Sigma m_B(F) = 0, \quad Pa - N_Ca + 2aN_A\cos30° = 0 \tag{2}$$

$$\Sigma Y = 0, \quad N_B - N_A\cos30° = 0 \tag{3}$$

解得
$$N_A = -1.62P$$
$$N_B = -1.40P$$
$$N_C = -1.81P$$

如果投影方程（3）选用 $\Sigma X = 0$，就违背了二矩式平衡方程的附加条件，方程中不包含 N_B，故不能求出 N_B 的值。

用三矩式平衡方程求解：

取 L、K、A 三点为矩心，列平衡方程。

$$\Sigma m_L(F) = 0, \quad 2aP + 2aN_A\cos30° - aN_A\sin30° = 0 \tag{1}$$

$$\Sigma m_K(F) = 0, \quad 2aP + (a + CK)N_B = 0 \tag{2}$$

$$\Sigma m_A(F) = 0, \quad aP + 2aN_B - aN_C = 0 \tag{3}$$

式中：
$$CK = a\left(1 - \frac{1}{\sqrt{3}}\right) = 0.426a$$

解得 N_A、N_B、N_C 的值与前面结果相同。

§4-4　平面平行力系的平衡方程

力系中各力的作用线在同一平面内且相互平行，这样的力系称为平面平行力系。平面汇交力系、平面力偶系、平面平行力系都是平面任意力系的特殊情况。这三种力系的平衡方程都可以作为平面任意力系平衡方程的特例而导出。下面导出平面平行力系的平衡方程。

如图 4-10 所示，物体受由 n 个力所组成的平面平行力系作用。若选 x 轴与各力垂直，y 轴与各力平行。则无论力系是否平衡，方程
$$\sum_{i=1}^{n} X_i = 0$$

图 4-10

都自然得到满足，不再具有判断平衡与否的功能。于是，平面任意力系的平衡方程式（4-9）中的后两个方程。

$$\left.\begin{array}{c} \sum_{i=1}^{n} Y_i = 0 \\[2em] \sum_{i=1}^{n} m_0(F_i) = 0 \end{array}\right\} \tag{4-12}$$

为平面平行力系的平衡方程。

平面平行力系的平衡方程也可以写成二个矩方程的形式：

$$\left.\begin{array}{l}\sum_{i=1}^{n} m_{A}(F_i) = 0 \\[2em] \sum_{i=1}^{n} m_{B}(F_i) = 0\end{array}\right\} \qquad (4\text{-}13)$$

其中矩心 A、B 的连线不能与各力作用线平行。否则，式（4-13）不是平面平行力系平衡的充分条件。

平面平行力系有两个独立的平衡方程，可以求解两个未知量。

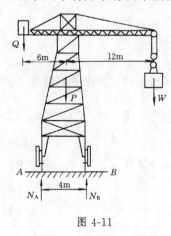

图 4-11

【例 4-6】 塔式起重机如图 4-11 所示。机架自重 $P=$ 700kN，作用线通过塔架轴线。最大起重量 $W=200$kN，最大吊臂长为 12m，平衡块重为 Q，它到塔架轴线的距离为 6m。为保证起重机在满载和空载时都不翻倒，试求平衡块的重量 Q 应为多大。

【解】 （一）取分离体，作受力图。

取起重机为分离体，其上作用有主动力 P、W、Q。约束反力为两个轨道的反力 N_A 和 N_B。这些力组成一个平面平行力系。

（二）列平衡方程，求解未知力。

从受力图上看，N_A、N_B 和 Q 三个力都是未知的，独立的平衡方程只有两个，求解时需利用塔架翻倒条件建立补充方程。

当起重机满载时，起重机最大起吊重量 $W=200$kN。这时，平衡块的作用是不使塔架绕 B 轮翻倒。研究即将翻倒尚未翻倒的临界平衡状态，则有补充方程 $N_A=0$。在这个平衡状态下求得的力 Q 值，是满载时使塔架不翻倒的最小值，用 Q_{min} 来表示。列平衡方程

$$\Sigma m_B(F) = 0, \quad (6+2)Q_{min} + 2P - (12-2)W = 0$$

解得： $$Q_{min} = 75\text{kN}$$

当起重机空载时，$W=0$。这时平衡块不能过重，以免使起重机绕 A 轮翻倒。研究即将翻倒尚未翻倒的临界平衡状态，有补充方程 $N_B=0$。在这个平衡状态下求得的 Q 值，是空载时使塔架不翻倒的最大值，用 Q_{max} 来表示。列平衡方程

$$\Sigma m_A(F) = 0, \quad (6-2)Q_{max} - 2P = 0$$

解得

$$Q_{max} = 350\text{kN}$$

从对空载和满载两种临界平衡状态的研究得知，为使起重机在正常工作状态下不翻倒，平衡块重量的取值范围是：

$$75\text{kN} \leqslant Q \leqslant 350\text{kN}$$

在工程实践中，意外因素的影响是难免的，为保障安全工作，应用中需要把理论计算的取值范围适当地缩小。

§4-5　物体系的平衡问题

图 4-12 是机械中常见的曲柄连杆机构。图 4-13 是一个拱的简图。图 4-14 是一个厂房结构的简图。这些都是物体系的实例。

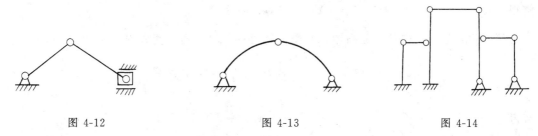

图 4-12　　　　　　　　　图 4-13　　　　　　　　　图 4-14

求解物体系的平衡问题具有重要的实际意义。当物体系处于平衡状态时，该体系中的每一个物体也必定处于平衡状态。如果每个物体都受平面任意力系的作用，可对每一个物体写出三个独立的平衡方程。若物体系由 n 个物体组成，则可写出 $3n$ 个独立的平衡方程，可求解 $3n$ 个未知量。假如物体系中有受平面汇交力系或平面平行力系作用的物体，独立的平衡方程数目相应减少。按照上述的方法求解物体系的平衡问题，在理论上并没有任何困难。但是，针对具体问题选择有效、简便的解题途径，对初学者来说不是件容易的事情。下面通过例题来说明如何求解物体系的平衡问题，及有关注意事项。

【例 4-7】　由折杆 AC 和 BC 铰接组成的厂房结构如图 4-15 所示。求固定铰支座 B 的约束反力。

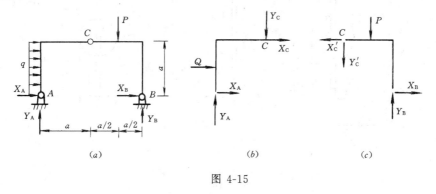

(a)　　　　　　　　　　(b)　　　　　　　　　　(c)

图 4-15

【解】　首先作出整体和各局部（构件 AC 和 BC）的受力图，如图 (a)、(b)、(c) 所示。

待求未知力 X_B、Y_B 出现在图 a 和图 c 上，断定将从这两个受力图上求得待求未知力。

观察图 (a)，其上有四个未知力：X_A、Y_A、X_B、Y_B。对图 (a) 只能写出三个独立的平衡方程，不可能求出四个未知量。但 X_A、X'_C、Y'_C 三个力汇交于 A 点，对 A 点写取矩方程可求出待求力 Y_B。

观察图 (c)，其上有四个未知力：X_B、Y_B、X_C、Y_C。对图 (c) 只能写出三个独立的平衡方程，不可能求出四个未知量。但是，如能从其它受力图上求出这四个未知力中的某一个，则另外三个未知力则可全部求出。

从受力图（a）上求出 Y_B，即可以从受力图（c）上求出 X_B。于是本题可按如下两步求解。

第一步：取整体为分离体，其受力图见图（a），列平衡方程

$$\Sigma m_A(F) = 0, \quad -\frac{1}{2}qa^2 - \frac{3}{2}Pa + 2aY_B = 0$$

解得

$$Y_B = \frac{1}{4}(qa + 3P)$$

第二步：取 BC 构件为分离体，其受力图见图（c），列平衡方程

$$\Sigma m_C(F) = 0, \quad -\frac{1}{2}Pa + X_B a + Y_B a = 0$$

解得

$$X_B = -\frac{1}{4}(qa + P)$$

如果需要，可由 $\Sigma X = 0$ 和 $\Sigma Y = 0$ 两个平衡方程求出铰 C 处的反力 X_C 和 Y_C。

【例 4-8】 图 4-16（a）所示的结构由杆件 AB、BC、CD、圆轮 O、软绳和重物 E 组成。圆轮与杆 CD 用铰链连接，圆轮半径为 $r=l/2$。物 E 重为 W，其它构件不计自重。求固定端 A 的约束反力。

【解】 首先作出整体和各局部的受力图，示于图（a）、（b）、（c）。BC 杆为二力杆，不必作出受力图。轮 O 和重物 E 不必单独作出受力图，将它们与联结滑轮的构件 CD 放在一起作受力图。

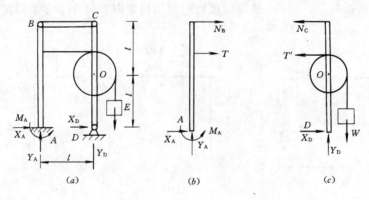

图 4-16

待求量 X_A、Y_A、M_A 出现在图（a）和图（b）上，断定将从这两个受力图上求得待求量。

观察图（a），其上有五个未知量。只有从其它受力图上求出 X_D、Y_D，才能从图（a）上求出 X_A、Y_A、M_A。

观察图（b），其上有四个未知量。只要从其它受力图上求出 N_B，就可从图（b）上求出 X_A、Y_A、M_A。

从图（a）和图（b）上都不能直接解出待求量，再来观察图（c）。其上有三个未知力：N_C、X_D、Y_D，可写出三个平衡方程，解出这三个未知力。其中 $N_C = N_B$。

于是本题有两个求解方案：一是从图（c）上求出 N_C，再从图（b）上求出 X_A、Y_A、M_A；

另一是从图（c）上求出 X_D、Y_D；再从图（a）上求出 X_A、Y_A、M_A。第一方案需用四个平衡方程，第二方案需用五个平衡方程。选用第一方案求解如下。

求固定端 A 的约束反力可分为二步。

第一步：取杆件 BC、CD、圆轮、绳索及重物组成的体系为分离体，如受力图（c）所示，列平衡方程

$$\Sigma m_D(F) = 0, \quad 2lN_C + 1.5lT' - 0.5lW = 0$$

其中 $T' = W$，解得

$$N_C = -0.5W$$

第二步：取杆件 AB 为分离体，其受力图如图（b）所示，列平衡方程

$$\Sigma X = 0 \qquad S_B + T + X_A = 0$$

$$\Sigma Y = 0 \qquad Y_A = 0$$

$$\Sigma m_A(F) = 0, \quad m_A - 2lN_B - 1.5lT = 0$$

其中 $T = T' = W$，$N_B = N_C = -0.5W$。解得

$$X_A = -0.5W$$

$$Y_A = 0$$

$$M_A = 0.5lW$$

【例 4-9】 图 4-17 所示结构由 AB、CD、EF 三个杆件组成，受均布荷载 q 及力 P 的作用，$P = q \cdot a$，求铰支座 A 的约束反力。

【解】 作整体和各局部的受力图如图（a）、（b）、（c）所示。

支座 A 的反力应从图（a）或图（b）上求得。

图（b）上的未知力有四个，其中 $N_E = N_F$。反力 N_F 可以图（c）上求得。

于是，本题可按如下两步求解。

第一步：取构件 CD 为分离体，其受力图如图（c）所示。列平衡方程

$$\Sigma X = 0, N_F - P = 0$$

解得 $\qquad\qquad\qquad\qquad N_F = P$

第二步：取构件 AB 为分离体，其受力图如图（b）所示。列平衡方程

$$\Sigma m_B(F) = 0, \quad N_E \cdot a - Y_A \cdot a - qa \cdot \frac{a}{2} - X_A \cdot a = 0$$

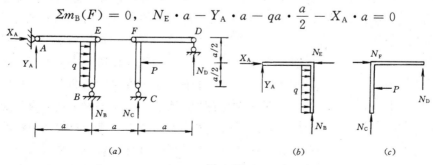

(a) $\qquad\qquad\qquad\qquad (b) \qquad\qquad (c)$

图 4-17

式中：$N_E=N_F=P$，代入后解得

$$Y_A = P - \frac{1}{2}qa$$

$$\cdot \Sigma X = 0, \quad X_A + qa - N_E = 0$$

$$X_A = P - qa$$

从上面的例题可以看到，物体系的平衡问题比单个物体的平衡问题复杂一些。将解决物体系平衡问题的思路和注意事项总结如下：

(1) 解决物体系统的平衡问题时，应该针对问题的具体条件和要求，构思合理的解题思路。要在了解整体和各局部受力情况的基础上，恰当地选取分离体，恰当地选择平衡方程。列方程时，要选择适当的投影轴和矩心，尽量使不需要求的未知量不出现在所列的方程中。盲目地对体系中每一物体都写出三个平衡方程，最终也能得到问题的解答，但这样作工作量大，易于出错，不利于培养分析问题和解决问题的能力。

(2) 正确地分析物体系整体和各局部的受力情况，正确地区分内力和外力，注意作用力与反作用力之间的关系，是解题的关键。

(3) 物体系是由多个物体所组成，求解过程中一般都要选取两次以上的分离体，才能解出所要求的未知量。

§4-6 考虑摩擦的平衡问题

摩擦现象是普遍存在的，绝对光滑的接触面并不存在。只有当摩擦足够小，在所研究的问题中其作用可以忽略不计的情况下才能将接触面视为绝对光滑的。无论在生活中还是在生产中，摩擦总是无处不在。有了摩擦，人才能行走，汽车才能开动，并能够利用制动器来刹车；在机械中，皮带轮用摩擦来传动；重力水坝依靠摩擦来阻止坝体的滑动；如此等等。但摩擦也有不利的一面，例如摩擦会使机器发热，会加速零件的磨损，会降低机器的效率。仅由摩擦所消耗的能量就已是十分惊人的。研究摩擦的规律，利用其有利的一面，减少其不利的影响，无疑有着重要的实际意义。

关于摩擦机理和摩擦规律的研究，已有专门学科，这里只介绍滑动摩擦，并只限于干摩擦的情况。研究滑动摩擦力的性质，以及考虑摩擦时平衡问题的解法。

一、静滑动摩擦力

放在光滑接触面上的物体，只受到沿接触面法线方向的约束。如果物体受到沿接触面切线方向的主动力的作用，无论这个力多么小，都会使物体由静止而进入运动。这说明光滑接触面不阻碍物体沿切线方向的运动。如果将重为 P 的物体放在有摩擦的粗糙面上，再沿接触面的切线方向施加一力 Q。只要 Q 的值不超过某一限度，物体仍处于平衡状态。这

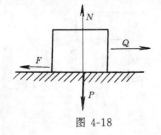

图 4-18

表明，在接触面处除了有沿支承面法线方向的反力 N 之外，必定还有一个阻碍重物沿水平方向滑动的力 F（图 4-18）。称力 F 为静滑动摩擦力。当水平力 Q 指向右时，静滑动摩擦力指向左。这说明：静滑动摩擦力的方向与物体相对滑动的趋势相反。这里所说的"相对滑动的趋势"是指设想不存在摩擦时，物体在主动力 Q 作用下相对滑动的方向。由于在力 Q

的值未超过某一限度时前,物体只有相对滑动的趋势而未发生滑动,仍然处在平衡状态,所以,应由静力学平衡方程来求解静摩擦力 F 的大小。由平衡方程 $\Sigma X=0$,解得 $F=Q$。可见,静滑动摩擦力 F 的值随主动力 Q 的增大而增大。

二、最大静滑动摩擦力·静滑动摩擦定律

对图 4-18 所示的物体,当水平力 Q 增大到某一限度时,如果再继续增大,物体的平衡状态就将被破坏而产生滑动。将物体即将滑动而尚未滑动的平衡状态称为临界平衡状态。在临界平衡状态下,静滑动摩擦力达到最大值,称为**最大静滑动摩擦力**,用 F_{max} 表示。如果力 Q 继续增大,物体就开始运动。所以,平衡时静滑动摩擦力只能在零与最大静滑动摩擦力 F_{max} 之间取值:

$$0 \leqslant F \leqslant F_{max} \tag{4-14}$$

法国物理学家库伦对干燥接触面作了大量的实验。实验结果表明,最大静滑动摩擦力的方向与相对滑动的趋势相反,其大小与相互连接的两物体间的正压力(法向反力)成正比。即

$$F_{max} = fN \tag{4-15}$$

式中 f 是比例系数,称为**静滑动摩擦系数**。这一规律称为**静滑动摩擦定律**,或库伦定律。

静滑动摩擦系数 f 的大小由实验确定。它与相接触物体的材料及接触面的粗糙程度、温度和湿度等有关。在材料和表面情况确定的条件下,可近似地看作常数。其数值可在有关的工程手册中查到。表 4-1 中列出几种常见材料的静滑动摩擦系数值。

表 4-1

材料名称	静摩擦系数	动摩擦系数	材料名称	静摩擦系数	动摩擦系数
钢-钢	0.15	0.15	皮革-铸铁	0.3~0.5	0.28
软钢-铸铁	0.2	0.18	木材-木材	0.4~0.6	0.2~0.5
软钢-青铜	0.2	0.18			

由静摩擦定律可知,要增大最大静摩擦力,可通过增大正压力或增大摩擦系数来实现。例如,汽车一般都用后轮驱动,因后轮正压力大于前轮;冬天雪后路滑,在路面上撒砂子以增大摩擦系数,避免车轮打滑。要减小最大摩擦力,可通过减少 f 值或正压力来实现。例如用增加接触面的光洁度,加润滑剂等方法来实现。

三、动滑动摩擦力·动滑动摩擦定律

对图 4-18 所示的物体,当它已处于临界平衡状态,再继续增大主动力 Q 的值时,物体就会沿接触面发生滑动,这时接触面间的摩擦力已不能阻止相对滑动的发生,只能起阻碍相对滑动的阻力作用,称之为**动滑动摩擦力**,以 F' 表示。实验证明:动滑动摩擦力的方向与物体相对滑动的方向相反,动滑动摩擦力的大小与相互接触物体间的正压力成正比。即

$$F' = f'N \tag{4-16}$$

式中 f' 称为**动滑动摩擦系数**。这一规律称为**动滑动摩擦定律**。

动滑动摩擦系数 f' 与相互接触的物体的材料性质和表面情况有关,也与相对滑动的速度有关。在相对滑动速度不大时,可以近似地取为常数。在表 4-1 中列出了几种材料的动滑动摩擦系数值,它们是通过实验确定的。对多数材料来说,动滑动摩擦系数略小于静滑动

摩擦系数，即

$$f' < f$$

在法向反力不变的情况下，动滑动摩擦力不象静滑动摩擦力那样可以在某一范围内取值。它是由式（4-16）所确定的一个常数。

前面所介绍的静滑动摩擦定律和动滑动摩擦定律，都是近似的，但由于其公式简单，便于计算又有一定的精度，因而在工程实际中被广泛地采用。

四、摩擦角和自锁现象

当有摩擦时，接触面的约束反力由二个分量组成，即法向反力 N 和切向摩擦力 F。这两个力的矢量和

$$R = N + F$$

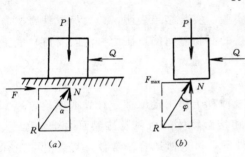

图 4-19

称为支承面的**全约束反力**。全反力 R 与接触面法线的夹角用 α 表示，如图 4-19（a）所示。由图可见，当法向反力 N 不变时，α 角随摩擦力 F 的增大而增大，当物体处于临界平衡状态时，静摩擦力达到最大值 F_{max}，此时角 α 也达到最大值 $\alpha_{max} = \varphi$，如图 4-19（b）所示。全反力与法线的最大夹角 φ，称为**摩擦角**。摩擦角是在临界平衡状态下全反力与法线的夹角。由图可知。

$$\text{tg}\varphi = \frac{F_{max}}{N} = \frac{fN}{N} = f \qquad (4-17)$$

即摩擦角的正切等于摩擦系数。

将作用在物体上的各主动力用其合力 W 表示，将接触面的法向反力、摩擦力用全反力 R 表示。当物体在主动力合力 W 和全反力 R 作用下处于平衡状态时，W、R 二力应共线、反向、等值，即：主动力合力 W 与法线的夹角等于全反力 R 与法线的夹角 α。因为平衡时 $\alpha \leqslant \varphi$，所以说，平衡时主动力合力 W 与接触面法线的夹角小于或等于摩擦角 φ，或说主动力合力作用在摩擦角内，如图 4-20（a）所示。反之，如主动力合力 W 作用在摩擦角外（图（b）），它与全反力 R 不满足二力平衡条件，物体不能维持平衡。

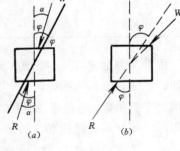

图 4-20

无论主动力合力的大小如何，只要它作用在摩擦角内就能使物体处于静止平衡状态，这种现象称为自锁现象。

自锁现象在工程中有重要的应用。如千斤顶、压榨机等就利用了自锁原理。

五、考虑摩擦的平衡问题

求解考虑摩擦的平衡问题，需要注意以下三点：

（1）研究临界平衡状态，作受力图时，在有摩擦力的接触面除了要画出法向反力 N 之外，还要画出最大静滑动摩擦力 F_{max}，力 F_{max} 的指向与物体的运动趋势相反。

（2）列出平衡方程式之后，还要写补充方程 $F_{max} = fN$。有几个不光滑的接触面，就要写几个补充方程。

（3）由于考虑摩擦的平衡问题的解是有范围的，求解后要分析解的范围，将问题的解用不等式表示。

下面，通过例题说明。

【例 4-10】 物块重为 P，放在倾斜角为 α 的斜面上，接触面的静滑动摩擦系数为 f。用水平力 Q 维持物块的平衡，试求力 Q 的大小。

【解】 由经验可知，当水平力 Q 过大时，物块将向上滑动；当 Q 过小时，物块将向下滑动。只有力 Q 的值在某一适当的范围内时，物块才能处于平衡状态。

先求使物块平衡时力 Q 的最大值 Q_{max}。研究物块即将向上滑动而尚未向上滑动的临界平衡状态，此时，摩擦力取最大值，其方向沿斜面指向下（图 4-21 (a)）。物块共受四个力

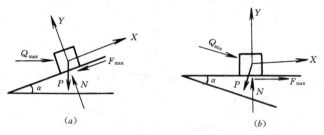

图 4-21

作用，主动力 P、未知力 Q_{max}、N、F_{max} 组成平面汇交力系。列平衡方程

$$\Sigma X = 0, \quad -P\sin\alpha + Q_{max}\cos\alpha - F_{max} = 0 \qquad (1)$$

$$\Sigma Y = 0, \quad -P\cos\alpha - Q_{max}\sin\alpha + N = 0 \qquad (2)$$

由摩擦定律，有补充方程

$$F_{max} = fN \qquad (3)$$

将（3）式代入（1）式，再从（1）、（2）式中消去 N，可解得

$$Q_{max} = \frac{tg\alpha + f}{1 - ftg\alpha}P$$

再求使物块平衡的力 Q 的最小值 Q_{min}。研究物块即将向下滑动而尚未向下滑动的临界平衡状态。此时，摩擦力取最大值，其方向沿斜面指向上（图 4-21 (b)）。物块所受的主动力为 P 和 Q_{max}，约束反力为 N 和 F_{max}。列平衡方程。

$$\Sigma X = 0, \quad -P\sin\alpha + Q_{min}\cos\alpha + F_{max} = 0 \qquad (4)$$

$$\Sigma Y = 0, \quad -P\cos\alpha - Q_{min}\sin\alpha + N = 0 \qquad (5)$$

补充方程

$$F_{max} = fN \qquad (6)$$

将（6）式代入（4）式，再从（4）、（5）式中消去 N，可解得

$$Q_{min} = \frac{tg\alpha - f}{1 + ftg\alpha}P$$

综合以上两个结果得知，为使物块维持平衡，水平力 Q 的取值范围应为

$$Q_{min} \leqslant Q \leqslant Q_{max}$$

即

$$\frac{tg\alpha - f}{1 + ftg\alpha}P \leqslant Q \leqslant \frac{tg\alpha + f}{1 - ftg\alpha}P$$

【例 4-11】 图 4-22 所示的推杆可在滑道内滑动。已知滑道的长度为 b，宽度 d，与推

杆的摩擦系数为 f。在推杆上加一力 P，问力 P 与推杆轴线的距离 a 为多大时推杆才不至被卡住。不计推杆自重。

【解】 取推杆为分离体。研究它具有向上滑动趋势的临界平衡状态。此时推杆在 A、B 两点与滑道接触，摩擦力均取最大值，且方向指向下，如图 4-22（b）所示。推杆受主动力 P、约束反力 N_A、$F_{A\max}$、N_B、$F_{B\max}$ 的作用。五个力构成一平面任意力系。列平衡方程。

$$\Sigma X = 0, \quad N_A - N_B = 0 \tag{1}$$

$$\Sigma Y = 0, \quad P - F_{A\max} - F_{B\max} = 0 \tag{2}$$

$$\Sigma m_A(F) = 0, \quad P\left(a + \frac{d}{2}\right) - N_B b - F_{B\max} d = 0 \tag{3}$$

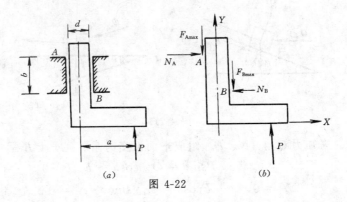

图 4-22

补充方程

$$F_{A\max} = fN_A \tag{4}$$

$$F_{B\max} = fN_B \tag{5}$$

以上五个方程包含五个未知量，N_A、N_B、$F_{A\max}$、$F_{B\max}$ 和 a。将式（4）、（5）代入式（2），再从式（1）、（2）中消去 N_A，解得

$$N_B = \frac{P}{2f}$$

再将 N_B 的值代入式（3），得

$$a = \frac{b}{2f}$$

可以证明，将临界平衡状态下的解中的摩擦系数减小，即得一般平衡状态的解。所以本题在一般平衡状态下的解应为

$$a \geqslant \frac{b}{2f}$$

这是使推杆平衡（卡住）的 a 值，要使推杆运动，则应取 $a < \dfrac{b}{2f}$。

【例 4-12】 砖夹由构件 AB 和 CD 铰接而成，如图 4-23（a）所示。砖夹与砖的摩擦系数为 $f = 0.5$。试求 b 取何值才能将重为 G 的砖夹起来。图中尺寸单位为 mm。

【解】 由图 (b) 知，AB 杆受有五个未知力 P、X_C、Y_C、N_A、F_{Bmax}，尺寸 b 也是待求的。但是对 AB 构件只能列出三个平衡方程和一个补充方程。还需借助其它的研究对象，求出余下的未知量。通过整体平衡（图 (a)），可求出力 P。通过砖的受力分析（图 (c)），可由平衡方程求出 F'_{Bmax}。于是，确定本题的解法如下：

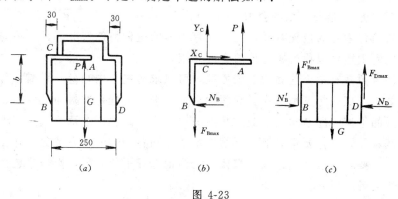

图 4-23

（一）取整体为分离体，由平衡方程

$$\Sigma Y = 0, 得 P = G \tag{1}$$

（二）取砖为分离体。研究砖即将滑下的临界平衡状态。由平衡方程

$$\Sigma m_D(F) = 0, 得 F'_{Bmax} = \frac{G}{2} \tag{2}$$

（三）取构件 AB 为分离体，研究它相对于砖即将向上滑动的临界平衡状态。列平衡方程

$$\Sigma M_C(F) = 0, \quad 95P + 30F_{Bmax} - N_B b = 0 \tag{3}$$

补充方程

$$F_{Bmax} = fN_B \tag{4}$$

将式（1）、（2）、（4）代入式（3），有

$$2f(95G + 15G) = Gb$$

解得

$$b = 220f = 110mm$$

将所得解中的摩擦系数代入，即得到一般平衡状态下 b 的值。所以，平衡时 b 的取值范围应为

$$b \leqslant 220f = 110mm$$

上述解法并不是解本题的最优方案，最简单的做法是取构件 CD 为分离体，直接可得到解答，读者可自行完成。

小 结

(1)平面任意力系向一点简化的一般结果是一个力 R' 和一个力偶 M_0，即平面任意力系

53

一般来说等效于一力和一力偶。此力的矢量等于平面任意力系中各力的矢量和，称为该力系的主矢；此力偶的矩等于平面任意力系中各力对简化中心之矩的代数和，称为该力系的主矩。

（2）主矢与简化中心的位置无关。一般地说，力 R' 不是力系的合力。在主矩等于零的这种特殊情况下，力 R' 是原力系的合力。

主矩一般与简化中心的位置有关，在主矢等于零的这种特殊情况下，主矩与简化中心的位置无关。此时主矩可以称为原力系的合力偶矩。

（3）平面任意力系有三个独立的平衡方程，可以求解三个未知量。平衡方程可以写成一矩式、二矩式、三矩式等三种形式。后两种形式的平衡方程是有附加条件的。

（4）物体系的平衡问题是本章中最难掌握的内容之一。也是本章的重点。求解物体系的平衡问题的基本原则是：要正确地分析物体系整体和各局部的受力情况，并在此基础上根据问题的条件和要求，恰当地选取分离体，恰当地选择平衡方程，恰当地选择投影轴和矩心，建立最优的解题思路。

（5）静滑动摩擦力的方向与接触面间相对滑动趋势相反，其大小由平衡方程决定。当物体处于临界平衡状态时，静摩擦力达到最大值，其值为 $F_{max} = fN$。在静止平衡状态下，摩擦力的可能取值范围是

$$O \leqslant F \leqslant F_{max}$$

物体运动时，接触面产生动滑动摩擦力，其方向与相对滑动的方向相反，其大小可由动滑动摩擦定律给出

$$F' = f'N$$

摩擦角 φ 为全约束反力与接触面法线间夹角的最大值，且有

$$\text{tg}\varphi = f$$

其中 f 为静滑动摩擦系数。

当主动力的合力作用线与接触面法线间夹角小于、等于摩擦角时，无论主动力合力如何大，物体都能处于平衡状态。这种现象称为自锁现象。

思 考 题

4-1 平面任意力系向一点简化，其基本思想是什么？

4-2 已知平面任意力系向 A 点简化的主矢为 R'，主矩为 M_A。在下面四种情况下：

（1）$R' \neq 0$，$M_A \neq 0$

（2）$R' = 0$，$M_A \neq 0$

（3）$R \neq 0$，$M_A = 0$

（4）$R' = 0$，$M_A = 0$

该力系向另外的任意点 B 简化的结果如何？

4-3 有一汇交于 O 点的平面汇交力系，将该力系向作用面内 A 点简化，所得主矩 $M_A = 0$。如果该力系有合力，你能确定合力作用线的位置吗？汇交于 O 点的平面汇交力系的平衡方程可写作

$$\left.\begin{array}{l} \Sigma m_A(F) = 0 \\ \Sigma m_B(F) = 0 \end{array}\right\} \tag{1}$$

其中矩心 A 和 B 与力系汇交点不共线。在这一附加条件下，式（1）是平面汇交力系平衡的必要与充分条件。对此你能作出解释吗？

4-4 作图示结构中 AB 和 BC 构件的受力图。运用所学知识定出各约束反力的作用线及指向。要求各约束反力不得取两个垂直分力表示。

4-5 重为 $P=100N$ 的物块放在水平面上，其摩擦系数 $f=0.3$。在物块上加一水平力 Q 如图所示，当 Q 的值分别为 10N、20N、40N 时，试分析物块是否平衡？如平衡、静滑动摩擦力为多大？

4-6 物块重 $P=100N$，用力 $Q=500N$ 将其压在一铅直表面上，如图所示。摩擦系数 $f=0.3$，求摩擦力。要想使物块不滑下，力 Q 的最小值应为多少？

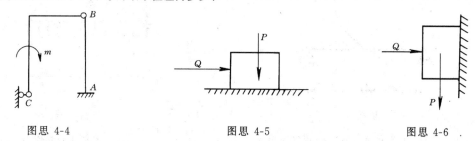

图思 4-4   图思 4-5   图思 4-6

4-7 物块重 $Q=100N$，斜面倾角 $\alpha=30°$，摩擦系数 $f=0.38$。试问物块是否静止？如要使物块沿斜面上滑动，试问沿斜面所加的力 P 至少应为多大（图 (b) 所示）？

(a) (b)

图思 4-7

习　　题

4-1 挡土墙自重 $W=400kN$，土压力 $F=320kN$，水压力 $H=176kN$，试求这些力向底边中心简化的结果，并求合力作用线的位置。

4-2 桥墩所受的力 $P=2740kN$，$W=5280kN$，$Q=140kN$，$T=193kN$，$m=5125kN·m$。求力系向 O 点简化的结果，并求合力作用线的位置。

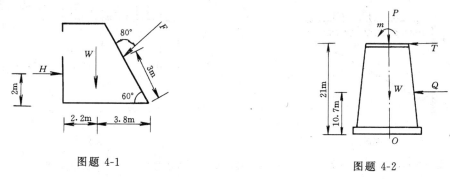

图题 4-1   图题 4-2

4-3 外伸梁受力 F 和力偶矩为 m 的力偶作用。已知 $F=2kN$，$m=2kN·m$。求支座 A 和 B 的反力。

4-4 简支梁中点受力 P 作用，已知 $P=20kN$，求支座 A 和 B 的反力。

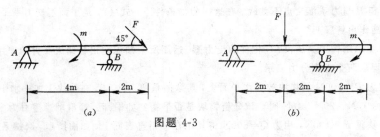

(a)　　　　　　　　　　　　(b)

图题 4-3

4-5　悬臂梁受均布荷载作用，均布荷载集度为 q，求固定端 A 的约束反力。

图题 4-4　　　　　　　　　　　　图题 4-5

4-6　已知：(a) $m=2.5\text{kN}\cdot\text{m}$，$P=5\text{kN}$；(b) $q=1\text{kN/m}$，$P=3\text{kN}$。求刚架的支座 A 和 B 的约束反力。

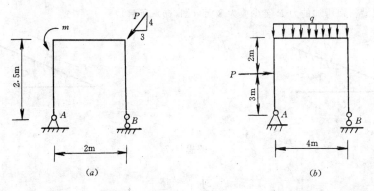

(a)　　　　　　　　　　　　(b)

图题 4-6

4-7　支架如图所示。求在力 P 作用下，支座 A 的反力和杆 BC 所受的力。

4-8　刚架用铰支座 B 和链杆支座 A 固定。$P=2\text{kN}$，$q=500\text{N/m}$。求支座 A 和 B 的约束反力。

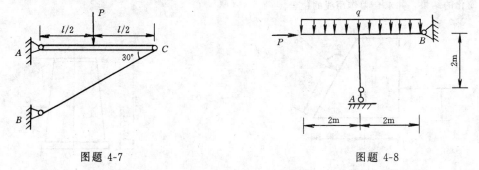

图题 4-7　　　　　　　　　　　　图题 4-8

4-9　梁 AB 用支座 A 和杆 BC 固定。轮 O 铰接在梁上，绳绕过轮 O 一端固定在墙上，另一端挂重物 Q。已知轮 O 半径 $r=10\text{cm}$，$BC=40\text{cm}$，$AO=20\text{cm}$，$\alpha=45°$，$Q=1800\text{N}$。求支座 A 的反力。

4-10　台秤空载时，支架 BCE 的重量与杠杆 AB 的重量恰好平衡，秤台上有重物时，在 OA 上加一秤锤，秤锤重为 W，$OB=a$。求 CA 上的刻度 x 与重量之间的关系。

56

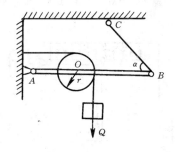

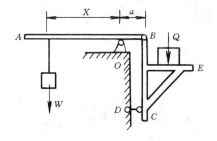

图题 4-9

图题 4-10

4-11 断钢筋的设备如图所示。欲使钢筋 E 受到 12kN 的压力,问加于 A 点的力应多大?图中尺寸单位为 cm。

4-12 三铰拱桥如图所示。已知 $Q=300$kN,$L=32$m,$h=100$m。求支座 A 和 B 的反力。

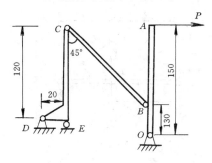

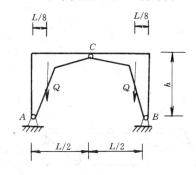

图题 4-11

图题 4-12

4-13 梁 AB 的 A 端为固定端,B 端与折杆 BEC 铰接。圆轮 D 铰接在折杆 BEC 上。其半径 $r=10$cm,$CD=DE=20$cm,$AC=BE=15$cm,$Q=1$kN。求固定端 A 的约束反力。

4-14 多跨梁由 AC 和 CD 两段组成,起重机放在梁上,重量为 $Q=50$kN,重心通过 C 点,起重荷载 $P=10$kN。求支座 A 和 B 的反力。

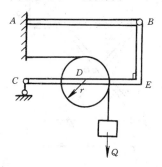

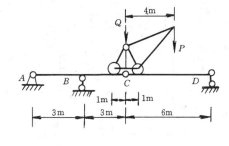

图题 4-13

图题 4-14

4-15 多跨梁如图所示。$q=10$kN/m,$m=40$kN·m,求铰支座 A 的约束反力。

4-16 图示结构由 AB 和 CD 两部分组成,中间用铰 C 连接。求在均布荷载 q 的作用下铰支座 A 的约束反力。

4-17 求图示混合结构在荷载 P 的作用下,杆件 1、2 所受的力。

4-18 图示结构由 AB、BC、CE 和滑轮 E 组成,$Q=1200$N。求铰 D 的约束反力。

4-19 刚架所受均布荷载 $q=15$kN/m。求支座 B 的约束反力。

4-20 图示结构由 AB、CD、DE 三个杆件组成。杆 AB 和 CD 在中点 O 用铰连接，在 B 处为光滑接触。求铰 O 的约束反力。

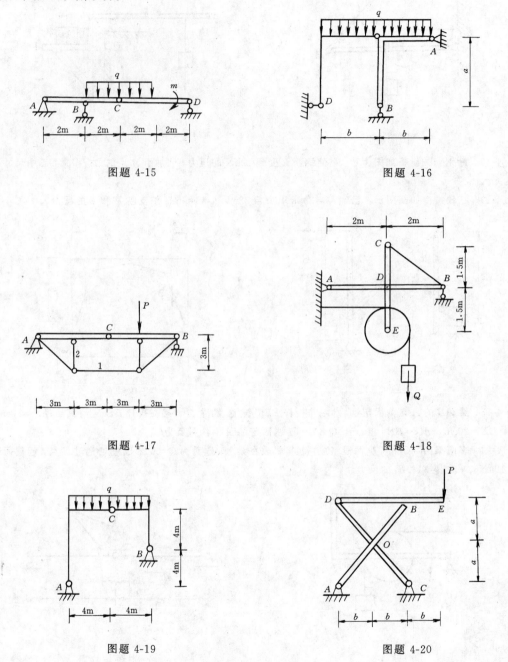

图题 4-15

图题 4-16

图题 4-17

图题 4-18

图题 4-19

图题 4-20

4-21 重为 P 的物体放在倾角为 α 的斜面上，已知摩擦角 φ。在物体上施加一力 Q，此力与斜面的夹角为 θ，求能拉动物体的力 Q 的值。当 θ 角取何值时，力 Q 最小。

4-22 梯子 AB 长 L，重为 P＝200N，与水平面的夹角 α＝60°。已知两个接触面的摩擦系数均为 0.25。问重 Q＝650N 的人所能达到的最高点 C 到 A 点的距离 S 应为多少？

4-23 梯子重为 P，支撑在光滑的墙面上，梯子与地面间的摩擦系数为 f。问梯子与地面的夹角 α 为何值时，重为 Q 的人才能爬到梯子顶点 B？

4-24 圆柱为 $G=400N$，直径 $D=25cm$，置于 V 型槽中，其上作用一力偶，当力偶矩 $m=1500N \cdot cm$ 时，刚好可使圆柱转动。试求圆柱与 V 型槽之间的摩擦系数 f。

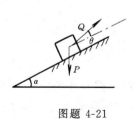

图题 4-21

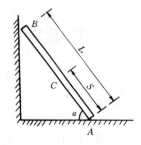

图题 4-22

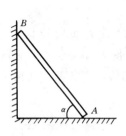

图题 4-23

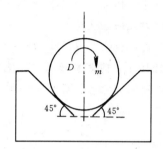

图题 4-24

4-25 鼓轮 B 重 500N，置于墙角，它与地面间的摩擦系数为 0.25，墙面是光滑的。$R=20cm$，$r=10cm$。求平衡时物 A 的最大重量。

4-26 物体 A 和 B 的重量分别为 P_A 和 P_B，各接触面的摩擦系数均为 f，两物体分别受水平力 Q_1 及 Q_2 的作用，且 A 相对 B 及 B 相对地面都即将向右滑动。求 Q_1 和 Q_2 的大小。

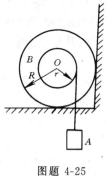

图题 4-25

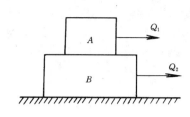

图题 4-26

第五章 平面体系的几何组成分析

§5-1 几何组成分析的目的

体系受到荷载作用后，构件将产生变形。通常这种变形是很微小的。在不考虑材料变形的条件下，体系受力后，能保持其几何形状和位置的不变，而不发生刚体形式的运动。这类体系称为几何不变体系。如图 5-1 所示的例子，杆件 AC、BC 在 C 点铰接，A、B 处用铰与地面连接，构成一三角形体系。在外力作用下，它的几何形状和位置都不会改变。这样的体系称为几何不变体系。

图 5-2 所示体系由 AB、BC、CD 三杆件铰接而成，在 A、D 处用铰与地面连接。在荷载 P 的作用下，该体系必然发生刚体形式的运动。此时无论 P 值如何小，它的几何形状和位置都要发生变化（如图中虚线所示）。这样的体系称为几何可变体系。几何可变体系不能做为建筑结构使用。

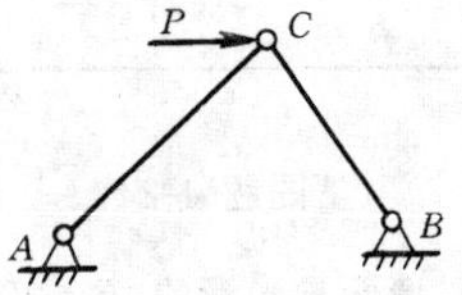

图 5-1 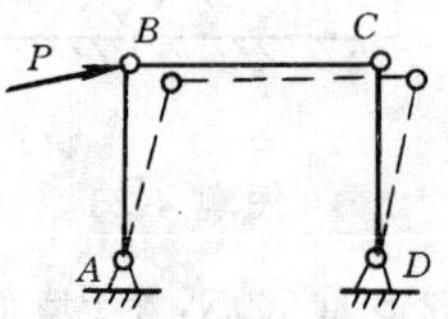   图 5-2

图 5-3(a)所示体系，由在一条直线上的三个铰及 AC、BC 二个杆件组成。在外力 P 的作用下会产生微小的位移（图 5-3(b)）。发生位移后，由于三个铰不再共线，它就不能再继续运动了。这种在原来的位置上能运动，发生微小位移后不能再继续运动的体系称为瞬变体系。瞬变体系承受荷载后，构件将产生很大的内力。内力值可按受力图 5-3(c)求得：

$$\Sigma X = 0, S_1 = S_2 = S$$

$$\Sigma Y = 0, 2S\sin\alpha = P \qquad \therefore S = \frac{P}{2\sin\alpha}$$

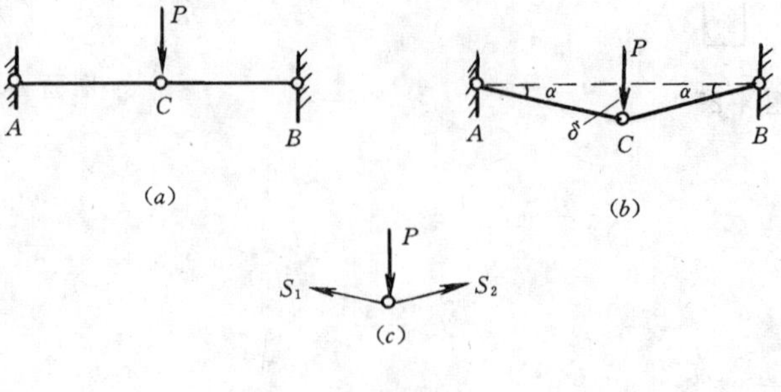

（a）   （b）

（c）

图 5-3

当位移 δ 很小时，α 也很小，此时杆件的内力 S 是很大的。当 $\alpha \to 0$ 时，$S \to \infty$。由于瞬变体系能产生很大的内力，所以它也不能用做建筑结构。

研究几何不变体系的几何组成规律，称为几何组成分析。几何组成分析是进行结构设计的基础知识。

§5-2 平面体系的自由度·联系的概念

对体系进行几何组成分析时，由于不考虑材料的变形，所以各个构件均为刚体，由若干个构件组成的几何不变体系也是一个刚体。研究平面体系时，将刚体称为刚片。

为了判断一个体系是否是几何不变的。可观察该体系能否发生运动，即是否具有自由度。**自由度是用来确定体系运动时所需要的独立座标的数目**。例如，在平面内运动的点 A（图 5-4），其位置可由两个坐标 x 和 y 来确定，所以，在平面内点的自由度等于二。在平面内运动的刚片（图 5-5）其位置可由刚片上任一线段 AB 的位置来确定。而线段 AB 的位置，可由 A 点的坐标 x 和 y 及 AB 直线与 x 轴的夹角 α 来确定。当 x、y 和 α 给定后，刚片的位置就确定了。所以一个刚片在平面内有三个自由度。

图 5-4　　　　　　　　　　　　　　　图 5-5

当对刚片施加约束时，它的自由度将减少。能减少一个自由度的约束称为**一个联系**。常见的约束有链杆和铰。用一链杆将一刚片与地面相联，则刚片将不能沿链杆方向移动（图 5-6 (a)），这样就减少了一个自由度。所以，一个链杆为一个联系。如果在图中 A 点处再加一链杆将刚片与地面连接（图 5-6 (b)），此时，刚片只能绕 A 点转动而不能做平移运动。这样，又减少了一个自由度，刚片只有一个自由度。联接两个刚片的铰称为单铰。图 5-7 (a) 所示刚片 I 与 II 用一个铰连在一起。如果用三个坐标（x、y 和 α）确定了刚片 I 的位置，则刚片 II 便只能绕铰 A 转动，因此只需要一个坐标便可以确定刚片 II 与刚片 I 的相对位置。于是两个刚片的自由度由六个变成了四个，减少了两个。可见一个单铰相当于两个联系，能减少两个自由度。同理可知，联接三个刚片的铰（图 5-7 (b)）能减少四个自由度，

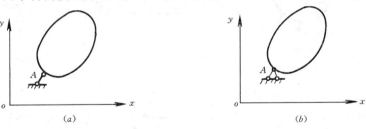

(a)　　　　　　　　　　　　　　　(b)

图 5-6

相当于四个联系，因而，可以把它看作两个单铰。

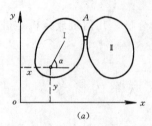 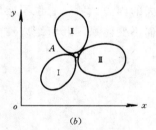

图 5-7

当 n 个刚片用一个铰连在一起时，从减少自由度的观点来看，联接 n 个刚片的铰可以当作 $n-1$ 个单铰。

不难看出，两个链杆相当于一个单铰。图 5-8 中所示刚片用铰 A 与地面相联，铰 A 的作用是使刚片只能绕 A 点转动，而不能移动。如果用两个链杆 1、2 将一刚片与地面相联（图 5-8 (b)），两链杆延长线的交点 O 相当于瞬时转动中心，刚片只能绕 O 点转动。这两个链杆的作用相当于在其交点 O 处的一个单铰。这种铰实际上并不存在，所以称为**虚铰**。当体系运动时，两链杆交点的位置也将随之改变，因此又称为**瞬铰**。

有了上面的知识，下面给出体系自由度的计算公式。用 m 表示体系的刚片数，单铰数为 h，链杆数为 r，则体系的自由度数 W 为

$$W = 3m - 2h - r \tag{5-1}$$

式中，$3m$ 为体系无约束情况下的自由度数；$2h$ 为 h 个单铰作用所减少的自由度数；r 为 r 个链杆作用所减少的自由度数。应用式（5-1）时需注意，如体系中某个铰与 n 个刚片相联接；则该铰相当于 $n-1$ 个单铰。

【例 5-1】 计算图 5-9 所示体系的自由度。

【解】 体系由 AB、BC、DE 三个刚片组成，B、D、E 为三个单铰，A、C 两点处共有三个链杆支座。所以

$$W = 3 \times 3 - 2 \times 3 - 3 = 0$$

即体系自由度等于零。

【例 5-2】 计算图 5-10 所示体系的自由度。

 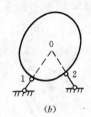 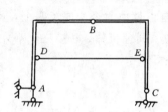 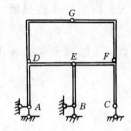

图 5-8   图 5-9   图 5-10

【解】 体系由 ADE、BE、EFC、DG、FG 五个刚片组成。铰 E 相当于二个单铰，共有五个单铰。链杆支座有五个。所以

$$W = 3 \times 5 - 2 \times 5 - 5 = 0$$

即体系自由度等于零。

§5-3 几何不变体系的组成规则

本节只讨论无多余联系的几何不变体系的组成方法。无多余联系是指体系内的约束恰好使该体系成为几何不变，只要去掉任意一个约束就会使体系变成几何可变体系。几何不变体系的基本组成规则有三。

规则一：两刚片用即不完全平行，也不相交于一点的三根链杆联接，所组成的体系是几何不变的。

图 5-11（a）所示，刚片 I、II 用三根链杆连在一起，其中链杆 1、2 可看做交于 O 点的单铰。如没有链杆 3，刚片 I、II 有可能发生绕 O 点的相对转动。但是，由于链杆 3 的存在，限制了刚片 I 与刚片 II 之间的相对转动，所以，这时所组成的体系是几何不变的。

如果三根链杆相交于一点（图 5-11（b）），两刚片可绕交点 O（虚铰）相对转动。转动后，三杆就不再交于一点了。刚片 I 和刚片 II 就不能继续相对运动了，所以该体系为瞬变体系。

如果刚片用三根完全平行且不等长的链杆相连（图 5-11（c）），刚片 I 和刚片 II 可作微小的相对移动。移动后三杆不再平行，这种体系也是瞬变体系。

如果用三根平行且等长的链杆将两个刚片相连（图 5-11（d）），刚片 I 和刚片 II 可发生相对移动，移动后三杆仍平行，是一几何可变体系。

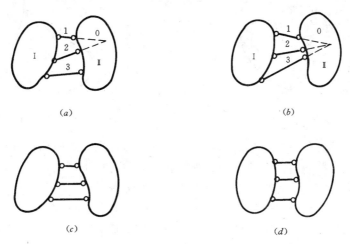

图 5-11

规则二：三个刚片用不在一条直线的铰两两相连组成的体系是几何不变的。

如图 5-12（a）所示，刚片 I、II、III 用不在同一直线上的三个单铰连在一起，这三个刚片组成一个三角形，因为三边的长度 AB、AC、BC 是定值，所组成的三角形是唯一的；形状不会改变，所以该体系是几何不变的。

图 5-12（b）所示的体系由三个刚片组成，每两个刚片之间都用两根链杆相连，而且每

两根链杆都相交于一点，构成一个虚铰。这三个刚片由三个不在同一直线的虚铰两两相连，所构成的体系也是几何不变的。

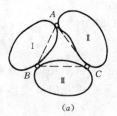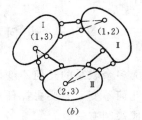

图 5-12

如果三个铰在一条直线上（图 5-13），此时铰 C 位于以 A、B 为圆心，以 AC、BC 为半径的两圆弧的公切线上。在这一位置，C 点可沿此公切线作微小的移动。发生移动后，由于三个铰不再共线，因而就不能继续运动，所以该体系是一瞬变体系。其静力性质已在前面介绍过。

规则三：在刚片上加二杆结点时，形成的体系是几何不变的。

二杆结点是用二根不共线的链杆铰接形成的结点。图 5-14 所示的结点 A 即为一个二杆结点。在刚片 I 上加二杆结点后，可以把二根杆看成二个刚片，这样就相当于三个刚片用不在同一直线上的三个铰相连，符合规则二的要求，所构成的体系是几何不变的。通过这一规则可以用依次增加二杆结点的方法构成新体系。所构成的新体系是几何不变的。反过来，拆去二杆结点时并不会改变原体系的几何组成性质。

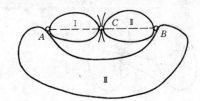

图 5-13

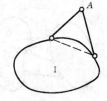

图 5-14

以上介绍了组成几何不变体系的几项基本规则。可以根据这些规则对体系进行几何组成分析。作几何组成分析时，为使分析过程简化，应注意以下两点：

(1) 可将体系中的几何不变部分当作一个刚片来处理。

(2) 逐步拆去二杆结点，这样作并不影响原体系的几何组成性质。

下面举例说明如何应用三条规则对体系进行几何组成分析。

【例 5-3】 分析图 5-15 所示体系的几何组成。

【解】 将杆件 AB、AC、BC 分别视为刚片。按规则二，ABC 为几何不变体系。

结点 D 为加在刚片 ABC 上的二杆结点，按规则三，$ABCD$ 为几何不变体系。

在刚片 $ABCD$ 上加二杆结点 F，在刚片 $ABCDF$ 上加二杆结点 E，$ABCDEF$ 为几何不变体系。

将地面视为一刚片，按规则一，刚片 $ABCDEF$ 与地面组成几何不变体系。

【例 5-4】 分析例 5-1 中所给出的体系的几何组成。

【解】 如图 5-16 所示，将构件 AB、BC、DE 分别看作为三个刚片，三个刚片用不在一条直线上的铰两两相连，按规则二，ABC 是一几何不变体系，即体系内部为几何不变，可以视为一刚片。将地面视为另一刚片，两刚片用三个链杆相连，三链杆即不平行，也不交于一点，按规则一，这个体系是几何不变的。

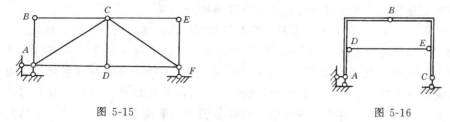

图 5-15   图 5-16

【例 5-5】　分析图 5-17 所示二个桁架体系的几何组成。

【解】　　（一）首先分析图 5-17（a）所示体系的几何组成。

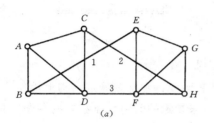
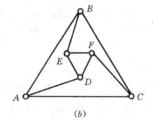

图 5-17

三角形 ABD 是几何不变，加上 AC、CD 杆后，$ABCD$ 是二个三角形，也是几何不变的。同理 $EFGH$ 也是几何不变的。$ABCD$ 与 $EFGH$ 可视为二个刚片，此二刚片用即不平行，也不汇交于一点的三根链杆 1、2、3 联接，按规则一，该体系是几何不变的。

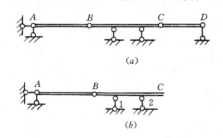

图 5-18

（二）再分析图 5-17（b）所示体系的几何组成。

外围大三角形 ABC 是几何不变的。内部小三角形 DEF 也是一几何不变的体系。大三角形 ABC 与小三角形 DEF 可视为二个刚片，它们之间用 AD、BE、CF 三根杆联接，由规则一知，整个体系是几何不变的。

【例 5-6】　分析图 5-18（a）所示体系的几何组成。

【解】　首先去掉二杆结点 D，如图（b）所示。结点 A 为加在地面上的二杆结点，与地面一起看成一刚片，BC 为另一刚片，二刚片之间用三根链杆 AB、1、2 联接。按规则一、该体系是几何不变的。

§5-4　静定结构和超静定结构·常见的结构型式

一、静定结构和超静定结构

用来作为结构的体系，必须是几何不变的。几何不变体系可分为无多余联系（图 5-19

(a)、(b)）和有多余联系（5-20 (a)、(b)）两类。对于一个平衡的体系来说，可能列出独立平衡方程的数目是确定的。如果平衡体系的全部未知量（包括需要求出和不需要求出的）的数目，等于体系的独立的平衡方程的数目，能用静力学平衡方程求解全部未知量，则所研究的平衡问题是静定问题。这类结构称为静定结构。

例如，对图 5-19 (a)、(b) 所示无多余联系的结构，其未知约束反力数目均为三个，每个结构可列三个独立的静力学平衡方程，所有未知力都可由平衡方程确定，是静定结构。图 5-21 (a) 所示一无多余联系的结构，由 AB、BC 两个构件组成，每个构件可列三个独立的平衡方程，体系共可列 $2 \times 3 = 6$ 个独立的平衡方程。而体系在铰 A、B、C 处各有二个未知约束反力，共六个未知量。这六个未知量可由体系的六个平衡方程确定，故该结构是一静定结构。

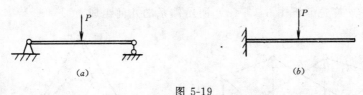

图 5-19

工程中为了减少结构的变形，增加其强度和刚度，常常在静定结构上增加约束，形成有多余联系的结构，从而增加了未知量的数目。未知量的数目大于独立的平衡方程的数目，仅用平衡方程不能求解出全部未知量，则所研究的问题称为超静定问题。这类结构称为超静定结构。

例如图 5-20 (a)、(b) 所示有多余联系的结构，因为有多余联系，增加了未知约束反力的数目，仅用静力学平衡方程无法求出其全部未知约束反力，故均为超静定结构。再如图 5-21 (b) 所示一有多余联系的结构，也是一个超静定结构。超静定结构的解法将在第十二章中介绍。

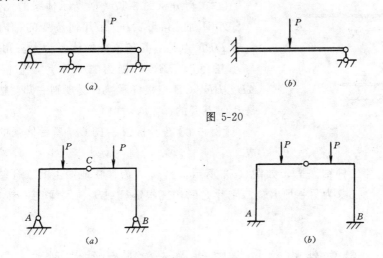

图 5-20

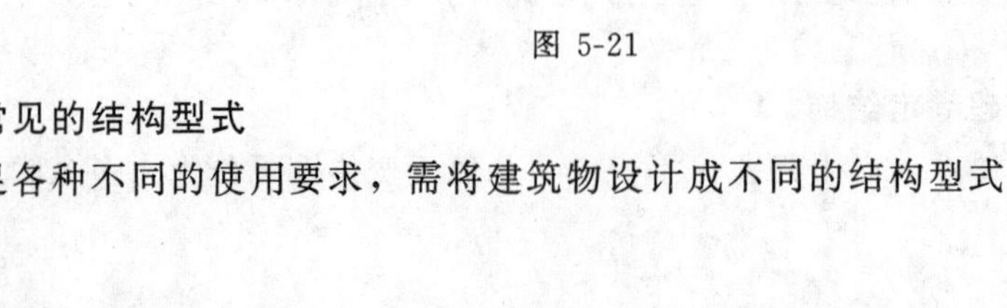

图 5-21

二、常见的结构型式

为满足各种不同的使用要求，需将建筑物设计成不同的结构型式。例如剧场、体育馆等需要有较大的空间；桥梁需要有较大的跨度；电视天线需要具有一定的高度等等，这些都对结构形式提出了一定的要求。下面介绍一些工程中经常采用的结构形式。

1. 梁板体系

图 5-22 所示一主梁—次梁体系，次梁承受的荷载较小，主梁承受次梁传来的较大的荷载。主梁的跨度通常为 9～12m；次梁的跨度通常为 12～18m。这种体系可承受较大的荷载，且柱距较大，可以提供一定的使用净空。施工较方便。

图 5-23 所示双向密肋楼盖体系。双向密肋体系的梁是双向承载，形成一个双向网络，该结构体系适用于跨度较大的结构。

2. 桁架体系

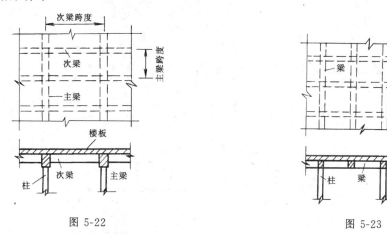

图 5-22   图 5-23

当要求结构有较大的跨度或承受较大的荷载时通常采用桁架结构形式。这种结构形式受力合理、重量轻。桁架用作屋盖（图 5-24（a）、（d））或桥梁（图 5-24（b））时比大梁更经济。图 5-24（a）、（b）为平面桁架。图 5-24（c）、（d）为空间桁架。电视塔（图 5-24（c））、输电塔、井架等结构经常采用空间桁架结构形式。

3. 拱结构体系

人们使用拱结构形式的历史已经很长了。因为拱只需要抗压材料如石块、砖等建造，材料来源方便、充足。拱结构形式发展到今天，由于采用了新材料、新技术已经可以作成很大的跨度、承受较大的荷载，还可以形成优美的结构造型，在桥梁、屋盖设计中经常被采用。图 5-25（a）为一拱桥结构，图 5-25（b）为一拱屋盖结构。我国劳动人民采用拱这种结构形式创造了许多建筑史上的杰作。如隋代建造的赵州桥，颐和园的十七孔桥等，至今仍保持完好。

4. 框架、筒体体系

对高层建筑来说，水平荷载与垂直荷载同样重要，十几层乃至上百层的高层建筑中采用的主要结构形式就是框架（图 5-26（a））或筒体（5-26（b））体系。框架结构的开窗及开间布置较灵活。是高层建筑中抗地震能力较好的结构形式。将外墙连接起来，就形成筒体结构，与框架结构相比，它可使建筑物具有更好的抵抗水平荷载的能力，具有更大的强度及刚度。

5. 悬索体系

悬索与拱相反，它用受拉性能好的材料代替受压材料。当材料的受拉性能很好时，用

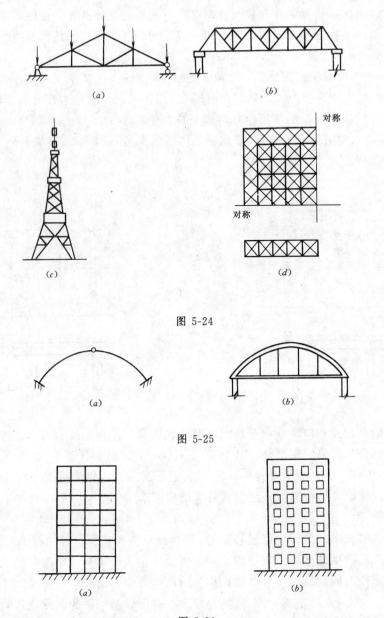

图 5-24

图 5-25

图 5-26

悬挂结构体系代替拱结构体系常常更经济。悬挂结构体系的优点是不会发生压屈。总的跨高比可以达到 10 左右。在动力和局部荷载作用下。应特别注意加劲以增加稳定性，避免过大的柔度。悬索通常采用高强度钢索。图 5-27 (a) 为一典型的悬挂桥。悬挂结构还常常应用于屋盖结构（图 5-27 (b)），可形成具有独特造型风格的建筑。

6. 薄壳体系

将薄板作成各种形状的曲面，就形成了薄壳结构。薄壳结构常用作屋盖，可以获得较大的空间和较大的跨度。当采用钢筋混凝土时，薄壳厚度通常为 8～10cm，可将几种曲线组合构成组合壳体，还可作成各种回转曲线壳。用各种曲线形成的壳体，变化多端，丰富了建筑造型，给人以美的享受。图 5-28 为几种薄壳结构形式。

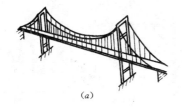
(a)

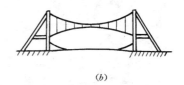
(b)

图 5-27

还有许多其它形式的结构体系。这里就不作介绍了。

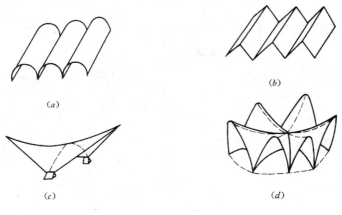

(a)

(b)

(c)

(d)

图 5-28

小　　结

（1）体系可以分为几何不变体系和几何可变体系二大类。只有几何不变体系才能用作结构,几何可变及瞬变体系不能用作结构。

（2）自由度是确定体系位置所需的独立座标的数目。

（3）几何不变体系组成规则有三条。满足这三条规则的体系是几何不变体系。

习　　题

5-1　对下列各体系进行几何组成分析。

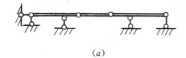
(a)

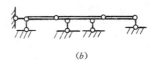
(b)

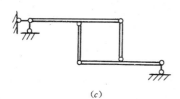
(c)

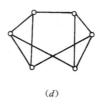
(d)

图题 5-1 （一）

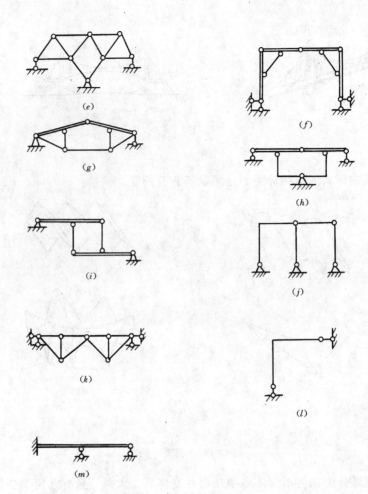

(e)

(g)

(f)

(h)

(i)

(j)

(k)

(l)

(m)

图题 5-1（二）

第六章 静定结构的内力计算

物体因受外力作用，在物体各部分之间所产生的相互作用力称为物体的内力。

在进行结构设计时，应保证结构的各构件能正常地工作，即构件应具有一定的强度、刚度。解决强度、刚度问题，必须首先确定内力，内力计算是建筑力学的重要基础知识，也是进行结构设计的重要一环。本章将研究静定结构和构件的内力计算问题。

§6-1 构件的内力及其求法

当静定结构和构件在荷载作用下处于平衡状态时，内力完全可以由静力学平衡方程求得。下面以图 6-1 （a）所示构件为例，说明求横截面 m-m 上内力的方法。

求横截面 m-m 上的内力，即是以假想的截面 m-m 为界，将构件视为由 Ⅰ、Ⅱ 两部分组成，求此二部分的相互作用力。此相互作用力对构件整体来说是内力，用平衡方程求解其值时，应该任选 Ⅰ、Ⅱ 两部分中的一个为分离体（图（b）或图（c）），将截面内力转化为分离体的外力。

截面的内力是在截面上连续分布的分布力系，当构件所受的外力为平面任意力系，且力系作用面通过构件的轴线时，作用在截面上的分布力系可以向截面中心简化。简化为一力 R' 和一力偶 M。此力为分布力系的主矢，此力偶的矩为分布力系的主矩，它们都位于外力作用面——过构

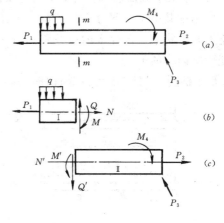

图 6-1

件轴线的纵向平面内。将主矢 R' 分解为沿构件轴线的分量 N，和垂直于轴线（沿横截面）的分量 Q，并称 N 为轴力，Q 为剪力。于是横截面的内力在分离体图上表示为：轴力 N、剪力 Q 和力偶 M，如图（b）、（c）所示。力偶 M 的力偶矩称为弯矩。以后，按习惯说法称力偶 M 为弯矩 M。轴力、剪力和弯矩的值可由平面任意力系的三个平衡方程确定。

上述分析横截面内力的方法称为"**截面法**"。截面法和求解一般平衡问题的方法一样，包括以下三个步骤：

（1）取分离体。在需要求内力的截面处，假想地将构件截开，分割为两部分，任选二者中的一个为分离体。通常以计算方便为准，选作用力较少的一个为分离体。

（2）画受力图。画出分离体上所受的全部外力。此时，待求的截面内力为分离体的外力，应在截面中心画出轴力 N、剪力 Q 和纵向平面内的弯矩 M。

（3）列平衡方程，求解轴力 N、剪力 Q 和弯矩 M 的值。

截面内力（N、Q、M）的方向是待定的。为计算和应用方便，对内力的正负号作如下

规定：

轴力符号：当截面上的轴力使分离体受拉时为正（图 6-2 (a)）；反之为负（图 6-2 (b)）。

剪力符号：当截面上的剪力使分离体作顺时针方向转动时为正（图 6-3 (a)）；反之为负（图 6-3 (b)）。

弯矩符号：当截面上的弯矩使分离体上部受压、下部受拉（即构件凹向上弯曲）时为正（图 6-4 (a)）；反之为负（图 6-4 (b)）。

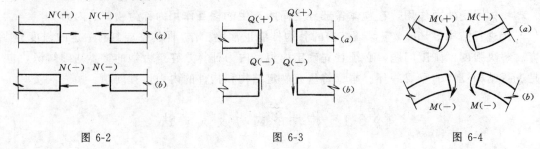

图 6-2　　　　　　　　　　图 6-3　　　　　　　　　　图 6-4

画受力图时，内力一般应按正向画出。

必须指出，截面法求内力，实质是以截面为界，求截面两侧的两部分的相互作用力，因此，作用在其中某一部分上的荷载，可在该部分上等效移动，而不影响所求内力的值。但是绝不允许将某一部分上的荷载移到另一部分上，这必然会改变两部分的相互作用力，即改变所求内力的值。

【例 6-1】　图 6-5 为一等直杆，其受力情况如图。试求该杆指定截面的轴力。

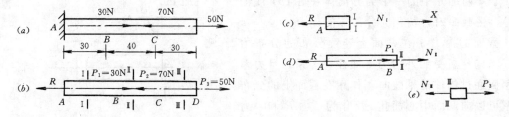

图 6-5

【解】　首先求支座反力 R。以 AD 杆为分离体（图 (b)），由平衡方程 $\Sigma X = 0$

$$-R + P_1 - P_2 + P_3 = 0$$

得

$$R = 10\text{N}$$

因为外力作用在杆件的轴线上，所以固定端支座 A 的竖向约束反力及约束反力偶均为零。

求截面 I-I 的内力。假想用截面 I-I 将杆分割为两部分：以左部分为分离体（图 (c)）。受力图上只有 A 端反力 R，以及截面 I-I 上的轴力 N_1。截面剪力 Q_1 和截面弯矩 M_1 可由平衡方程判定为零。列平衡方程 $\Sigma X = 0$，解得

$$N_1 = R = 10\text{N}$$

轴力 N_1 为正值，表明 N_1 是拉力。

求截面 II-II 的内力。取截面 II-II 左侧为分离体，受力图如图 d 所示。由平衡方程 $\Sigma X = 0$，解得

$$N_I = R - P_1 = -20N$$

轴力 N_I 为负值，表明 N_I 是压力。

求截面Ⅲ-Ⅲ的内力。取截面Ⅲ-Ⅲ右侧为分离体，受力图如图 e 所示。由平衡方程 $\Sigma X = 0$，解得

$$N_{II} = P_3 = 50N$$

轴力 N_{II} 为拉力。

【例 6-2】 计算图 6-6 所示构件截面 C 的内力。

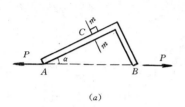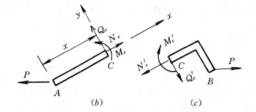

图 6-6

【解】 在构件 AB 上 C 处用截面 m-m 将构件截开，取 AC 段为分离体。在横截面上有内力 N_c、Q_c 和 M_c，受力图如图 (b) 所示。列平衡方程

$$\Sigma X = 0, \quad N_c - P\cos\alpha = 0$$

$$\Sigma Y = 0, \quad Q_c + P\sin\alpha = 0$$

$$\Sigma m_c(F) = 0, \quad M_c - Px\sin\alpha = 0,$$

解得

$$N_c = P\cos\alpha$$

$$Q_c = -P\sin\alpha$$

$$M_c = Px\sin\alpha$$

结果表明弯矩 M_c 的数值随截面 C 的位置而改变。

【例 6-3】 一外伸梁如图 6-7 (a) 所示。$P = 10N$，$q = 4N/m$。求截面 1-1 及截面 2-2 的剪力和弯矩。

【解】 （一）求梁的支座反力。以整个梁为分离体，受力图如图 (a) 所示。

$$\Sigma m_B(F) = 0, \quad Y_A \times 4 - P \times 2 + q \times \frac{4}{2} = 0$$

$$Y_A = 3N$$

$$\Sigma Y = 0, \quad Y_A + Y_B - P - q \times 2 = 0$$

$$Y_B = 15N$$

因为外力在水平方向上的投影等于零，所以支座 A 的水平反力也等于零。

（二）求 1-1 截面上的内力。

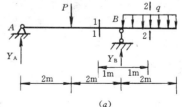

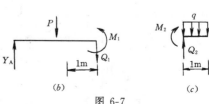

图 6-7

在 1-1 处将梁截开，取左段为分离体。因为左段上的约束反力和外力在梁轴线上的投影等于零，所以截面上的轴力等于零。受力图如图（b）所示。

由 $\qquad \Sigma Y = 0, \quad Y_A - P - Q_1 = 0$

得 $\qquad Q_1 = Y_A - P = 3 - 10 = -7\text{N}$

由 $\qquad \Sigma m_{01}(F) = 0, (0_1 \text{ 是 } 1\text{-}1 \text{ 截面的形心})$

$$-Y_A \times 3 + P \times 1 + M_1 = 0$$

得 $\qquad M_1 = Y_A \times 3 - P \times 1 = -1\text{N} \cdot \text{m}$

求得的 Q_1 为负值，说明实际方向与假设方向相反。M_1 为负值说明实际方向与假设方向相反。

（三）求 2-2 截面上的内力

在 2-2 处将梁截开，为计算方便，取截开的右段为分离体（图 6-7（c））。横截面上只有剪力 Q_2 和弯矩 M_2，轴力为零。由平衡条件

$$\Sigma Y = 0, \quad Q_2 - q \times 1 = 0$$

得 $\qquad Q_2 = q \times 1 = 4\text{N}$

$$\Sigma m_{02}(F) = 0 \quad (0_2 \text{ 是 } 2\text{-}2 \text{ 截面的形心})$$

$$M_2 + q \times 1 \times \frac{1}{2} = 0$$

$$M_2 = -\frac{q}{2} = -2\text{N} \cdot \text{m}$$

Q_2 为正值，说明实际方向与假设方向相同，M_2 为负值，说明实际方向与假设方向相反。

由上述例题可以得出以下规律：

（1）构件上任一横截面上的轴力，在数值上等于该截面一侧（左侧或右侧）所有外力在构件轴线方向投影的代数和。

（2）构件上任一横截面上的剪力，在数值上等于该截面一侧（左侧或右侧）所有外力在垂直于构件轴线方向投影的代数和。

（3）构件上任一横截面上的弯矩，在数值上等于该截面一侧（左侧或右侧）所有外力对该截面形心的力矩的代数和。

利用上述结论计算指定截面上的内力时，不需画分离体的受力图。只要构件上的外力已知，任何横截面上的内力值可以根据以上规律直接写出。

下面举例说明。

【例 6-4】 简支梁如图 6-8 所示。$P_1 = 10\text{N}$，$P_2 = 25\text{N}$。求 1-1 截面上的剪力和弯矩。

【解】 先求支座反力。以梁为分离体，由平衡方程求得

$$Y_A = 15\text{N}, \quad Y_B = 20\text{N}$$

1-1 截面上的剪力等于该截面左侧所有竖向外力的代数和。

Y_A 是向上的，它使 1-1 截面产生向下的剪力，使左段梁顺时针转动，所以 Y_A 是正的。P_1 是向下的，它使 1-1 截面产生的剪力是负的。所以 1-1 截面的剪力值为

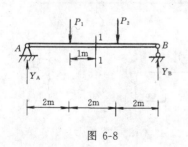

图 6-8

$$Q_1 = Y_A - P_1 = 15 - 10 = 5N$$

1-1 截面上的弯矩等于该截面左侧所有外力对该截面形心的矩的代数和。Y_A 使梁凹向上弯曲（上边受压、下边受拉），所以 Y_A 对截面形心的矩是正的，P_1 使梁凹向下弯曲（上边受拉、下边受压），所以 P_1 对截面形心的矩是负的。1-1 截面的弯矩值为

$$M_1 = Y_A \times 3 - P_1 \times 1 = 15 \times 3 - 10 = 35N \cdot m$$

上例中，在计算任一横截面内力时，由于省略了取分离体及写平衡方程的过程，因而使得计算变得非常简便。但应指出，截面法是求内力的最基本的方法。上述简单方法只是熟练掌握截面法后所生成的技巧。

§6-2 内力图——轴力、剪力和弯矩图

一、轴力图

当杆件受到多个轴向外力作用时，在杆件不同部位的横截面上的轴力也不同。对等直拉杆或压杆作强度计算时，都要以杆的最大轴力作为依据，为此需要知道杆的各个横截面上的轴力变化情况，以确定出最大轴力所在位置。为了表明各横截面上的轴力随横截面位置而变化的情况，可按选定的比例尺，用平行于杆轴线的坐标轴线表示横截面的位置，这条坐标轴通常称为基线。用垂直于杆轴线的坐标表示横截面上轴力的数值。从而画出表示各横截面上轴力的大小与截面所在位置关系的图形，这个图形称为轴力图。有了轴力图，就可以很方便地从图上确定最大轴力的数值及其所在横截面的位置。给结构设计带来很大的便利。通常，习惯上将正值的轴力画在基线的上侧。负值的轴力画在基线的下侧。下面举例说明具体作法。

【例 6-5】 作出例 6-1 中直杆的轴力图。

【解】 在杆件的 AB、BC、CD 三段内，轴力值分别为常数。由例 6-1 中已求出各段横截面上的轴力分别为

$$N_I = 10N$$
$$N_{II} = -20N$$
$$N_{III} = 50N$$

按前述作轴力图的规则，作出杆的轴力图如图 6-9(b) 所示。最大轴力 N_{max} 在 CD 段内，其值为 50N。

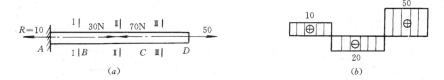

图 6-9

二、剪力图和弯矩图

由上节讨论的例题可知，在一般情况下，不同横截面上的剪力和弯矩是随横截面位置

而变化的。取基线为坐标轴，横截面的位置用坐标 x 表示，则梁的各个横截面上的剪力和弯矩可以表示为坐标 x 的函数，即

$$Q = Q(x) \text{ 和 } M = M(x)$$

上述函数表达式，分别称为梁的剪力方程和弯矩方程。在建立这些方程时，通常取梁的左端为坐标原点。有时为了便于计算，也可以取梁的右端为坐标原点。

由于在进行梁的强度计算时，需要知道各横截面上剪力和弯矩的最大值以及它们所在截面的位置，为了更形象直观地看到剪力、弯矩随截面位置的变化规律，通常把剪力、弯矩沿梁长的变化情况用图形来表示。这种图形就是剪力图和弯矩图。

作剪力图和弯矩图的方法是：先写出梁的剪力方程和弯矩方程，然后按选定的比例尺，用垂直于基线的纵坐标表示相应横截面上的剪力 $Q(x)$ 或弯矩 $M(x)$。从而得到 $Q(x)$ 或 $M(x)$ 的图形。画图时将正值的剪力画在 x 轴（基线）的上侧；负值的剪力画在 x 轴（基线）的下侧；将正值的弯矩画在梁的受拉侧，也就是画在 x 轴（基线）的下侧。

从剪力图和弯矩图上可以方便地确定梁的剪力和弯矩的最大值，以及该最大值所在的截面位置。

【例 6-6】 悬臂梁的自由端作用一集中力 P（图 6-10 (a)），作该悬臂梁的剪力图和弯矩图。

【解】 将坐标原点取在梁的左端。取距左端为 x 的任意横截面的左边一段为分离体，求出该截面上的剪力和弯矩的表达式为

$$Q(x) = -P \qquad (0 \leqslant x \leqslant L) \tag{1}$$

$$M(x) = -Px \qquad (0 \leqslant x \leqslant L) \tag{2}$$

式（1）表明梁的各横截面上的剪力均相同，其值为 $-P$，所以剪力图是一条直线（图 c），将它画在 x 轴的下侧，由式（2）得知弯矩为 x 的线性函数，因此弯矩图为一倾斜的直线，只需确定其上两点就可画出其图形。当 $x = 0$ 时，$M(x) = 0$；当 $x = L$ 时，$M(x) = -PL$，弯矩图应画在受拉边，即 x 轴的上侧（图 b）。由图 (b) 可见，在固定端处横截面上的弯矩值最大。

【例 6-7】 简支梁 AB 受一集度为 q 的均布荷载作用（图 6-11 (a)）试作此梁的剪力图和弯矩图。

【解】 先求出梁的支座反力

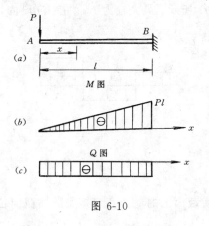

图 6-10

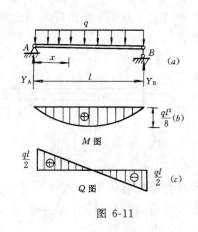

图 6-11

76

$$Y_A = Y_B = \frac{1}{2}qL$$

取距左端为 x 的任一横截面，此截面上的剪力和弯矩的表达式分别为

$$Q(x) = Y_A - qx = \frac{1}{2}qL - qx \qquad (0 \leqslant x \leqslant L)$$

$$M(x) = Y_A x - qx\frac{x}{2} = \frac{1}{2}qLx - \frac{1}{2}qx^2 \quad (0 \leqslant x \leqslant L)$$

上二式对任何截面都适用，即适用范围为 $0 \leqslant x \leqslant L$。剪力表达式是 x 的一次函数，剪力图为一斜直线。

当 $\qquad\qquad\qquad\qquad x = 0$ 时， $Q(x) = \frac{1}{2}qL$

$$x = L \text{ 时，} \quad Q(x) = -\frac{1}{2}qL$$

据此可画出剪力图（图 c）。

弯矩表达式是 x 的二次函数，弯矩图为一抛物线。只需要定出三个控制截面的值，即可大致画出其图形。

当 $\qquad\qquad\qquad\qquad x = 0$ 时， $M(x) = 0$

$$x = \frac{L}{2} \text{ 时，} \quad M(x) = \frac{1}{8}qL^2$$

$$x = L \text{ 时，} \quad M(x) = 0$$

弯矩图如图 (b) 所示。梁的跨中弯矩最大，其值为 $\frac{1}{8}qL^2$。

【例 6-8】 简支梁 AB 在 C 处作用一集中力 P（图 6-12 (a)），试作该梁的剪力图和弯矩图。

【解】 先求出支座反力

$$Y_A = \frac{b}{L}P$$

$$Y_B = \frac{a}{L}P$$

此题的剪力和弯矩方程在全梁长的范围内无法用一个统一的函数式来表达。因此需分段表示 $Q(x)$ 和 $M(x)$，以 C 点为分界点来列内力函数表达式。

对 AC 段有

$$Q(x_1) = \frac{b}{L}P$$

$$M(x_1) = \frac{b}{L}Px_1$$

剪力和弯矩方程的适用范围为 $0 \leqslant x_1 \leqslant a$

对 CB 段有

$$Q(x_2) = \frac{Pb}{L} - P = -\frac{a}{L}P$$

$$M(x_2) = \frac{Pb}{L}x_2 - P(x_2 - a) = \frac{Pa}{L}(L - x_2)$$

剪力和弯矩的适用范围为 $a \leqslant x_2 \leqslant L$。

由剪力方程可知，在 C 点左、右两段梁的剪力图各是一条平行于梁轴线的直线，剪力图如图 (b) 所示。由弯矩方程知，左、右两段梁的弯矩图各是一条斜直线，弯矩图如图 (c) 所示。最大弯矩值为 $\dfrac{Pab}{L}$，位置在集中力 P 作用处。

从图 6-12 (b) 中可以看到，剪力图在集中力 P 的作用点 C 是不连续的。C 截面左侧的剪力值为 $\dfrac{b}{l}P$，右侧的剪力值为 $-\dfrac{a}{l}P$，剪力图在 C 点处发生了突变。从图中可以看出，该突变的绝对值等于集中力 P 的值。这种情况具有普遍性。由此可得出结论：**在集中力作用处剪力图发生突变，突变值等于该集中力值。**产生突变的原因，是由于假定集中力 P 作用在一个点上造成的。实际上，集中力是作用在一小段梁上的分布力，若将此分布力看作均匀分布荷载（图 6-13 (a)），则剪力图为连续折线，如图 6-13 (b) 所示。

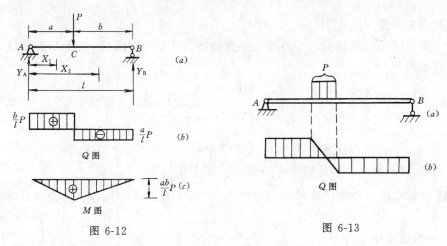

图 6-12

图 6-13

【例 6-9】 简支梁 AB 在 C 处作用一力偶 m（图 6-14 (a)），试作该梁的剪力图和弯矩图。

【解】 先求出支座反力

$$Y_A = Y_B = \frac{m}{l}$$

因为梁上只作用一个力偶，没有横向外力，所以剪力方程为

$$Q(x) = -Y_A = -\frac{m}{l}$$

由于 C 点有力偶 m 作用，弯矩方程应分段列出

AC 段梁：$M(X_1) = -Y_A x_1$

$$= -\frac{m}{l}x_1 \qquad 0 \leqslant x_1 \leqslant a$$

CB 段梁：$M(X_2) = -Y_A x_2 + m$

$$= m - \frac{m}{l}x_2 \qquad a \leqslant x_2 \leqslant l$$

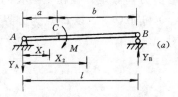

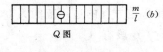

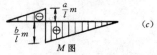

图 6-14

由剪力方程知，剪力图是一平行于梁轴线的直线（图

(b))。由弯矩方程知，左、右两段梁的弯矩图各是一条斜直线，定出斜直线上的两个点，按弯矩方程的适用范围，即可画出弯矩图（图(c)）。

从图 6-14 (c) 中看到，在力偶作用处（C 点）弯矩图不连续。C 截面左侧的弯矩值为 $-\dfrac{a}{l}m$，右侧弯矩值为 $\dfrac{b}{l}m$。在 C 点弯矩图发生了突变，该突变的绝对值为力偶矩值。这种情况具有普遍性。由此可得出结论：**在力偶作用处弯矩图发生突变，该突变值等于该力偶的力偶矩值。**

由上述例题可知，在集中力和力偶的作用处，剪力图和弯矩图分别发生突变。因此该处截面两侧的内力是不相同的。梁的最大弯矩可能发生集中力和力偶的作用处。

§6-3 弯矩、剪力、分布荷载集度之间的关系

梁在荷载的作用下，横截面上将产生弯矩和剪力。若梁上的荷载是一分布荷载，而且沿梁长变化，其分布荷载的集度 q 为 x 的函数，可写作 $q(x)$，则弯矩、剪力和分布荷载的集度都是 x 的函数，它们之间存在着某种联系。找到弯矩、剪力和荷载集度之间的关系式，将有助于内力的计算和内力图的绘制。下面就从一般情况来推导这种关系式。

设梁上作用有任意的分布荷载 $q(x)$（图 6-15 (a)），规定 $q(x)$ 向上为正，向下为负。坐标原点取在梁的左端。在距左端为 x 处，截取长度为 $\mathrm{d}x$ 的微段梁（图 6-15 (b)）来研究。微段梁上作用有分布荷载 $q(x)$。因为 $\mathrm{d}x$ 很微小，在 $\mathrm{d}x$ 微段上可以将分布荷载看成是均匀分布的。微段左侧横截面上的剪力和弯矩分别为 $Q(x)$ 和 $M(x)$；微段右侧截面上的剪力和弯矩分别为 $Q(x)+\mathrm{d}Q(x)$ 和 $M(x)+\mathrm{d}M(x)$。当梁平衡时，该微段也处于平衡状态。微段上作用的力系为一平衡力系。由平衡方程

$$\Sigma y = 0, \quad Q(x) - [Q(x) + \mathrm{d}Q(x)] + q(x)\mathrm{d}x = 0$$

得到
$$\frac{\mathrm{d}Q(x)}{\mathrm{d}x} = q(x) \tag{6-1}$$

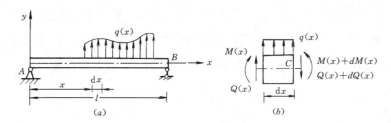

图 6-15

上式表明剪力对 x 的导数等于梁上相应位置分布荷载的集度。

由 $\qquad \Sigma m_{\mathrm{c}}(F) = 0,$

$$[M(x) + \mathrm{d}M(x)] - M(x) - Q(x)\mathrm{d}x - q(x)\mathrm{d}x\frac{\mathrm{d}x}{2} = 0$$

在略去二阶微量后得

$$\frac{\mathrm{d}M(x)}{\mathrm{d}x} = Q(x) \qquad\qquad (6\text{-}2)$$

上式表明弯矩对 x 的导数等于相应截面上的剪力。

由式（6-1）及（6-2），又可得到如下关系

$$\frac{\mathrm{d}^2 M(x)}{\mathrm{d}x^2} = q(x) \qquad\qquad (6\text{-}3)$$

即弯矩对 x 的二阶导数等于梁上相应位置分布荷载的集度。

上述三个方程表明了弯矩 $M(x)$、剪力 $Q(x)$、荷载集度 $q(x)$ 三者之间的关系。这种关系是普遍存在的。

在数学上，一阶导数的几何意义是曲线上切线的斜率。所以 $\frac{\mathrm{d}Q(x)}{\mathrm{d}x}$、$\frac{\mathrm{d}M(x)}{\mathrm{d}x}$ 分别代表剪力图和弯矩图上切线的斜率。$\frac{\mathrm{d}Q(x)}{\mathrm{d}x} = q(x)$ 表明：剪力图曲线上某点处切线的斜率等于该点处分布荷载的集度。$\frac{\mathrm{d}M(x)}{\mathrm{d}x} = Q(x)$ 表明：弯矩图曲线上某点处切线的斜率等于该点处的剪力值。二阶导数 $\frac{\mathrm{d}^2 M(x)}{\mathrm{d}x^2} = q(x)$ 可以用来判断弯矩图曲线的凹向。

下面，根据弯矩、剪力、荷载集度之间的关系，讨论画内力图时常见的几种情况。

一、$q(x) = 0$ 的情况

当梁上某段没有分布荷载作用时，可知 $\frac{\mathrm{d}Q(x)}{\mathrm{d}x} = q(x) = 0$，即 $Q(x) =$ 常量。此段剪力图曲线上各点的切线斜率均为零，所以剪力图为水平直线；由 $\frac{\mathrm{d}M(x)}{\mathrm{d}x} = Q(x) =$ 常量 可知，$M(x)$ 为 x 的线性函数，此段弯矩图曲线上各点的切线斜率都相同，所以弯矩图为斜直线。

二、$q(x) =$ 常量的情况

当梁上某段作用有均布荷载 $q(x) =$ 常量时，由 $\frac{\mathrm{d}Q(x)}{\mathrm{d}x} = q(x) =$ 常量可知，$Q(x)$ 为 x 的线性函数，此段剪力图曲线上各点的切线斜率都相同，所以剪力图为斜直线。由 $\frac{\mathrm{d}M(x)}{\mathrm{d}x} = Q(x)$ 知，$M(x)$ 为 x 的二次曲线函数，所以弯矩图为二次曲线。当均布荷载向下时，$q(x)$ 为负值，由 $\frac{\mathrm{d}^2 M}{\mathrm{d}x^2} = q(x) < 0$ 可知，当弯矩 M 的坐标向下为正时，弯矩图曲线凹向上；当均布荷载向上时，$\frac{\mathrm{d}^2 M(x)}{\mathrm{d}x^2} = q(x) > 0$，弯矩图曲线凹向下。

三、弯矩的极值

由 $\frac{\mathrm{d}M(x)}{\mathrm{d}x} = Q(x)$ 可知，在 $Q(x) = 0$ 处，$M(x)$ 取极值。即在剪力等于零的截面上，弯矩具有极大值或极小值。

现将上节和本节中总结出的关于弯矩、剪力、荷载之间的关系，以及剪力图和弯矩图的一些规律列成图表，以便于在绘制和校对剪力图、弯矩图时作为参考。

在掌握了表中所列的内力图和荷载之间的关系后，可根据梁上作用荷载的情况，定出梁上几个控制截面的内力值，画出内力图。这样，画内力图时只需求几个截面的内力，而不需再列内力函数方程，使求解过程变得简单。下面举例说明。

表 6-1

梁上外力情况	剪 力 图	弯 矩 图
无外力段	水 平 线 $\dfrac{\mathrm{d}Q(x)}{\mathrm{d}x}=q(x)$ $=0$	斜 直 线 $\dfrac{\mathrm{d}M(x)}{\mathrm{d}x}=Q(x)$ $=$常数
$(x)=$常数 向下的均布荷载	斜直线（向下斜） $\dfrac{\mathrm{d}Q(x)}{\mathrm{d}x}=q(x)$ <0	向下凸的二次曲线 $\dfrac{\mathrm{d}^2M(x)}{\mathrm{d}x^2}=q(x)<0$ 极值处 $Q(x)=0$
P 集中力	P 作用处有突变 突变值等于 P	P 作用处有转折
m 力 偶	m 作用处无变化	m 作用处有突变 突变值等于 m
举 例		

【例 6-10】 外伸梁如图 6-16（a）所示，已知 $q=5\text{kN/m}$，$p=15\text{kN}$，试画出该梁的内力图。

【解】 先求出梁的支座反力为

$$Y_\text{B}=20\text{kN}, \quad Y_\text{D}=5\text{kN}$$

在画内力图时，根据梁上的荷载情况将梁分成 AB、BC、CD 三段，逐段画出内力图。

（一）剪力图

AB 段梁上有均布荷载，剪力图为斜直线，由

$$Q_\text{A}=0, \quad Q_\text{B左}=-q\times 2=-10\text{kN}$$

画出此段直线。

BC 段为无外力段，剪力图为水平线，由

$$Q_\text{B右}=Q_\text{B左}+Y_\text{B}=-10+20=10\text{kN}$$

画出此段水平线。

CD 段为无外力段，剪力图为水平线，由

$$Q_\text{D}=-Y_\text{D}=-5\text{kN}$$

画出此段水平线。剪力图如图 6-16（b）所示。

（二）弯矩图

AB 段梁上有均布荷载，弯矩图为二次曲线，q 向下，曲线凹向上，由

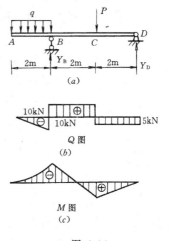

图 6-16

$$M_A = 0, \quad M_B = -2 \times q \times \frac{2}{2} = -10 \text{kN} \cdot \text{m}$$

画出此段曲线的大致图形。

BC 段为无外力段，弯矩图为斜直线，由

$$M_B = -10 \text{kN} \cdot \text{m}, \quad M_C = Y_D \times 2 = 10 \text{kN} \cdot \text{m}$$

画出此段直线。

CD 段为无外力段，弯矩图为斜直线，由

$$M_C = 10 \text{kN} \cdot \text{m}, \quad M_D = 0$$

画出此段直线。弯矩图如图 6-16（c）所示。

【例 6-11】 简支梁如图 6-17（a）所示。已知 $q = 5\text{kN/m}$，$m = 10\text{kN} \cdot \text{m}$。试画出该梁的内力图。

【解】 先求出支座反力为

$$Y_A = 5\text{kN}, \quad Y_C = 15\text{kN}$$

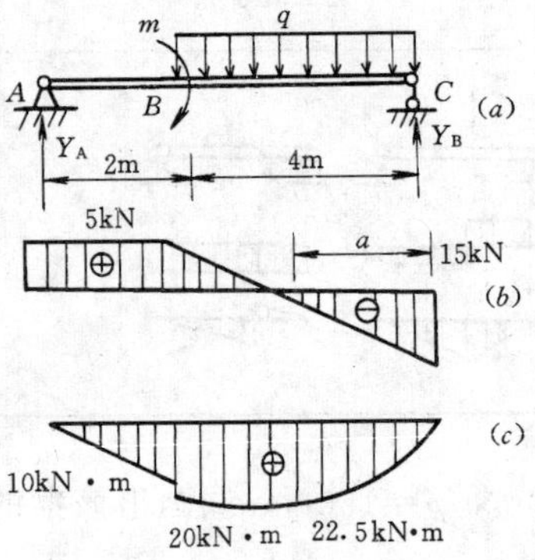

根据梁上的荷载情况，将梁分为 AB、BC 两段，逐段画出内力图。

（一）剪力图

AB 段为无外力段，剪力图为水平线。由

$$Q_A = Y_A = 5\text{kN}$$

画出此段直线。

BC 段为均布荷载段，剪力图为斜直线。由

$$Q_B = Q_A = 5\text{kN}$$

$$Q_C = -Y_C = -15\text{kN}$$

画出此段直线。剪力图如图 6-17（b）所示。

图 6-17

（二）弯矩图

AB 段为无外力段，弯矩图为斜直线。由

$$M_A = 0, M_{B左} = Y_A \times 2 = 10 \text{kN} \cdot \text{m}$$

画出此段直线。

BC 段梁上有向下的均布荷载，弯矩图为凹向上的二次曲线。由

$$M_{B右} = M_{B左} + m = 20\text{kN} \cdot \text{m}, \quad M_C = 0$$

可画出曲线的大致形状。由剪力图可知，此段弯矩图中有极值点。设弯矩具有极值的截面距右端的距离为 a，由该截面剪力等于零的条件可以求出 a 的值。即令

$$Q = -Y_C + qa = 0$$

得

$$a = \frac{Y_C}{q} = \frac{15}{5} = 3\text{m}$$

最大弯矩值为

$$M_{max} = Y_C a - q \cdot \frac{a^2}{2} = 15 \times 3 - 5 \times \frac{9}{2} = 22.5\text{kN} \cdot \text{m}$$

弯矩图如图 6-17（c）所示。

【例 6-12】 多跨静定梁如图 6-18（a）所示。已知 $q = 5\text{kN/m}$，$P = 10\text{kN}$。试画出该

多跨梁的内力图。

【解】 作内力图，应先求出支座处的约束反力。求约束反力的次序，应先求 EF 梁，然后求 CDE 梁，最后求 ABC 梁等支座反力。各支座处约束反力为

$$Y_F = N_{E'} = \frac{P}{2} = 5\text{kN}$$

$$Y_D = 10\text{kN}, \quad N_{C'} = N_E = 5\text{kN}$$

$$Y_A = 11.25\text{kN}, \quad Y_B = 3.75\text{kN}, N_C = 5\text{kN}$$

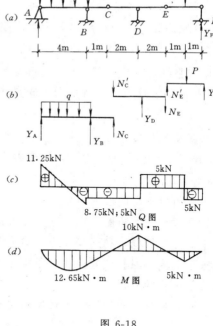

图 6-18

（一）剪力图

AB 段为均布荷载，剪力图为斜直线，由

$$Q_A = 11.25\text{kN},$$

$$Q_{B左} = 11.25 - q \times 4 = -8.75\text{kN}$$

画出此段斜直线。

BC 段为无外力段，剪力图为水平线，由

$$Q_{B右} = Q_{B左} + Y_B = -5\text{kN}$$

画出此段水平线。

CD 段为无外力段，剪力图为水平线，由

$$Q_C = -5\text{kN}$$

画出此段水平线。

DE 段为无外力段，剪力图为水平线，由

$$Q_{D右} = -N_{C'} + Y_D = 5\text{kN}$$

画出此段水平线。

EF 段上有一集中力 P 作用，剪力图在集中力作用处有突变。由

$$Q_E = 5\text{kN}, \quad Q_F = -5\text{kN}$$

画出此段剪力图。

将各段梁的剪力图连在一起，即可以得到整个多跨梁的剪力图。如图 6-18（c）所示。

（二）弯矩图

AB 段为均布荷载，弯矩图为二次曲线，q 向下，曲线凹向上，由

$$M_A = 0, M_B = Y_A \times 4 - q \times \frac{4^2}{2} = 5\text{kN} \cdot \text{m}$$

可画出曲线的大致形状。由剪力图可知，此段弯矩图中有极值点。设弯矩具有极值的截面距左端距离为 a，由该截面剪力值等于零的条件可以求出 a 的值，令

$$Q = Y_A - q \cdot a = 0, \quad a = \frac{Y_A}{q} = \frac{11.25}{5} = 2.25\text{m}$$

最大弯矩值为

$$M_{max} = Y_A \cdot a - q \cdot \frac{a^2}{2} = 11.25 \times 2.25 - 5 \times \frac{2.25^2}{2}$$

$$= 12.65\text{kN} \cdot \text{m}$$

BC 段无外力，弯矩图为斜直线，由

$$M_B = 5kN \cdot m, \quad M_C = 0$$

画出此段直线。

CD 段为无外力段，弯矩图为斜直线，由

$$M_C = 0, \quad M_D = -N_{C'} \times 2 = -10kN \cdot m$$

画出此段直线。

DE 段为无外力段，弯矩图为斜直线，由

$$M_D = -10kN \cdot m, \quad M_E = 0$$

画出此段直线。

EF 段上作用有集中力 P，集中力 P 作用处弯矩图有转折，其弯矩值为 $M = M_{E'} \times 1 = 5kN \cdot m$，$M_E = 0$，$M_F = 0$

由此可以画出此段弯矩图。

将各段梁的弯矩图连在一起，即可以得到整个多跨梁的弯矩图。如图 6-18（d）所示。

上面三个例题，利用了弯矩、剪力及荷载集度间的关系并结合求某些指定截面内力的方法来绘制内力图。该方法比分段求出内力函数的方法更简便、快速。用该方法绘制内力图应按如下步骤进行。

（1）根据梁上作用的外力情况将梁分段。分段的原则与上节中求内力函数的分段原则相同。

（2）根据各段梁上作用的外力情况，来确定各段内力图的形状。

（3）根据各段内力图的形状，算出各有关控制截面的内力值，即可画出内力图。

§6-4 用叠加法作剪力图和弯矩图

当梁上有几项荷载作用时，梁的反力和内力可以这样计算：先分别计算出每项荷载单独作用时的反力和内力，然后把这些计算结果代数相加，即得到几项荷载共同作用时的反力和内力。例如一悬臂梁上作用有均布荷载 q 和集中力 P（图 6-19（a）），梁的固定端处的反力为

$$Y_B = P + ql$$

$$M_B = Pl + \frac{1}{2}ql^2$$

在距左端为 x 处的任一横截面上的剪力和弯矩分别为：

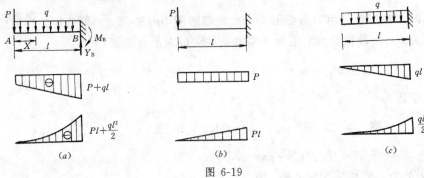

图 6-19

$$Q(x) = -P - qx$$

$$M(x) = -Px - \frac{1}{2}qx^2$$

由上述各式可以看出，梁的反力和内力都是由两部分组成。各式中第一项与集中力 P 有关，是由集中力 P 单独作用在梁上（图 6-19 (b)）所引起的反力和内力；各式中第二项与均布荷载 q 有关，是由均布荷载 q 单独作用在梁上（图 6-19 (c)）所引起的反力和内力。二种情况的叠加，即为二项荷载共同作用的结果。这种方法即为叠加法。采用叠加法作内力图会带来很大的方便，例如在图 6-19 中，可将集中力 P 和均布荷载 q 单独作用下的剪力图和弯矩图分别画出，然后再叠加，就得二项荷载共同作用的剪力图和弯矩图（图 6-19 (a)）。

值得注意的是，内力图的叠加是指内力图的纵坐标代数相加，而不是内力图图形的简单合并。

【例 6-13】 试用迭加法作出图 6-20 (a) 所示简支梁的弯矩图。

【解】 先分别画出力偶 m 和均布荷载 q 单独作用时的弯矩图，如图 (b)、(c) 所示。两个弯矩图迭加时，以弯矩图 (b) 的斜直线为基线，向下作铅直线，其长度等于图 (c) 中相应的纵标，即以图 (b) 上的斜直线为基线作弯矩图 (c)。两图的重叠部分相互抵消，不重叠部分为叠加后的弯矩图，如图 (a) 所示。

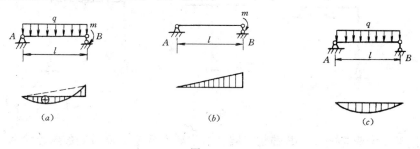

图 6-20

为给平面刚架的内力计算提供预备知识，下面讨论梁中任意杆段弯矩图的一种绘制方法。

图 6-21 (a) 示一简支梁，欲求其上杆段 AB 的弯矩图。取杆段 AB 为分离体，受力图如图 (b) 所示。显然，杆段上任意截面的弯矩，是由杆段上的荷载 q 及杆段端面的内力共

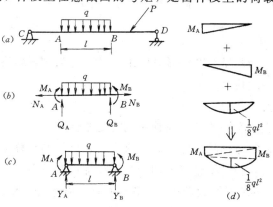

图 6-21

同作用所引起。但是，轴力 N_A 和 N_B 不产生弯矩。现在，取一简支梁 AB，令其跨度等于杆段 AB 的长度，并将杆段 AB 上的荷载以及杆端弯矩 M_A、M_B 作用在简支梁 AB 上（图 (c)）。这时，由平衡方程可知，简支梁的反力 Y_A 和 Y_B 分别等于杆段端面的剪力 Q_A 和 Q_B。于是可断定，简支梁 AB 的弯矩图与杆段 AB 的弯矩图相同。简支梁 AB 的弯矩图可按叠加法作出，如图 (d) 所示。

综上所述，作杆段的弯矩图时，只需求出杆段的杆端弯矩，并将杆端弯矩作为荷载，用叠加法作相应的简支梁的弯矩图即可。应用这一方法可以简便地绘制出平面刚架的弯矩图。

§6-5　静定平面刚架

平面刚架是由梁和柱所组成的平面结构（图 6-22），其特点是在梁与柱的联接处为刚结点，当刚架受力而产生变形时，刚结点处各杆端之间的夹角始终保持不变。由于刚结点能约束杆端的相对转动，故能承担弯矩。与梁相比刚架具有减小弯矩极值的优点，节省材料，并能有较大的空间。在建筑工程中常采用刚架作为承重结构。

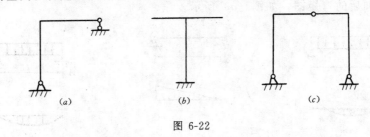

图 6-22

平面刚架分为静定刚架与超静定刚架。本节研究静定平面刚架的内力计算。

一、静定刚架支座反力的计算

在静定刚架的内力分析中，通常是先求支座反力。然后再求截面的内力，绘制内力图。计算支座反力可按第四章所介绍的方法进行。即刚架在外力作用下处于平衡状态，其约束反力可用平衡方程来确定。若刚架由一个构件组成（图 6-22 (a)、(b)），可列三个平衡方程求出其支座反力。若刚架由二个构件（图 6-22 (c)）或多个构件组成，可按物体系的平衡问题来处理。

二、绘制内力图

求解梁的任一截面内力的基本方法是截面法，这一方法同样也适用于刚架。可用截面法求解刚架任意指定截面的内力。

刚架内力的符号规定如下。

轴力：杆件受拉为正，受压为负，与前面的规定相同。

剪力：使分离体顺时针方向转动为正，反之为负，也与前面规定相同。

弯矩：不作正负规定，但总是把弯矩图画在杆件受拉的一侧。

作刚架内力图时，先将刚架拆成杆件，由各杆件的平衡条件，求出各杆的杆端内力，然后利用杆端内力分别作出各杆件的内力图。将各杆的内力图合在一起就是刚架的内力图。下面举例说明刚架内力图的作法。

【例 6-14】 试作图 6-23（a）所示刚架的弯矩、剪力、轴力图。

【解】 （一）求支座反力。

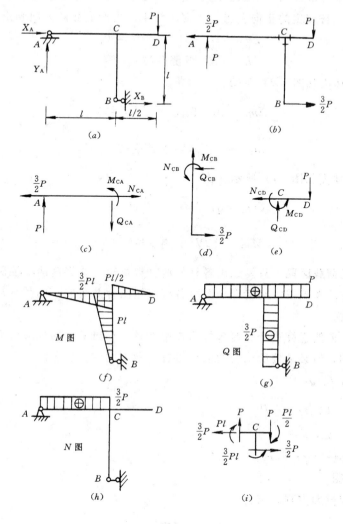

图 6-23

取整个刚架为分离体，受力图如图（a）所示，由平衡方程：

$$\Sigma m_A = 0, \quad P\frac{3}{2}l - X_B l = 0$$

$$\Sigma X = 0, \quad X_A + X_B = 0$$

$$\Sigma Y = 0, \quad Y_A - P = 0$$

解得

$$X_A = -\frac{3}{2}P, X_B = \frac{3}{2}P; Y_A = P$$

反力 X_A 取负值，说明假定的方向与实际方向相反。将反力按正确方向画出，如图（b）所示。

（二）作弯矩图

作弯矩图时，应逐次研究各杆，求出杆端弯矩，作出各杆的弯矩图，再合并成刚架的弯矩图。

AC 杆：分离体图如图（c）所示。杆 C 端弯矩记为 M_{CA}。杆端弯矩的方向可任意画出；轴力 N_{CA} 和剪力 Q_{CA} 按规定的正向画出；A 端的约束反力按实际的方向画出。由

$$\Sigma m_C = 0, \quad M_{CA} - Pl = 0$$

得
$$M_{CA} = Pl（下侧受拉）$$

BC 杆：分离体图如图（d）所示。由

$$\Sigma m_C = 0, \quad M_{CB} + \frac{3}{2}Pl = 0$$

得
$$M_{CA} = -\frac{3}{2}Pl（左侧受拉）$$

CD 杆：分离体图如图（e）所示。由

$$\Sigma m_C = 0, \quad M_{CD} - \frac{1}{2}Pl = 0$$

得
$$M_{CD} = \frac{1}{2}Pl（上侧受拉）$$

以上三杆上无荷载区段，只要标出各杆的两杆端弯矩，并将这两个控制点的标距连成直线，即得到各杆的弯矩图。刚架弯矩图由各杆弯矩图合并而成，如图（f）所示。

（三）作剪力图

作剪力图时，依然逐杆进行。对各杆写投影方程，求出各杆的杆端剪力。剪力图可画在杆件的任意一侧，但必须按所求剪力的杆号标出剪力图的正负号。

由图（c）得，$Q_{CA} = P$

由图（d）得，$Q_{CB} = -\frac{3}{2}P$

由图（e）得，$Q_{CD} = P$

刚架剪力图如图（g）所示。

（四）作轴力图

分别对各杆与投影方程，求得

$$N_{CA} = \frac{3}{2}P$$
$$N_{CD} = N_{CB} = 0$$

刚架轴力图如图（h）所示。

（五）内力图校核

校核内力图，通常是校核结点是否满足平衡条件。

用与结点 C 无限靠近的截面（见图（b））将结点 C 截取出，放大示于图（i）。其左、下、右三截面上的内力分别是图（c）、（d）、（e）中 C 截面内力的反作用力。由于图（d）中 Q_{CB}（←）取负值，所以，结点 C 下截面的剪力（Q_{CB} 的反作用力）指向右。

由图（i）可知，结点 C 满足平衡方程

$$\Sigma X = 0; \Sigma Y = 0; \Sigma m_C = 0$$

即计算结果无误。

验算平衡条件 $\Sigma m_C = 0$ 时应注意，因为截取结点 C 的截面与结点 C 无限靠近，所以，各

剪力对结点 C 的矩为零，方程 $\Sigma m_C = 0$ 中只包括弯矩。

【例 6-15】 试作图 6-24 (a) 所示刚架的 M、Q、N 图。

【解】 （一）求支座反力。

按图 (a)，由平衡方程求得

$$X_A = qa; \quad Y_A = \frac{1}{2}qa; \quad Y_C = \frac{3}{2}qa$$

（二）作 M 图

BC 杆：分离体图如图 (b) 所示。由平衡方程 $\Sigma m_B = 0$，得

$$M_{BC} = \frac{1}{2}qa^2 (下侧受拉)$$

按 §6-4 所述，BC 杆的弯矩图可借助简支梁 BC 按叠加法作出，如图 (c) 所示。

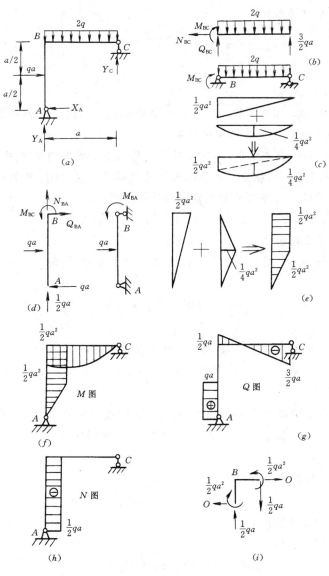

图 6-24

AB 杆：分离体图如图（d）所示。由平衡方程 $\Sigma m_B=0$，得

$$M_{BA} = \frac{1}{2}qa^2（右侧受拉）$$

AB 杆的弯矩图可借助简支梁 AB 按叠加法作出，如图（e）所示。

刚架弯矩图由上二杆弯矩图合并而成，如图（f）所示。

（三）作 Q 图

按图 b、d 对 BC、BA 二杆写投影方程，分别求得

$$Q_{BC} = \frac{1}{2}qa；\quad Q_{BA} = 0$$

将二杆的剪力图合并，得刚架的剪力图如图 g 所示。AB 杆中点有集中力，剪力图有突变。

（四）作 N 图

按图（b）、（d）分别求得

$$N_{BC} = 0 \quad N_{BA} = -\frac{1}{2}qa$$

刚架的轴力图如图（h）所示。

（五）内力图校核

取结点 B 为分离体，按图（b）、（d）中 B 截面的内力画出结点 B 的受力图，如图（i）所示。结点 B 满足平衡条件，计算结果无误。

由图 i 中结点 C 的平衡条件可知，对二杆结点且结点上无外力偶作用，则结点上二杆的弯矩大小相等、方向相反。即结点上两杆的弯矩或者同在结点内侧，或者同在结点外侧，且具有相同的值。利用这一规律可简便地绘制出弯矩图。

【例 6-16】 作图 6-25（a）所示三铰刚架的 M、Q、N 图。

【解】 （一）求支座反力

以刚架整体为分离体，受力图如图（a）所示。由平衡方程 $\Sigma m_A=0$；$\Sigma m_B=0$；$\Sigma X=0$，得

$$Y_A = 10\text{kN} \quad Y_B = 30\text{kN}$$
$$X_A = X_B$$

再以 AC 为分离体，受力图如图（b）所示。由平衡方程 $\Sigma m_C=0$，得
$$X_A = X_B = 10\text{kN}$$

（二）作 M 图

AD 杆：D 端弯矩值等于 D 点以下所有外力对 D 点之矩的代数和，即
$$M_{DA} = 4 \times X_A = 40\text{kN·m}（外侧受拉）$$

弯矩图为斜直线。

DC 杆：按结点 D 的平衡条件，有
$$M_{DC} = M_{DA} = 40\text{kN·m}（上侧受拉）$$

铰 C 处弯矩为零，弯矩图为斜直线。

BE 杆：与 AD 杆相同，
$$M_{EB} = 40\text{kN·m}（外侧受拉）$$

CE 杆：按结点 E 的平衡条件，有

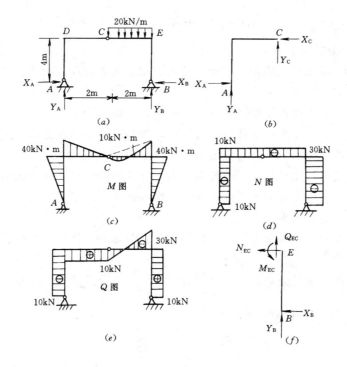

图 6-25

$$M_{EC} = M_{EB} = 40 \text{kN} \cdot \text{m}(\text{上侧受拉})$$

由于 CE 杆上有均布荷载，可借助简支梁 CE 按叠加法作出弯矩图。

刚架弯矩图如图（c）所示。

（三）作 Q 图

AD 杆：弯矩图为斜直线。剪力图应为与杆轴平行的直线。剪力为

$$Q = -X_A = -10 \text{kN}$$

DC 杆：剪力图为平行于轴的直线。剪力值可由图（b）观察得出

$$Q = -Y_C = 10 \text{kN}$$

BE 杆：与 AD 杆相同，但剪力取正号。

CE 杆：弯矩图为二次抛物线，剪力图应为斜直线。C 端剪力值即为 CE 杆 C 端竖向反力值。

$$Q_{CE} = -Y_C = 10 \text{kN}$$

为方便的观察出 E 端剪力，可作出结点 E 与 BE 杆的共同受力图，如图（f）所示。按图（f）有

$$Q_{EC} = -Y_B = -30 \text{kN}$$

刚架剪力图如图（e）所示。

（四）作 N 图

各杆的轴力值分别为

$$N_{AD} = Y_A = 10 \text{kN}(\text{压力取负})$$
$$N_{BE} = Y_B = 30 \text{kN}(\text{压力取负})$$

$$N_{CD} = N_{CE} = X_C = X_A = 10\text{kN}（压力取负）$$

刚架轴力图如图（d）所示。

本例中作 M、Q 图时，应用于弯矩、剪力、均布荷载集度之间的关系，以及结点平衡条件，减少了计算工作量。

由上面的例子，可以将绘制刚架内力图的要点总结如下：

（1）作弯矩图时，先求每根杆的杆端弯矩，将杆端弯矩画在受拉一侧，连以直线，再选加上由横向荷载产生的简支梁的弯矩图。

（2）作剪力图时，先求每根杆的杆端剪力。杆端剪力通常可根据截面一侧的荷载及支座反力直接算出。若情况复杂，可以取杆为分离体利用平衡方程求出。杆的剪力图可以利用简支梁的内力图规律画出。

（3）作轴力图时，先求每根杆的杆端轴力，杆端轴力通常可以根据截面一侧的荷载及支座反力直接算出。

（4）内力图的校核是必要的。通常截取刚架的一部分或结点为分离体，验证其是否满足平衡条件。

§6-6 三 铰 拱

拱结构在工程中有着广泛的应用。图 6-26（a）所示即为一常见的拱结构——三铰拱。拱的特点是，在竖向荷载作用下，支座处产生水平推力。力平推力减小了横截面的弯矩，使

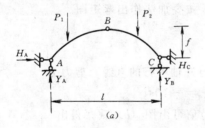

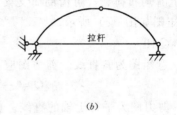

（a）　　　　　　　　　　　　（b）

图 6-26

得拱主要承受轴向压力作用，因而可利用抗压性能好而抗拉性能差的材料（砖、石、混凝土等）建造。另一方面，由于水平推力的存在，要求有坚固的基础，给施工带来困难。为

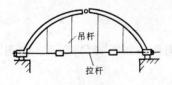

图 6-27

克服这一缺点，常采用带拉杆的三铰拱（图（b）），水平推力由拉杆来承受。如房屋的屋盖采用图 6-27 所示的带拉杆的拱结构，在竖向荷载的作用下，只产生竖向支座反力，对墙体不产生水平推力。

拱的高度 f 与跨度 L 之比称为高跨比。高跨比是拱的基本参数，通常高跨比控制在 $\frac{1}{10}\sim 1$ 的范围内。

一、三铰拱的计算

三铰拱是静定结构。其全部反力和内力都可由静力平衡方程求出。

1. 支座反力的计算

三铰拱的支座反力共有四个。取拱整体为分离体，有

$$\Sigma M_{\mathrm{B}}(F) = 0, \quad 得 \ V_{\mathrm{A}} = \frac{\Sigma P_i b_i}{L}$$

$$\Sigma M_{\mathrm{A}}(F) = 0, \quad 得 \ V_{\mathrm{B}} = \frac{\Sigma P_i a_i}{L}$$

$$\Sigma X = 0, \quad 得 \ H_{\mathrm{A}} = H_{\mathrm{B}} = H$$

再取左半部分为离体，由

$$\Sigma M_{\mathrm{C}}(F) = 0$$

得

$$H_{\mathrm{A}} = \frac{V_{\mathrm{A}} \dfrac{L}{2} - P_1 \left(\dfrac{L}{2} - a_1 \right) - P_2 \left(\dfrac{L}{2} - a_2 \right)}{f}$$

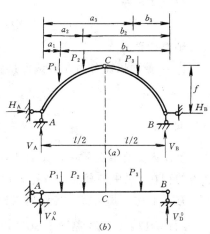

图 6-28

现在将拱的支座反力与梁的支座反力加以对比。取一与拱跨度相同荷载相同的简支梁（图 6-28 (b)），其支座反力分别以 V_{A}^0、V_{B}^0 表示。由梁的平衡方程可解得

$$V_{\mathrm{A}}^0 = V_{\mathrm{A}} \tag{6-4}$$

$$V_{\mathrm{B}}^0 = V_{\mathrm{B}} \tag{6-5}$$

从上二式可见，在竖向荷载作用下，三铰拱的竖向支座反力与相应简支梁的支座反力相同。

分析拱的水平反力 H_{A} 的表达式可知，其分式的分子项恰好是相应简支梁截面 C 处的弯矩，以 M_{C}^0 表示相应简支梁截面 C 处的弯矩，则

$$H_{\mathrm{A}} = H_{\mathrm{B}} = H = \frac{M_{\mathrm{C}}^0}{f} \tag{6-6}$$

上式表明，拱的水平反力等于相应简支梁截面 C 处的弯矩除以拱高 f。因为在竖向荷载作用下梁的弯矩 M_{C}^0 常常是正的，所以水平反力 H 也常取正值。这说明拱对支座的作用力是水平向外的推力，故 H 又称为水平推力。当跨度不变时，水平反力与 f 成反比，即拱越扁平则水平推力就越大。

2. 内力的计算

在外力的作用下拱中任一截面的内力有弯矩，剪力和轴力，其中弯矩以使拱内侧受拉为正；剪力以使分离体顺时针转动为正；轴力以使分离体受拉为正。

图 6-29 (a) 所示的拱中，在 K 处用一横截面将拱截开，该截面形心坐标为 x_{K}、y_{K} 切线倾角为 φ_{K}，其内力为 M_{K}、Q_{K} 和 N_{K}（图 (b)）。以 AK 段为分离体，求 K 截面内力。

弯矩计算。

由 $\qquad \Sigma M_{\mathrm{K}}(F) = 0, V_{\mathrm{A}} x_{\mathrm{K}} - P_1 (x_{\mathrm{K}} - a_1) - H y_{\mathrm{K}} - M_{\mathrm{K}} = 0$

得 $\qquad M_{\mathrm{K}} = [V_{\mathrm{A}} x_{\mathrm{K}} - P_1 (x_{\mathrm{K}} - a_1)] - H y_{\mathrm{K}}$

因为 $V_{\mathrm{A}} = V_{\mathrm{A}}^0$，可见方括号内的值恰好等于相应简支梁截面 K 的弯矩 M_{K}^0（图 (c)），故上式可写为

$$M_K = M_K^0 - Hy_K \qquad (6-7)$$

即拱内任一截面的弯矩等于相应简支梁对应截面处的弯矩减去拱的水平反力引起的弯矩 Hy_K

剪力计算。

由 K 截面以左各力在沿该点拱轴法线方向投影的代数和等于零，可得

$$Q_K = V_A\cos\varphi_K - P_1\cos\varphi_K - H\sin\varphi_K$$

$$= (V_A - P_1)\cos\varphi_K - H\sin\varphi_K$$

式中 $(V_A - P_1)$ 为相应简支梁对应截面 K 处的剪力 Q_K^0 （图 (c)）。

故上式可写为

$$Q_K = Q_K^0\cos\varphi_K - H\sin\varphi_K \qquad (6-8)$$

轴力计算。

由 K 截面以左各力在沿该点拱轴切线方向投影的代数和等于零，可得

$$N_K = -(V_A - P_1)\sin\varphi_K - H\cos\varphi_K$$

即 $$N_K = -Q_K^0\sin\varphi_K - H\cos\varphi_K \qquad (6-9)$$

上述内力计算公式中，φ_K 在左半部取正值，在右半部为负。所得结果表明，由于水平推力的存在，拱中各截面的弯矩要比相应简支梁的弯矩小。拱的截面所受的轴向压力较大。

有了上述公式，就不难作出三铰拱的内力图，具体作法见下面例题。

【例 6-17】 试绘制图 6-30 (a) 所示三铰拱的内力图。拱的轴线为 $y = \dfrac{4f}{L^2}x(L-x)$。

【解】 先求支座反力，由 (6-4)、(6-5)、(6-6) 式可得

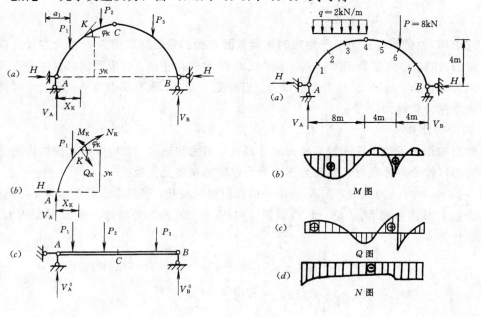

图 6-29   图 6-30

94

$$V_A = \frac{2 \times 8 \times 12 + 8 \times 4}{16} = 14\text{kN}$$

$$V_B = \frac{2 \times 8 \times 4 + 8 \times 12}{16} = 10\text{kN}$$

$$H = \frac{14 \times 8 - 2 \times 8 \times 4}{4} = 12\text{kN}$$

为了绘出内力图，把拱跨八等分，分别算出各截面的 M、Q、N 值。可以列表计算，然后按表中所得数据，绘制内力图（图 (b)、(c)、(d)）。

现取一距左支座为 4m 处的截面为例，其内力计算如下：

根据拱轴线的方程

$$y_4 = \frac{4f}{L^2} x(L - x)$$

$$= \frac{4 \times 4}{16^2} \times 4(16 - 4)$$

$$= 3\text{m}$$

$$\text{tg}\varphi = \frac{\text{d}y}{\text{d}x} = \frac{4f}{L^2}(L - 2x)$$

$$\text{tg}\varphi_4 = \frac{4 \times 4}{16}(16 - 2 \times 4) = 0.5$$

$\varphi_4 = 26°34'$，$\sin\varphi_4 = 0.447$，$\cos\varphi_4 = 0.894$，由式（6-7）得

$$M_4 = M_4^0 - Hy_4 = (14 \times 4 - 2 \times 4 \times 2) - 12 \times 3 = 4\text{kN} \cdot \text{m}$$

由式（6-8）及（6-9）得

$$Q_4 = Q_4^0 \cos\varphi_4 - H\sin\varphi_4 = (14 - 2 \times 4) \times 0.894 - 12 \times 0.447 = 0$$

$$N_4 = -Q_4^0 \sin\varphi_4 - H\cos\varphi_4 = -(14 - 2 \times 4) \times 0.447 - 12 \times 0.894$$

$$= -13.4\text{kN}$$

其它截面的计算方法同上。表 6-2 列出了各截面的全部计算结果。值得注意的是，在集中力 P 作用处，剪力图与轴力图有突变，所以要分别算出截面左、右两边的剪力与轴力。

下面将拱的内力计算步骤总结如下：

（1）先将拱沿水平方向分成若干部分。

（2）求出相应简支梁各截面的 M^0 及 Q^0。

（3）由给定的拱轴方程求出拱各截面的倾角 φ。

（4）求出各截面的 M、Q 和 N。

（5）按各截面的 M、Q、N 值绘制内力图。

二、拱和梁的比较·拱的合理轴线

在竖向荷载作用下，拱的轴力较大，为主要内力。拱任一截面的弯矩 $M_K = M_C^0 - Hy_K$，拱有水平推力 $H = \frac{M_C^0}{f}$，由于水平推力的存在，三铰拱的弯矩比同跨简支梁相应截面的弯矩值小。

三铰拱的内力计算(单位 M：kN·m, Q、N：kN)　　　　表 6-2

截 面 几 何 参 数						$Q°$
x	y	$\mathrm{tg}\varphi$	φ	$\sin\varphi$	$\cos\varphi$	
0	0	1	45°	0.707	0.707	14
2	1.75	0.75	36°52′	0.600	0.800	10
4	3.00	0.5	26°34′	0.447	0.894	6
6	3.75	0.25	14°2′	0.234	0.970	2
8	4.00	0	0	0	1	−2
10	3.75	−0.25	−14°2′	−0.234	0.970	−2
12	3.00	−0.5	−26°34′	−0.447	0.894	−2 / −10
14	1.75	−0.75	−36°52′	−0.600	0.800	−10
16	0	−1	−45°	−0.707	0.707	−10

弯 矩 计 算			剪 力 计 算			轴 力 计 算		
$M°$	$-Hy$	M	$Q°\cos\varphi$	$-H\sin\varphi$	Q	$-Q°\sin\varphi$	$-H\cos\varphi$	N
0	0	0	−9.898	−8.484	1.414	−9.898	−8.484	−18.38
24	−21	3	8	−7.2	0.8	−6	−9.6	−15.6
40	−36	4	5.364	−5.364	0	−2.682	−0.728	−13.41
48	−45	3	1.94	−2.81	−0.87	−0.464	−11.64	−12.1
48	−48	0	−2	0	−2	0	−12	−12
44	−45	−1	−1.94	2.916	0.97	−0.486	−11.44	−12.1
40	−36	4	−1.788 / −8.94	5.364	3.98 / −3.58	−0.894	−10.728 / −4.47	−11.62 / −15.2
20	−21	−1	−8	7.2	−0.8	−6	−9.6	−15.6
0	0	0	−7.07	8.48	1.41	−7.07	−15.55	−15.55

　　在竖向荷载作用下，梁没有轴力，只承受弯矩和剪力，不如拱受力合理，拱比梁能更有效地利用材料的抗压性，拱对支座有水平推力，所以设计时要考虑水平推力对支座的作用，在屋面采用拱结构时，可加拉杆来承受水平推力。

　　在一般情况下，三铰拱的任一截面上作用有弯矩、剪力和轴力。若能适当地选择拱的轴线形状，使得在给定的荷载作用下、拱上各截面只承受轴力，而弯矩为零，这样的拱轴线称为合理轴线。

　　按式（6-7），三铰拱任意截面 K 的弯矩为

$$M_\mathrm{K} = M_\mathrm{K}^0 - Hy_\mathrm{K}$$

将拱上任意截面形心坐标用 x、$y = y(x)$ 表示；该截面弯矩用 $M(x)$ 表示；相应简支梁上相应截面的弯矩用 $M^0(x)$ 表示。要使拱的各横截面弯矩都为零，则应有

$$M(x) = M^0(x) - Hy(x) = 0$$

即

$$y(x) = \frac{M^0(x)}{H} \tag{6-10}$$

上式即为拱的合理轴线方程。可见，在竖向荷载作用下，三铰拱的合理轴线的纵坐标与相应简支梁弯矩图的纵坐标成正比。

了解合理轴线的概念，有助于在设计中选择合理的拱轴曲线形式。

【例 6-18】 试求图 6-31 （a）所示三铰拱在均布荷载作用下的合理轴线。

【解】 相应简支梁如图 b 所示，其弯矩方程为

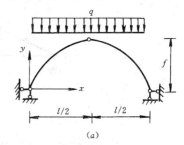

$$M^0(x) = \frac{1}{2}qlx - \frac{1}{2}qx^2$$

$$= \frac{1}{2}qx(l-x)$$

拱的水平推力为

$$H = \frac{M_C^0}{f} = \frac{ql^2}{8} \cdot \frac{1}{f} = \frac{ql^2}{8f}$$

将上二式代入式 （6-10） 中，得合理轴线方程为

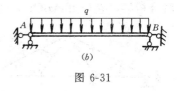

图 6-31

$$y(x) = \frac{\frac{1}{2}qx(l-x)}{\frac{ql^2}{8f}}$$

$$= \frac{4f}{l^2}x(l-x)$$

结果表明，在满跨均布荷载作用下，三铰拱的合理轴线是抛物线。房屋建筑中拱的轴线常采用抛物线。

§6-7 静定平面桁架

一、概述

桁架结构在工程中有着广泛的应用。桁架是由若干直杆用铰链连接而组成的几何不变体系，其特点是：

（1）所有各结点都是光滑铰结点。

（2）各杆的轴线都是直线并通过铰链中心。

（3）荷载均作用在结点上。

由于上述特点，桁架的各杆只受轴力作用，使材料得到充分利用。

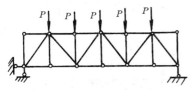

图 6-32

桁架结构的优点是：重量轻，受力合理，能承受较大荷载，可作成较大跨度。

图 6-32 所示为一静定平面桁架。平面桁架中各杆轴线处在同一平面内。

工程实际中的桁架并不完全符合上述特点。例如，钢筋混凝土桁架各杆之间是整体浇注的，各结点都具有一定的刚性，并不是铰接。另外各杆轴不一定绝对平直；结点上各杆的轴线不一定交于一点；荷载不一定都作用在结点上等等。所以，在外力作用下，各杆将产生一定的弯曲变形。一般情况下，由弯曲变形所引起的内力居次要地位，本节不作讨论。

常见的桁架通常是按下面两种方式组成的：

（1）由基础或一个基本铰接三角形开始，逐次增加二杆结点，组成一个桁架，如图 6-33（a）、（b）所示。用这种方式组成的桁架称为简单桁架。

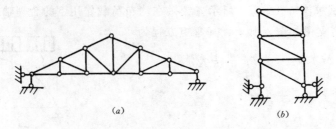

图 6-33

（2）由几个简单桁架联合组成的几何不变体系，称为联合桁架。图 6-34 所示桁架即为联合桁架，它是由 ABC、CDE 两个桁架组成的几何不变体系。

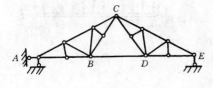

图 6-34

二、结点法

结点法是计算简单桁架内力的基本方法之一。结点法是以桁架的结点为分离体，根据结点平衡条件来计算各杆的内力。因为桁架的各杆只承受轴力。所以，在每个结点上都作用有一个平面汇交力系。对每个结点可以列出二个平衡方程，求解出二个未知力。用结点法计算简单桁架时，可先由整体平衡求出支座反力，然后从二个杆件相交的结点开始，依次应用结点法，即可求出桁架各杆的内力。下面举例说明。

【例 6-19】 试计算图 6-35（a）所示桁架各杆内力。

【解】 先计算支座反力。以桁架整体为分离体，求得

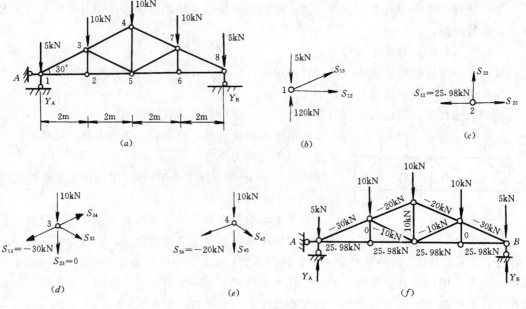

图 6-35

98

$$Y_A = 20\text{kN} \quad Y_B = 20\text{kN}$$

求出反力后，从包含二根杆的结点开始，逐次截取出各结点求出各杆的内力。画结点受力图时，一律假定杆件受拉，即杆件对结点的作用力背离结点。

结点 1：只有 S_{12}、S_{13} 是未知的，其分离体如图 (b) 所示。

由 $\Sigma Y = 0, 20 - 5 + S_{13}\sin30° = 0$

得 $S_{13} = -30\text{kN}$

由 $\Sigma X = 0, S_{13}\cos30° + S_{12} = 0$

得 $S_{12} = 25.98\text{kN}$

结点 2：只有 S_{23}、S_{25} 是未知的，其分离体如图 (c) 所示。

由 $\Sigma Y = 0$，得 $S_{23} = 0$

由 $\Sigma X = 0$，得 $S_{25} = S_{12} = 25.98\text{kN}$

结点 3：只有 S_{34}、S_{35} 是未知的，其分离体如图 (d) 所示。

$$\Sigma X = 0, \quad S_{34}\cos30° + S_{35}\cos30° - S_{13}\cos30° = 0$$

$$\Sigma Y = 0, \quad S_{34}\sin30° - S_{35}\sin30° - S_{13}\sin30° - 10 = 0$$

可得 $S_{34} = -20\text{kN}$

           $S_{35} = -10\text{kN}$

结点 4：只有 S_{45}、S_{47} 是未知的，其分离体如图 e 所示。

由 $\Sigma X = 0$，可得 $S_{34} = S_{47}$

由 $\Sigma Y = 0$，$-S_{45} - 10 - 2S_{34} \cdot \sin30° = 0$

得 $S_{45} = 10\text{kN}$

因为结构及荷载是对称的，故只需计算一半桁架，处于对称位置的杆件具有相同的轴力，也就是说，桁架中的内力是对称分布的。整个桁架的轴力如图 f 所示。

值得注意的是，在桁架计算中，有时会遇到某些杆件的内力为零（如上例中 $S_{23} = 0$、$S_{67} = 0$）的情况。这些内力为零的杆件称为零杆。

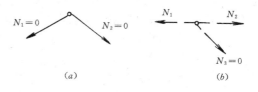

(a) (b)

图 6-36

在图 6-36 所示的二种情况下，零杆可以直接判断出来：

(1) 二杆结点上无外力作用，如此二杆不共线，则此二杆都是零杆（图 (a)）。

(2) 三杆结点上无外力作用，如其中任意二杆共线，则第三杆的内力为零（图 (b)）。

上述结论是由结点平衡条件得出的。在计算桁架时，可以先判断出零杆，使计算得以简化。

三、截面法

在分析桁架内力时，有时只需要计算某几根杆的内力，这时以采用截面法较为方便。截面法是用一适当的截面将桁架截为两部分，选取其中一部分为分离体，其上作用的力系一般为平面任意力系，用平面任意力系平衡方程求解被截割杆件的内力。由于平面任意系平衡方程只有三个，所以，只要截面上未知力数目不多于三个，就可以求出其全部未知力。计算时为了方便，可以选取荷载和反力比较简单的一侧作为分离体。下面举例说明。

【例 6-20】 求图 6-37 (a) 所示桁架中指定杆件 1、2、3 的内力。

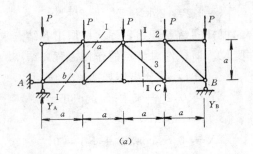

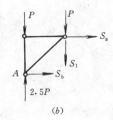

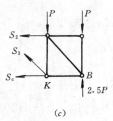

图 6-37

【解】 先求出桁架的支座反力。以桁架整体为分离体，求得

$$Y_A = 2.5P \quad Y_B = 2.5P$$

用截面 I-I 将桁架截开，取截面左半部为分离体（图(b)）。它受平面任意力系的作用，为求出 S_1，列平衡方程

$$\Sigma Y = 0, \quad 2.5P - S_1 - P - P = 0$$
$$S_1 = 0.5P$$

为求 2、3 杆内力、用截面 II-II 将桁架截开，取截面右半部为分离体（图c）。列平衡方程

$$\Sigma M_K(F) = 0 \quad S_2 a + 2.5Pa - Pa = 0$$
$$S_2 = -1.5P$$
$$\Sigma Y = 0 \quad S_3\cos 45° + 2.5P - P - P = 0$$
$$S_3 = -\frac{\sqrt{2}}{2}P$$

结点法和截面法是计算桁架的两种基本方法，各有其优缺点。结点法适用于求解桁架全部杆件的内力，但求指定杆内力时，一般说来比较繁琐。截面法适用于求指定杆件的内力，但用它来求全部杆件的内力时，工作量要比结点法大的多。应用时，要根据题目的要求来选择计算方法。

某些情况下，联合使用结点法和截面法，会给求解工作带来方便。举例说明如下。

【例 6-21】 求图 6-38 (a) 所示桁架中指定杆件 1、2、3 的内力。

【解】 先求桁架的支座反力。以桁架整体为分离体，求得

$$Y_A = Y_B = 15\text{kN}$$

先用 I-I 截面，截取桁架的左半部为分离体（图 (b)），列平衡方程

$$\Sigma M_K(F) = 0, \quad S_4 \times 4 + 15 \times 8 - 10 \times 4 = 0$$
$$S_4 = -20\text{kN}$$

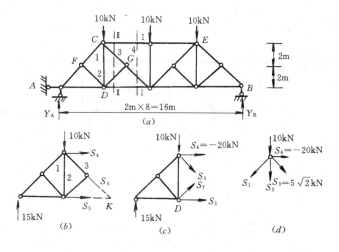

图 6-38

再用 Ⅱ-Ⅱ 截面，截取桁架的左半部为分离体（图（c）），列平衡方程

$$\Sigma M_D(F) = 0, \quad S_3\cos45° \times 4 + S_4 \times 4 + 15 \times 4 = 0$$

$$S_3 = 5\sqrt{2}\,\text{kN}$$

取结点 c 为分离体（图 d），列平衡方程

$$\Sigma X = 0, \quad -S_1\cos45° + S_4 + S_3\cos45° = 0$$

$$S_1 = -15\sqrt{2}\,\text{kN}$$

$$\Sigma Y = 0, \quad -S_1\sin45° - S_2 - S_3\sin45° - 10 = 0$$

$$S_2 = 0$$

求解本题时，如事先判定零杆，求解工作将得到简化。

结点 F 和结点 G 均为三杆结点，按判断零杆的情况（2），杆 DF 和杆 DG 均为零件。于是，由结点 D 可判定杆 2 为零件。这样，作用在结点 c 上的未知力为 S_1、S_3、S_4。从受力图 c 上（$S_7 = 0$ 求出 S_4，从受力图 d 上（$S_2 = 0$）则可求出 S_1、S_3。

四、几种梁式桁架受力性能的比较

桁架中各杆的内力是与桁架的形状，杆件布置、外荷载作用位置有关系的。掌握这些规律，对于在工程实际中，合理地选择桁架形式是有帮助的。下面对常用的几种桁架：平行弦桁架、三角形桁架、抛物线型桁架的内力分布进行对比。

图 6-39 所示三种桁架在相同荷载、相同跨度、相同高度条件下各杆的内力值。

通过分析可知，所有桁架的上弦杆受压，下弦杆受拉。由桁架内力分布图，可以得到如下结论：

（1）平行弦桁架的内力分布不均匀。上、下弦杆的内力，靠近跨中递增，腹杆的内力靠近跨中递减，内力变化较大。如果随内力变化采用不同截面的杆件，会造成杆件在结点处连接困难而且杆件种类多。如果采用相同截面的杆件，则要浪费一些材料，但杆件在结点连接方便，杆件统一，制作方便。所以工程上一般采用相同截面的弦杆，广泛用于轻型桁架中，而不会造成较大的浪费。

（2）三角形桁架的内力分布也不均匀，上、下弦杆的内力，靠近支座递增，支座处最大。腹杆的内力靠近支座递减。支座端结点处弦杆间夹角很小，构造复杂。但它有较大的

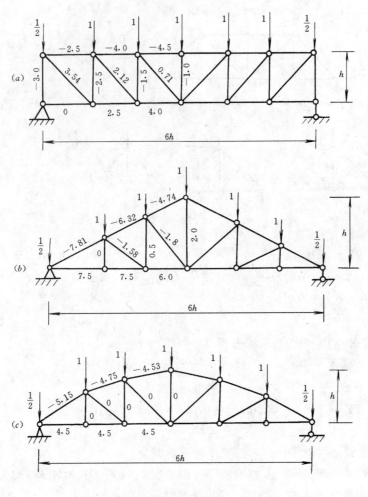

图 6-39

坡度，便于排水，适合屋顶结构的要求，广泛用于屋架结构中。木屋架应用的最多。

（3）抛物线型桁架的内力分布均匀，受力比较合理。桁架外形十分接近均布荷载作用下简支梁的弯矩图的形状。但上弦杆转折较多，制作较困难。因为能节约较多材料，多用于大跨度屋架（18～30m）和桥梁（100～150m）结构或其它组合结构中。

§6-8　各种结构形式及悬索的受力特点

前面讨论了几种典型的静定结构形式，如梁、刚架、拱、桁架等结构的内力计算问题。对多跨梁和伸臂梁，利用梁在支座处的悬出产生的负弯矩，可以减少梁跨中的正弯矩。对刚架、拱等有水平推力的结构，利用水平推力可以减少结构的弯矩峰值。对三铰拱在给定荷载作用下，可以采用合理轴线，使结构处于无弯矩状态。对桁架，利用杆件的铰接及结点作用荷载，可以使桁架中的所有杆件只受轴力作用。

为了对几种不同的结构形式受力特点进行分析比较，在图 6-40 中给出它们在相同跨度和相同荷载作用下（全跨受均布荷载 q）的主要内力值。

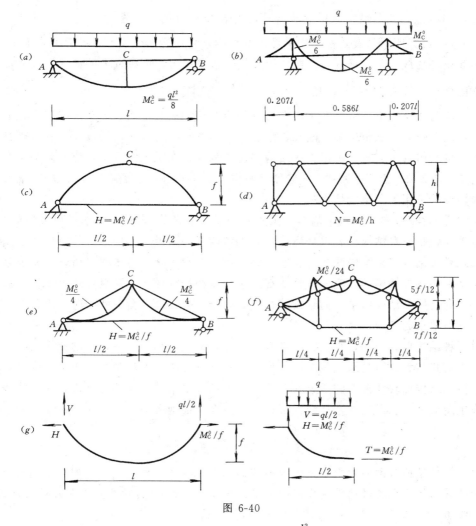

图 6-40

图 6-40（a）所示简支梁，跨中最大弯矩是 $M_C^0 = \dfrac{ql^2}{8}$

图 6-40（b）所示伸臂梁，为使跨中和支座处弯矩相等，两端应伸出 $0.207l$。这时支座和跨中的最大弯矩下降至 $\dfrac{M_C^0}{6}$。

图 6-40（c）所示带拉杆的抛物线三铰拱，由于采用了合理拱轴线，拱处于无弯矩状态，拉力 $H = \dfrac{M_C^0}{f}$。

图 6-40（d）所示梁式桁架，在结点荷载作用下，各杆只受轴力作用，处于无弯矩状态，中间下弦杆拉力为 $N = \dfrac{M_C^0}{h}$。

图 6-40（e）所示带拉杆的三角屋架，推力为 $H = \dfrac{M_C^0}{f}$，由于推力的作用，上弦杆的最大弯矩下降至 $\dfrac{M_C^0}{4}$。

图 6-40（f）所示组合结构，为使上弦杆的结点处负弯矩与杆中处正弯矩正好相等。取

$f_1=\dfrac{5f}{12}$，$f_2=\dfrac{7f}{12}$。此时最大弯矩下降至$\dfrac{M_{\mathrm{C}}^{0}}{24}$。中间下弦杆的拉力为$H=\dfrac{M_{\mathrm{C}}^{0}}{f}$。

图 6-40（g）所示悬索结构。悬索是柔性结构，它只能承受拉力，在均布荷载作用下，它的轴线是抛物线。对于悬索，若要减少支座的水平拉力，可通过增加悬索的垂度f来实现。支座处水平拉力$H=\dfrac{M_{\mathrm{C}}^{0}}{f}$，竖向拉力$V=\dfrac{ql}{2}$，跨中拉力$T=H$。

从上述对比分析中，可以看出，在跨度和荷载相同的条件下。简支梁的弯矩最大，伸臂梁、静定多跨梁、三角屋架、刚架、组合结构的弯矩次之。而桁架以及具有合理轴线的三铰拱、悬索的弯矩为零。根据这些结构的受力特点，在工程实际中，简支梁多用于小跨度结构中。伸臂梁、静定多跨梁、三铰刚架、组合结构多用于跨度较大的结构中。桁架、具有合理轴线的拱用于大跨度结构中。

悬索受力合理，悬索结构中的钢索可采用高强度钢索，比普通钢能承受更大的荷载。结构的自重轻，是所有结构形式中最轻的。对大跨度结构来说，结构的自重是它所承受的最大荷载。悬索结构与拱结构的受力状态正好相反，但它不会发生压屈。所以悬索通常用于超大跨度结构，如桥梁等。超大跨桥梁都采用悬索桥结构形式，跨度可达上千米。悬索也常用于大跨度屋面结构体系，但悬索结构也有弱点，如在改变荷载状态时变形较大、不够稳定、锚固要求高等。

对各种结构形式来说，它们都有各自的优点和缺点，都有经济合理的使用范围。简支梁虽然受弯矩较大，但其施工简单，制作方便，在工程中仍广泛使用。桁架结构虽然受力合理，但结点构造较复杂，施工上有些不便。拱结构要求基础能承受推力，它的曲线形式也给施工造成不便。所以在选择结构形式时要综合全面地考虑。

小 结

（1）构件某横截面的内力，是以该横截面为界，构件两部分之间的相互作用力。当构件所受的外力作用在通过构件轴线的同一平面内时，一般说，横截面上的内力有轴力N、剪力Q、弯矩M、且N、Q、M都处在外力作用面内。

（2）求内力的基本方法是截面法。截面法就是第四章中讲述的求解平衡问题的方法：以假想截面截割构件（结构）为二部分，取其中一部分为分离体，用平衡方程求解截割面上的内力。

为计算方便，对内力的正负号作出了规定。画受力图时，内力应按正向画出。

（3）一般情况下，不同横截面的内力值不同。将横截面的内力沿构件轴线变化的情况用图形表示出来，此图形称为内力图。内力图是设计的依据。

a. 作内力图的基本方法是写出内力函数，作出函数图形。即以截面位置作为变量x，内力表示为变量x的函数，用截面法求内力函数$N(x)$、$Q(x)$、$M(x)$，画出其函数图形。求内力函数时，通常要根据荷载情况在构件上分段进行。

b. 应用弯矩、剪力、分布荷载集度的关系，以及应用叠加法，能够很方便的绘制出内力图。表 6-1 中所总结的规律应理解并熟练掌握。

（4）作刚架内力图的基本方法也是截面法。首先将刚架拆成杆件，求各杆件的杆端内力，分别作出各杆件的内力图，然后，将各杆的内力图合并在一起，得到刚架的内力图。

值得注意的是：

a. 弯矩不作符号规定，弯矩图一律画在杆件受拉一侧。剪力图、轴力图可画在杆件的任意一侧，但必须标出其正、负号。

b. 结点应满足平衡条件。

（5）三铰拱的内力计算，就是用截面法求曲杆的内力。为便于应用，将内力计算结果引用相应梁的弯矩和剪力表示。这样，求三铰拱的内力归结为，求水平推力和相应梁的弯矩、剪力，然后代入式（6-7）～（6-9）即可。

（6）桁架是由轴力杆组成的结构。求桁架内力的基本方法是结点法和截面法。前者以结点为研究对象，用平面汇交力系的平衡方程求解内力；后者以桁架的一部分为研究对象，用平面任意力系的平衡方程求解内力。

结点法实质也是截面法，只不过选用的截面是围绕结点的封闭曲线截面。无论采用哪种方法，画受力图时一律假定杆件受拉。

思　考　题

6-1　什么是截面法？截面内力的符号是如何规定的？

6-2　弯矩、剪力、分布荷载集度之间有何关系？它在绘制内力图中有何应用？

6-3　如果刚架的某结点上只有两个杆件，且无外力偶作用，结点上两杆的弯矩有何关系？如有外力偶作用，这种关系存在吗？

6-4　拱的特点是什么？计算三铰拱的内力与计算三铰刚架的内力有何共同点和不同点？

6-5　试判断图示桁架的零杆。

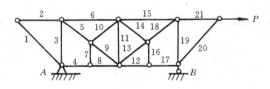

图思 6-5

习　题

6-1　求图示各杆 1-1 和 2-2 横截面上的轴力并作轴力图。

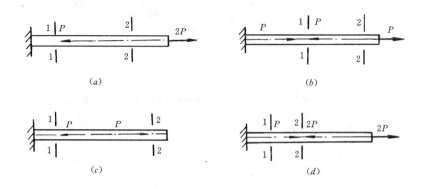

图题 6-1

6-2　求下列各梁的指定截面上的剪力和弯矩。

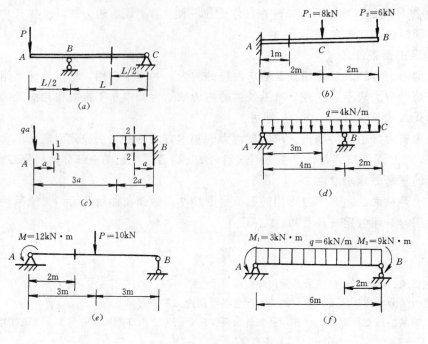

图题 6-2

6-3 求下列各梁中 1-1 及 2-2 截面上的剪力和弯矩。

图题 6-3

6-4 用写内力函数的方法画下列各梁的剪力图和弯矩图。

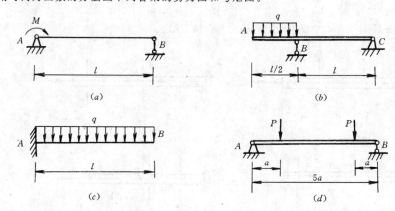

图题 6-4

6-5 作下列各梁的剪力图和弯矩图。

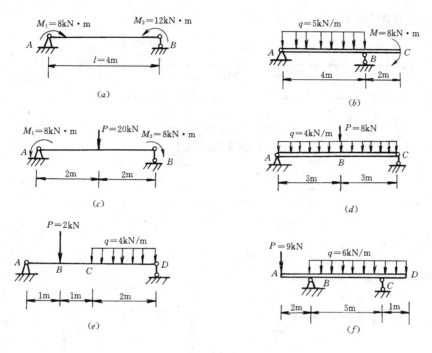

图题 6-5

6-6 简支梁上作用有三角形分布荷载，画此梁的剪力图和弯矩图。

6-7 作图示斜梁的剪力图和弯矩图。

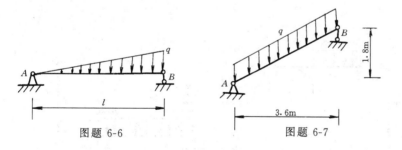

图题 6-6　　　　　　　　图题 6-7

6-8 试根据弯矩、剪力与荷载集度之间的关系指出图示剪力图和弯矩图的错误。

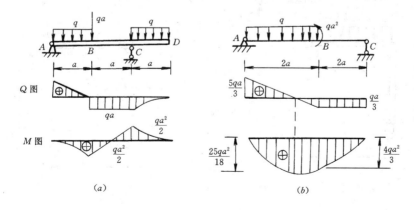

图题 6-8

6-9 用叠加法作各梁的弯矩图。

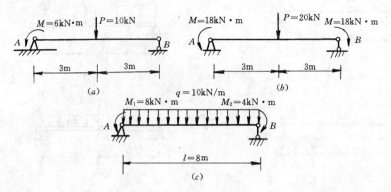

图题 6-9

6-10 作图示刚架的内力（M、Q、N）图。

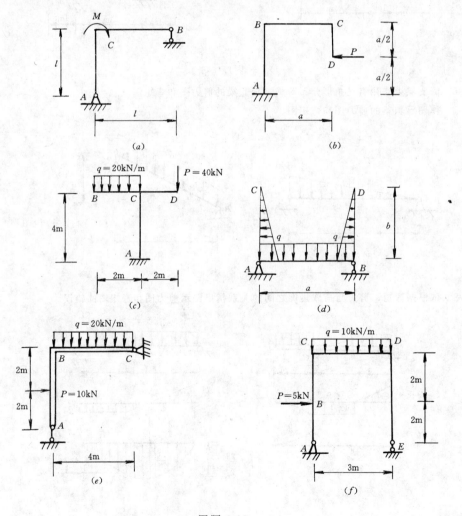

图题 6-10

6-11 验证图示弯矩图是否正确。若有错误给予改正。

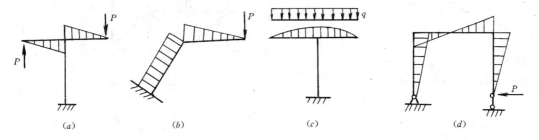

(a)   (b)   (c)   (d)

图题 6-11

6-12 作图示结构的内力（M、Q、N）图。

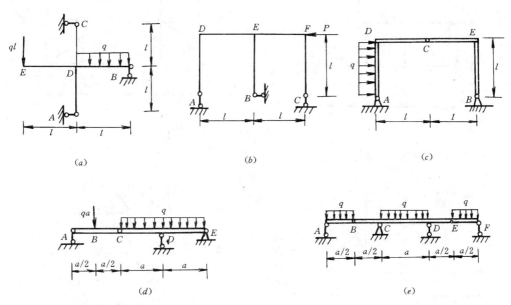

(a)   (b)   (c)

(d)   (e)

图题 6-12

6-13 作图示刚架的内力（M、Q、N）图。

6-14 求图示圆弧拱的支座反力，并求 K 截面的内力（M、Q、N）。

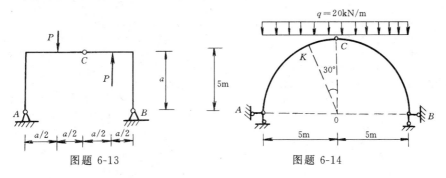

图题 6-13   图题 6-14

6-15 求图示抛物线拱的支座反力，并求截面 D 和 E 的内力。

6-16 计算图示桁架各杆的内力。

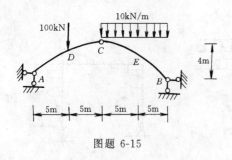

图题 6-15

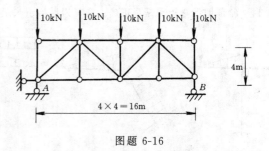

图题 6-16

6-17 求桁架指定杆的内力。

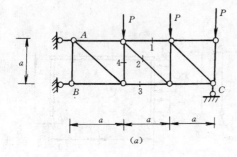

(a)

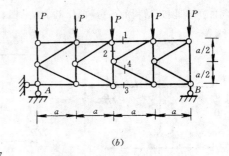

(b)

图题 6-17

6-18 求图示桁架指定杆的内力。

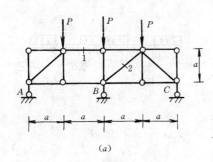

(a)

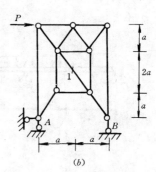

(b)

图题 6-18

第七章 轴向拉伸与压缩

§7-1 轴向拉伸与压缩的概念及实例

拉伸和压缩是杆件的基本变形形式之一。在工程结构中，由于荷载作用而产生轴向拉伸或压缩变形的杆件是常见的。图 7-1 (a) 所示桁架式屋架中，每一根杆均是受拉或受压的杆件。图 7-1 (b) 所示的拱结构屋架中，拉杆 AB 也是一受拉杆件。在进行力学分析和结构设计时，受拉或受压杆件所受的外力，作用在杆件的轴线上。图 7-1 (c) 所示的受力状态，使杆件产生伸长变形，称为**轴向拉伸**。若图 7-1 (c) 中的这对外力是指向杆件端面的，杆件的变形称为**轴向压缩**。

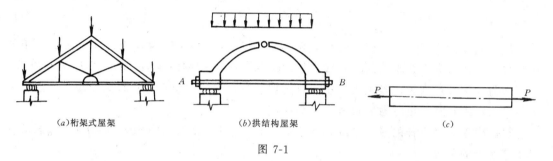

(a)桁架式屋架　　　　　(b)拱结构屋架　　　　　　　(c)

图 7-1

§7-2 直杆横截面上的正应力

在第六章讨论了构件的内力，从中可知轴向受拉（压）杆的内力为轴力 N。在这里将引入一个新的概念——应力。为了引出这个概念，举一个例子。图 7-2 (a) 所示的变截面杆件，AB 段的横截面面积 A_2 大于 BC 段的横截面面积 A_1，且两段的材料相同。在荷载 P 的作用下，各截面的内力相同。但若杆件要发生破坏，破坏必将发生在 BC 段。因为 BC 段的横截面面积小，单位面积上所受的内力比 AB 段大。由此可见，仅知道横截面上的内力是不能解决杆件的强度问题的，还必须知道内力在杆的横截面上的分布情况，或者说，需要知道横截面上内力分布的集度。

横截面上的内力分布的集度称为**应力**，轴向受拉（压）杆件的应力是与横截面正交的，称为**正应力**，用符号 "σ" 表示。

为了找出内力在杆横截面上的分布规律，常用的方法是通过实验手段，观测构件的变形规律，再据此推导出应力的计算公式。下面，就用这种方法来建立轴向受拉

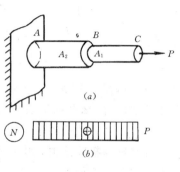

图 7-2

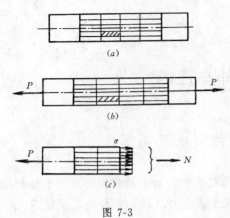

图 7-3

（压）杆横截面上的正应力计算公式。

取图 7-3（a）所示的等直杆，在杆件的外表面画上一系列与轴线平行的纵向线和与轴线垂直的横向线。加轴向拉力 P 后，杆发生变形，所有的纵向线均产生同样的伸长，所有的横向线均仍保持为直线，且仍与轴线正交（图 7-3b）。

根据上述实验现象，对杆件的内部的变形可做出如下假设：杆在变形以前的横截面，变形以后仍保持为平面，且仍与轴线垂直。这个假设称为"平面假设"。

如果将杆件设想成由无数根纵向"纤维"所组成，则由平面假设可知，任意两横截面间的所有纤维的伸长均相同，由此推断它们所受的力也相等。因此，横截面上各点处的正应力 σ 大小相等（图 7-3（c））。若杆的轴力为 N，横截面面积为 A，则正应力为

$$\sigma = \frac{N}{A} \tag{7-1}$$

应力的单位为帕斯卡（简称帕），1 帕＝1 牛顿/米^2，或表示为：$1Pa=1N/m^2$。由于此单位较小，以后常用兆帕（MPa）或吉帕（GPa）表示，$1MPa=10^6Pa$，$1GPa=10^9Pa$。

应力的符号规则为：当轴力为正号（拉伸）时，正应力取正号，称为拉应力；当轴力为负号（压缩）时，正应力取负号，称为压应力。

【例 7-1】 一直杆的受力情况如图 7-4 所示，直杆的横截面面积为 $A=10cm^2$，试求各段横截面上的正应力。

【解】 （一）用截面法求出各段轴力：

$$N_{AB} = 100kN$$

$$N_{BC} = -50kN$$

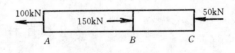

图 7-4

（二）由式（7-1）计算各段的正应力值为

$$\sigma_{AB} = \frac{N_{AB}}{A} = \frac{100 \times 10^3}{10 \times 10^{-4}} = 100MPa$$

$$\sigma_{BC} = \frac{N_{BC}}{A} = \frac{-50 \times 10^3}{10 \times 10^{-4}} = -50MPa$$

§7-3 容许应力、强度条件

对于如图 7-5 所示的杆件，按轴向拉（压）杆横截面上的正应力计算式 $\sigma=N/A$，当力 P 逐渐增加时，横截面上的正应力也不断加大。无论杆是何种材料制成，总有一个应力极限值，当应力达到此极限值时，杆件就要发生破坏。对某种材料来说，应力的这个极限值称为这种材料的极限应力，用 σ_{jx} 表示。在工程设计中，显然不能用极限应力作为设计标准，应该有一定的安全储备。所以，规定一个比极限应力小得多的应力作为设计依据，该应力称

容许应力，用符号 $[\sigma]$ 表示，

$$[\sigma] = \frac{\sigma_{jx}}{n} \qquad (7-2)$$

式中 $n > 1$，称为安全系数。

各种材料的容许应力值一般可在有关的设计规范中查得。几种常用材料的容许应力值在表 7-1 中给出。

在工程实际中，要保证杆件安全可靠地工作，就必须使杆件内的最大应力 $\sigma_{\max}$ 满足条件 $\sigma_{\max} \leqslant [\sigma]$。最大应力所在截面称为**危险截面**，对于等截面受拉（压）杆件，最大应力就发生在内力最大那个截面，因此，杆件安全工作应满足的条件是：

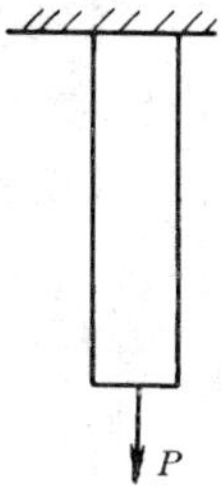

图 7-5

$$\sigma_{\max} = \frac{N_{\max}}{A} \leqslant [\sigma] \qquad (7-3)$$

这就是拉（压）杆的强度条件。针对不同的具体情况，应用式（7-3）可以解决三种不同类型的强度计算问题。

几种常用材料的容许应力值 表 7-1

材 料 名 称	应 力 种 类		
	$[\sigma_+]$	$[\sigma_-]$	$[\tau]$
低 碳 钢	152～167	152～167	93～98
合 金 钢	211～238	211～238	127～142
铸 铁	28～78	118～147	—
混 凝 土	0.098～0.69	0.98～8.8	—
木材（顺纹）	6.9～9.8	8.8～12	0.98～1.27

注：① $[\sigma_+]$ 为容许拉应力；$[\sigma_-]$ 为容许压应力；$[\tau]$ 为容许剪应力。

② 表中所列应力单位为 MPa。

1. 校核杆的强度

已知杆的材料、尺寸（即已知 $[\sigma]$ 和 A）和所承受的荷载（即已知内力 $N_{\max}$），可用式（7-3）校核构件是否满足强度要求。若满足强度要求，则应有

$$\frac{N_{\max}}{A} \leqslant [\sigma]$$

否则就要增大截面面积 A，或减小轴力 $N_{\max}$。

2. 选择杆的截面

已知杆的材料和所承受的荷载（即已知 $[\sigma]$ 和 $N_{\max}$），根据强度条件可求出杆件所需的横截面面积 A。按式（7-3）有

$$A \geqslant \frac{N_{\max}}{[\sigma]}$$

3. 确定杆的容许荷载

已知杆的材料、尺寸（即已知 $[\sigma]$ 和 A），根据强度条件可求出杆的最大容许承载。按式（7-3）有

$$N_{\max} \leqslant A[\sigma]$$

【例 7-2】　一直杆的受力情况如图 7-6 所示。直杆的横截面面积 $A=10\text{cm}^2$，材料的容许应力 $[\sigma]=160\text{MPa}$，试校核杆的强度。

【解】　（一）画出轴力图，确定危险截面。CD 段的内力最大

$$N_{max}=150\text{kN}$$

（二）根据强度条件式（7-3）进行强度校核

$$\sigma_{max}=\frac{N_{max}}{A}=\frac{150\times10^3}{10\times10^{-4}}=150\text{MPa}<[\sigma]$$

满足强度要求。

【例 7-3】　三角形吊架如图 7-7a 所示，其杆 AB 和 BC 均为圆截面钢杆。已知荷载 $P=150\text{kN}$，容许应力 $[\sigma]=160\text{MPa}$，试确定钢杆直径 d。

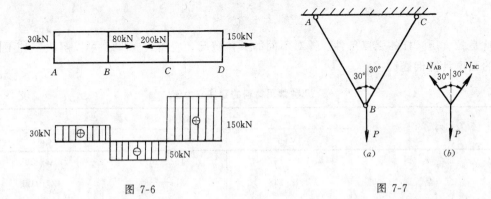

图 7-6　　　　　　　　　　图 7-7

【解】　（一）取结点 B 为分离体，受力图如图 b 所示。列出平衡方程，求轴力：

$$\Sigma X=0$$
$$N_{AB}\sin30°-N_{BC}\sin30°=0$$
$$N_{AB}=N_{BC}=N$$
$$\Sigma Y=0$$
$$2N\cos30°-P=0$$

$$N=\frac{P}{2\cos30°}=\frac{150\times10^3}{2\cos30°}=86.6\text{kN}$$

（二）根据强度条件确定截面尺寸

$$A\geqslant\frac{N}{[\sigma]}$$

所以　　　　$$d\geqslant\sqrt{\frac{4N}{\pi[\sigma]}}=\sqrt{\frac{4\times86.6\times10^3}{3.14\times160\times10^6}}=2.63\times10^{-2}\text{m}=26.3\text{mm}$$

刚好满足强度条件时所对应的面积为最合理面积，故取 $d=26.3\text{mm}$。

【例 7-4】　三角形支架如图 7-8a 所示，在节点 B 处受垂直荷载 P 作用。已知杆 1，2 的横截面面积均为 $A=100\text{mm}^2$，容许拉应力为 $[\sigma_+]=200\text{MPa}$，容许压应力为 $[\sigma_-]=150\text{MPa}$。试求允许荷载 P。

【解】　（一）取结点 B 为分离体，受力如图 7-8（b）所示。列出平衡方程：

$$\Sigma X = 0$$
$$N_2 - N_1 \cos 45° = 0 \qquad (1)$$
$$\Sigma Y = 0$$
$$N_1 \sin 45° - P = 0 \qquad (2)$$

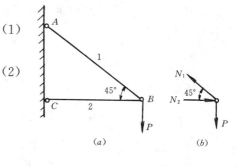

图 7-8

解联立方程（1）、（2），得：
$$N_1 = \sqrt{2}\,P \qquad (拉)$$
$$N_2 = P \qquad (压)$$

（二）根据强度条件确定最大允许荷载 P

$$N \leqslant [\sigma] A$$

将 $N_1 = \sqrt{2}\,P$ 代入上式，

$$\sqrt{2}\,P \leqslant [\sigma_+] \cdot A$$

由此得：

$$P \leqslant \frac{A[\sigma_+]}{\sqrt{2}} = \frac{100 \times 10^{-6} \times 200 \times 10^{6}}{1.414} = 14144 \text{N}$$
$$= 14.14 \text{kN}$$

将 $N_2 = P$ 代入上式，

$$P \leqslant \sigma_-] \cdot A = 150 \times 10^{6} \times 100 \times 10^{-6} = 15 \text{kN}$$

刚好满足强度条件时所对应的荷载即为支架所能承受的最大允许荷载。若使两杆都能满足此条件，应取 $P = 14.14 \text{kN}$。

§7-4 轴向拉伸或压缩时的变形

一、纵向变形、线应变

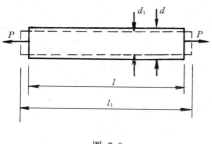

图 7-9

轴向拉伸或压缩杆件的变形主要是纵向伸长或缩短，相应横向尺寸也略有缩小或增大，如图 7-9 中虚线所示。在此我们只讨论它的主要方面，即纵向变形。

图 7-9 所示的受拉杆件，原长为 l，施加一对轴向拉力 P 后，其长度增至 l_1，则杆的纵向伸长为

$$\Delta l = l_1 - l \qquad (7-4)$$

它给出了杆的总伸长量。

为进一步了解杆的变形程度，在杆各部分都是均匀伸长的情况下，可求出每单位长度内杆的轴向伸长，称为轴向线应变，以 ε 表示，其值为

$$\varepsilon = \frac{\Delta l}{l} \qquad (7-5)$$

因为 Δl 与 l 具有相同量纲，所以线应变 ε 无量纲。由式（7-4）及（7-5）不难看出，Δl 及 ε 在拉伸时为正值，在压缩时为负值。

二、虎克定律

实验表明，工程中使用的大多数材料在受力不超过一定范围时，都处在弹性变形阶段。

在此范围内，轴向拉、压杆件的伸长或缩短 Δl 与轴力 N 和杆长 l 成正比，与横截面面积 A 成反比，即

$$\Delta l \propto \frac{Nl}{A}$$

引入比例常数 E，则有

$$\Delta l = \frac{Nl}{EA} \qquad\qquad (7\text{-}6)$$

这一比例关系，称为虎克定律。式中：比例常数 E 称为弹性模量，它反映了材料抵抗拉（压）变形的能力。EA 称为杆件的抗拉（压）刚度，对于长度相同、受力相同的杆件，EA 值愈大，则杆的变形 Δl 愈小；EA 值愈小，则杆的变形 Δl 愈大。因此，抗拉（压）刚度 EA，反映了杆件抵抗拉（压）变形的能力。

若将式（7-6）改写为

$$\frac{\Delta l}{l} = \frac{1}{E} \cdot \frac{N}{A}$$

并将正应力 $\sigma = \frac{N}{A}$ 及线应变 $\varepsilon = \frac{\Delta l}{l}$ 代入，则可得出虎克定律的另一表达式

$$\varepsilon = \frac{\sigma}{E} \qquad\qquad (7\text{-}7)$$

式（7-6）和式（7-7）是虎克定律的两种表达形式，它揭示了材料在弹性范围内，力与变形或应力与应变之间的物理关系。

弹性模量 E 是一个重要的弹性常数，一般通过实验来测定。表 7-2 给出几种常用材料的 E 值。

几种常用材料的 E 值　　　　　　　　　　　　表 7-2

材　　料	低 碳 钢	合 金 钢	铸　　铁	混 凝 土	木材（顺纹）
E　　值	196～216	196～216	59～162	15～35	10～12

注：E 值的量钢为 GPa。

【例 7-5】　　一直杆的受力情况如图 7-10 所示，已知杆的横截面面积 $A=10\text{cm}^2$，材料的弹性模量 $E=2\times10^5\text{MPa}$，试求杆的总变形量。

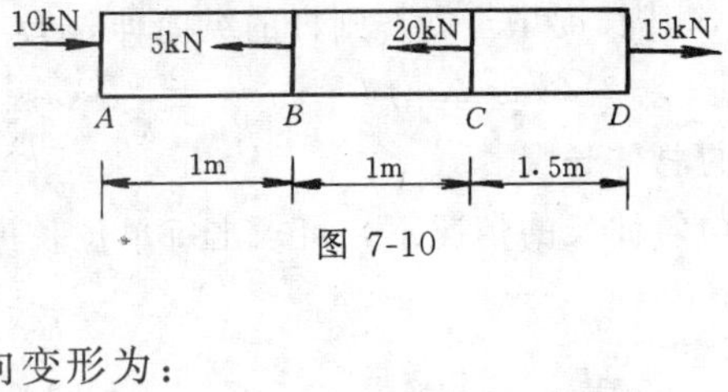

图 7-10

【解】　　先求出杆的各段轴力。

$$N_{AB} = -10\text{kN}$$
$$N_{BC} = -5\text{kN}$$
$$N_{CD} = 15\text{kN}$$

根据轴向变形公式（7-5）分别计算各段的轴向变形为：

$$\Delta l_{AB} = \frac{N_{AB} \cdot l_{AB}}{EA} = \frac{-10\times10^3\times1}{2\times10^5\times10^6\times10\times10^{-4}}$$
$$= -0.05\text{mm}$$

$$\Delta l_{BC} = \frac{N_{BC} \cdot l_{BC}}{EA} = \frac{-5\times10^3\times1}{2\times10^5\times10^6\times10\times10^{-4}}$$

$$= -0.025\text{mm}$$

$$\Delta l_{CD} = \frac{N_{CD} \cdot l_{CD}}{EA} = \frac{15 \times 10^3 \times 1.5}{2 \times 10^5 \times 10^6 \times 10 \times 10^{-4}}$$

$$= 0.113\text{mm}$$

总变形为：

$$\Delta l_{AD} = \Delta l_{AB} + \Delta l_{BC} + \Delta l_{CD}$$

$$= -0.05 - 0.025 + 0.113 = 0.038\text{mm}$$

【例 7-6】 梯形杆如图 7-11 所示，已知 AB 段面积为 $A_1 = 10\text{cm}^2$，BC 段面积为 $A_2 = 20\text{cm}^2$，材料的弹性模量 $E = 2 \times 10^5\text{MPa}$，试求杆的总变形量。

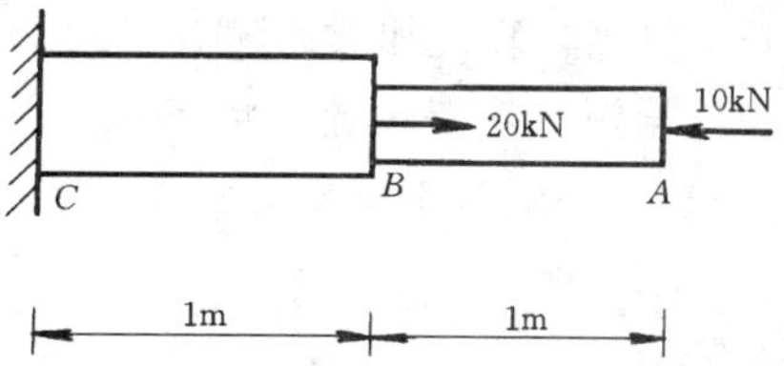

【解】 AB、BC 段内力分别为：

$$N_{AB} = -10\text{kN}$$

$$N_{BC} = 10\text{kN}$$

图 7-11

根据（7-6）式，分别计算各段的变形为：

$$\Delta l_{AB} = \frac{N_{AB} \cdot l_{AB}}{EA_1} = \frac{-10 \times 10^3 \times 1}{2 \times 10^5 \times 10^6 \times 10 \times 10^{-4}}$$

$$= -0.05\text{mm}$$

$$\Delta l_{BC} = \frac{N_{BC} \cdot l_{BC}}{EA_2} = \frac{10 \times 10^3 \times 1}{2 \times 10^5 \times 10^6 \times 20 \times 10^{-4}}$$

$$= 0.025\text{mm}$$

总变形量为：

$$\Delta l_{AD} = \Delta l_{AB} + \Delta l_{BC}$$

$$= -0.05 + 0.025 = -0.025\text{mm（缩短）}$$

§7-5　材料的力学性质

在解决构件的强度，刚度及稳定性问题时，必须要研究材料的力学性质。所谓力学性质，是指材料在受力和变形过程中所表现出的性能特征。前面提到的材料破坏时的极限应力 σ_{jx}，及弹性模量 E 都属于材料的性能特征标志。

材料的力学性能是通过试验来测定的，试验在常温（一般室温）、静载（由零逐渐增加）条件下进行。

工程中所使用的材料一般可分为两大类：

塑性材料：如低碳钢、铜、铝等；

脆性材料：如铸铁、石料、玻璃等。

本节主要介绍这两类材料中比较典型的低碳钢和铸铁在拉伸和压缩试验中所表现出的力学性能。

一、拉伸时的力学性能

1. 低碳钢（塑性材料）的拉伸试验

低碳钢在拉伸试验中所反映出来的力学现象较为全面，典型，只要我们很好地掌握了这个典型试验，其它材料的力学性能大都可通过比较而了解。

　　试验采用图 7-12 所示的圆截面标准试件。在试件等截面段中部取一段长度作为工作段，该段长度 l 称为标距，在试验时只测量工作段的变形。如以 d 代表试件截面的直径，工作段长度通常取为 $l=5d$ 或 $l=10d$，称为 5 倍试件或 10 倍试件。

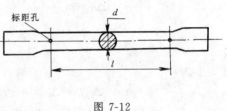

图 7-12

　　试验时，将试件两端装入试验机的夹头内，然后开动机器，缓慢加载。随着荷载 P 的增加，试件逐渐伸长，直到试件被拉断为止，一般试验机均附有绘图装置，能自动给出荷载 P 与伸长量 Δl 间的关系曲线，称为拉伸图。图 7-13（a）即为低碳钢试件的拉伸图。

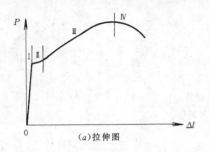

（a）拉伸图

　　拉伸图中 P 与 Δl 的对应关系与试件尺寸有关。例如，如果标距 l 加大，则由同一荷载引起的伸长量 Δl 也要变大。为消除试件尺寸的这种影响，我们用应力 $\sigma=P/A$ 作为纵坐标，用应变 $\varepsilon=\Delta l/l$ 作为横坐标，就可将拉伸图改造成应力——应变图（图 7-13b），所得曲线则称为 σ-ε 曲线。

　　无论从拉伸图或应力——应变图都可以看出，低

Ⅰ：弹性阶段　　Ⅱ：屈服阶段
Ⅲ：强化阶段　　Ⅳ：颈缩阶段

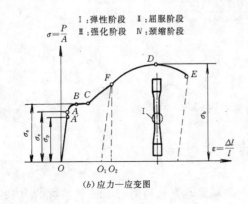

（b）应力—应变图

σ_p——比例极限　　σ_e——弹性极限
σ_s——屈服极限　　σ_b——强度极限

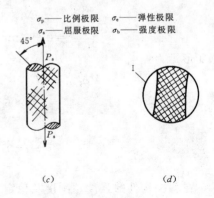

（c）　　　　　（d）

图 7-13

碳钢的整个拉伸过程可分为四个阶段：

　　a. 弹性阶段（OA 段）

　　此时试件的变形是弹性的。弹性变形的特点是，卸载后变形完全消失。图中 A 点的应力 σ_e 称为弹性极限。在弹性范围内的 OA' 段为一直线。即应力与应变成正比，材料变形服从虎克定律 $\sigma=E\varepsilon$。OA 段中直线部分的最高点 A' 的应力 σ_p 称为比例极限。对于低碳钢 $\sigma_p \approx \sigma_e$，约等于 200MPa。因此，习惯上粗略地认为虎克定律在弹性范围内成立。

　　b. 屈服阶段（BC 段）

　　此阶段的特点是，应力几乎不变，而变形却急剧增长。这种现象称为屈服或流动。屈服时的应力 σ_s 称为屈服极限。对于低碳钢，$\sigma_s \approx 240$MPa。当材料屈服时，在试件表面将出

现与轴线约成 45°角的线纹，如图 7-13c 所示。此线纹称为滑移线。屈服阶段的变形主要是塑性变形。一般认为，金属材料产生塑性变形是由于金属晶体滑移的结果。

c. 强化阶段（CD 段）

在此阶段材料又恢复了对变形的抵抗能力，即欲使材料继续变形，必须增加相应的荷载。这种现象称为强化。强化阶段的最高点 D 的应力 σ_b 称为强度极限。强度极限是材料所能承受的最大应力。一般低碳钢的强度极限 $\sigma_b \approx 400\text{MPa}$。

d. 颈缩阶段（DE 段）

应力达到强度极限的同时，试件的某一局部开始出现横截面显著缩小，如图 7-13d 所示。这种现象称为颈缩。颈缩现象出现后，继续拉伸时所需荷载迅速减少，最后导致试件断裂。

上述每一阶段都是由量变到质变的过程。比例极限 σ_p、屈服极限 σ_s、强度极限 σ_b 是反映材料力学性能的重要特征值。σ_p 是材料处于弹性状态的标志；σ_s 是材料发生较大塑性变形的标志；σ_b 是材料最大抵抗能力的标志。

2. 塑性指标

工程中用试件拉断后的残余变形来表示材料的塑性性能。常用的塑性指标为材料的延伸率 δ，δ 按下式计算：

$$\delta = \frac{l_1 - l}{l} \times 100\% \qquad (7-8)$$

式中　l——试件标距的原长；

　　　l_1——试件断裂后的标距长度。

延伸率 δ 是衡量材料塑性变形程度的重要指标。δ 值愈大，材料的塑性性能愈好。一般低碳钢的延伸率 $\delta = 20 \sim 30\%$。在工程中，通常将延伸率 $\delta \geqslant 5\%$ 的材料称为塑性材料；延伸率 $\delta < 5\%$ 的材料称为脆性材料。如低碳钢，低合金钢等均属塑性材料；铸铁、砖石和混凝土等均属脆性材料。

截面收缩率 ψ 也是衡量材料塑性的指标，它按下式计算：

$$\psi = \frac{A - A_1}{A} \times 100\% \qquad (7-9)$$

式中　A——试件原来的横截面面积；

　　　A_1——试件断裂后断口处的最小横截面面积。

一般低碳钢的截面收缩率 $\psi \approx 60\% \sim 70\%$。

3. 冷作硬化

若将试件拉伸到超过弹性范围后的任一点，例如图 7-13b 中的 F 点，然后逐渐撤力，在卸载过程中试件的应力、应变沿着与 OA' 平行的直线 FO_1 返回到 O_1 点。OO_1 则为卸载后不能恢复的塑性应变。我们对已有塑性变形的试件再重新加载，则应力、应变沿着卸载直线 O_1F 上升，到 F 点后仍沿曲线 FDE 发展直到断裂。通过这种预拉，材料的比例极限提高到了 F 点。而断裂时的塑性应变则比原来少了 OO_1 这一段。这种现象称为冷作硬化。在七建工程中对钢筋的冷拉，就是利用这个现象，提高材料的强度指标。

4. 铸铁的拉伸试验（脆性材料）

从铸铁拉伸时的应力—应变图（图 7-14）可以看出，试件断裂前没有屈服阶段，也没有颈缩现象。这是一般脆性材料所具有的共同特性。从图中还可看出，铸铁在伸长很小的情况下就已断裂，而钢材在断裂前会出现很大的变形。这是塑性材料和脆性材料的明显区别。

二、压缩时的力学性能

将短粗圆柱形试件放在压力试验机上进行压缩试验。

低碳钢压缩时的应力——应变曲线如图 7-15 (a) 所示。可以看出，在屈服阶段以前，压缩曲线与拉伸曲线基本重合，压缩时的比例极限、屈服极限与拉伸时基本相同。但在屈服极限以后，图形与拉伸时则大不相同，受压时 σ-ε 曲线不断上升，原因是试件的横截面在压缩过程中不断增大，试件由圆柱形变成鼓形，又渐变成饼形，愈压愈扁（图 7-15 (b)）。故无法测出低碳钢受压时的强度极限。一般来说，塑性材料在压缩实验中都具有上述特点。

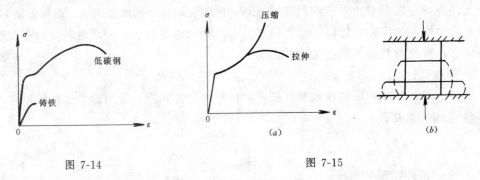

图 7-14

图 7-15

铸铁压缩时的应力——应变曲线如图 7-16 (a) 所示。和拉伸曲线相似，但抗压强度极限远高于抗拉强度极限。这也是脆性材料的共同特点。铸铁试件压缩时的破裂断口与轴线约成 45°角（图 7-16 (b)）。

三、容许应力的确定

在 §7-3 节中建立拉（压）杆的强度条件时用到了容许应力 $[\sigma]$，通常是把材料破坏时的极限应力 σ_{jx} 除以大于 1 的安全系数 n 作为容许应力 $[\sigma]$，即

$$[\sigma] = \frac{\sigma_{jx}}{n}$$

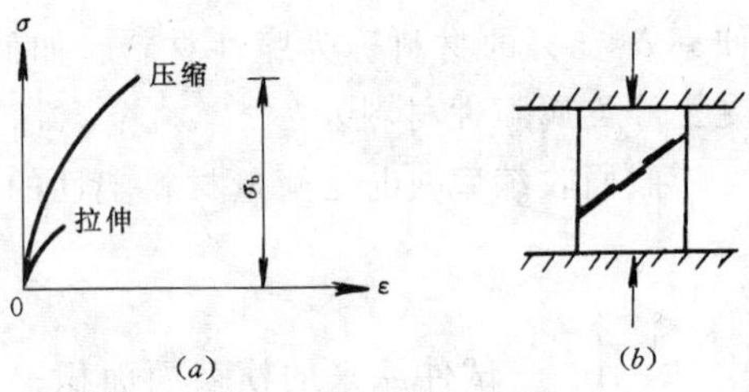

图 7-16

对于塑性材料，当应力达到屈服极限 σ_s 时将会发生显著的塑性变形。显然，构件若发生显著的塑性变形是难以正常工作的，因此，对塑性材料是以屈服极限 σ_s 作为极限应力 σ_{jx}。即塑性材料的容许应力为：

$$[\sigma] = \frac{\sigma_s}{n}$$

对于脆性材料，当应力达到强度极限 σ_b 时发生断裂，因此，对脆性材料是以强度极限 σ_b 作为极限应力 σ_{jx}。即脆性材料的容许应力为：

$$[\sigma] = \frac{\sigma_b}{n}$$

为了确定容许应力，还要根据不同的工作情况合理地选定安全系数 n。一般来说，对于塑性材料，可取 $n=1.5\sim2$；对于脆性材料，可取 $n=2\sim3$。

小   结

1. 轴向拉伸与压缩是杆件基本变形形式之一。内容似乎较为简单,但涉及许多重要的基本概念,这些概念在以后的学习、工作中是必不可少的。

2. 注意理解应力的概念。内力的集度即为应力,对轴向拉(压)构件,单位面积上的内力即为应力。

3. 要熟练掌握和运用正应力公式及强度条件,这是本章的重点。

a. 求任一横截面上的正应力 $\qquad \sigma = \dfrac{N}{A}$

b. 校核强度 $\qquad \sigma_{max} = \dfrac{N_{max}}{A} \leqslant [\sigma]$

c. 选择截面 $\qquad A \geqslant \dfrac{N_{max}}{[\sigma]}$

d. 确定容许荷载 $\qquad N_{max} \leqslant [\sigma] \cdot A$

4. 虎克定律 $\sigma = E\varepsilon$(或 $\Delta l = \dfrac{Nl}{EA}$)是一个基本定律,它揭示了在比例极限范围内应力与应变的关系。在学习时要注意理解它的意义,并运用它求轴向拉(压)杆的变形。

5. 低碳钢的拉伸试验是一个典型试验。要对低碳钢的应力——应变图有全面的理解。要很好地领会比例极限 σ_p、弹性极限 σ_e、屈服极限 σ_s、强度极限 σ_b、弹性模量 E、延伸率 δ 等力学指标的物理意义。其中反映强度特征的是屈服极限 σ_s 和强度极限 σ_b,反映材料塑性特征的主要是延伸率 δ。

思 考 题

7-1 什么是应力?应力与内力有何区别?又有何联系?

7-2 什么是平面假设?作此假设的根据是什么?为什么推导横截面上的正应力时必须先作出这个假设?

7-3 什么是强度条件?根据强度条件可以解决工程实际中的哪些问题?

7-4 何谓"危险截面"?根据什么来确定构件的危险截面?

7-5 虎克定律有几种表达形式?它的适用范围是什么?何谓抗拉(压)刚度?

7-6 低碳钢在拉伸过程中表现为几个阶段?有哪几个特征值,各代表何含意?

7-7 怎样区别塑性材料和脆性材料?试比较塑性材料和脆性材料的力学性能。

7-8 如何理解材料的极限应力、容许应力。塑性材料和脆性材料的容许应力是如何确定的?

习   题

7-1 求图示杆件在指定截面上的应力。已知横截面面积 $A=400\text{mm}^2$。

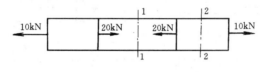

图题 7-1

7-2 图示变截面圆杆,其直径分别为:$d_1=20\text{mm}$;$d_2=10\text{mm}$。试求其横截面上的正应力大小的比值。

7-3　图示中段开槽正方形杆件，已知 $a=200$mm，$P=100$kN，试画出全杆的轴力图，并求出各段横截面上的正应力。

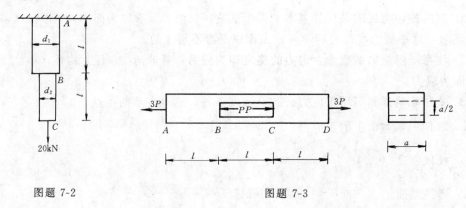

图题 7-2　　　　　　　　　　　　　　　　图题 7-3

7-4　上题中，若 $P=750$kN，材料的容许应力 $[\sigma]=160$MPa，试校核杆的强度。

7-5　三角构架如图所示，AB 杆的横截面面积为 $A_1=10$cm^2，BC 杆的横截面面积为 $A_2=6$cm^2，若材料的容许拉应力为 $[\sigma_+]=40$MPa，容许压应力为 $[\sigma_-]=20$MPa，试校核其强度。

7-6　图示构架中，杆 1、2 的横截面均为圆形，直径分别为：$d_1=30$mm；$d_2=20$mm。两杆件材料相同，容许应力 $[\sigma]=160$MPa。在节点 B 处受铅垂方向的荷载 P 作用，试确定荷载 P 的最大允许值。

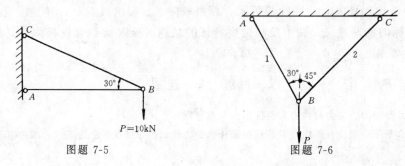

图题 7-5　　　　　　　　　　　　　　　　图题 7-6

7-7　图示结构中，拉杆 AB 为圆截面钢杆，若 $P=20$kN，材料的允许应力 $[\sigma]=120$MPa，试设计 AB 杆的直径。

7-8　在题 7-3 中，若杆件长度 $l=1$m，材料的弹性模量 $E=2\times10^5$MPa，试求杆的总变形。

7-9　在题 7-2 中，若杆件长度 $l=0.5$m，材料的弹性模量 $E=2\times10^5$MPa，试求杆的总变形。

7-10　图示杆件，横截面面积 $A=400$mm^2，材料的弹性模量 $E=2\times10^5$MPa，试求各段的变形、应变及全杆的总变形。

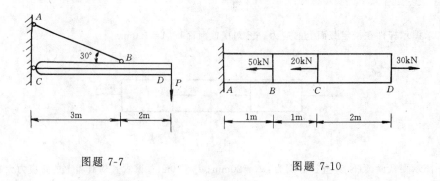

图题 7-7　　　　　　　　　　　　　　　　图题 7-10

第八章　剪　切　和　扭　转

§8-1　剪切的概念及实例

剪切是杆件的基本变形形式之一，当杆件受大小相等、方向相反、作用线相距很近的一对横向力作用（图 8-1（a））时，杆件发生剪切变形，此时，两个力作用线之间的各横截面都发生相对错动（图 8-1（b））。这些横截面称为剪切面，剪切面的内力为剪力，与之相应的应力称为剪应力，用符号 τ 表示。

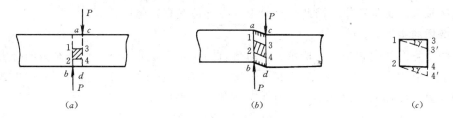

图 8-1

若在力作用面 ab 与 cd 之间取一小矩形来观察变形前后的情况（图 8-1（c）），可以看到 34 面相对于 12 面有了微小的错动，13 面和 24 面均转动了一个 γ 角。剪切角 γ 是对剪切变形的一个度量标准，称为剪应变。实验结果指出，当剪应力不超过材料的剪切比例极限 τ_p 时，剪应力 τ 与剪应变 γ 成正比例关系：

$$\tau = G\gamma \tag{8-1}$$

这就是剪切虎克定律。式中的比例常数 G 称为材料的剪切弹性模量。

剪切变形主要发生在连接构件中。工程实际中常用的连接形式如图 8-2 所示。图（a）为螺栓连接；图（b）为铆钉连接；图（c）为榫连接；图（d）为键块连接等。这些将两个或

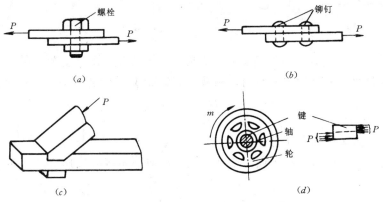

图 8-2

多个部件连接起来的连接接头是否安全，对整个连接结构的安全起着重要的作用。

§8-2　连接接头的强度计算

在连接构件中，铆接和螺栓连接是较为典型的连接方式。它的强度计算对其它连接形式也具有普遍意义。下面我们就以铆接为例来说明连接构件的强度计算。

对图 8-3（a）所示的铆接结构，实践分析表明，它的破坏可能有下列三种形式：

（1）铆钉沿剪切面 m-m 被剪断（图 8-3（b））；

（2）由于铆钉与连接板的孔壁之间的局部挤压，使铆钉或板孔壁产生显著的塑性变形，从而使结构失去承载能力（图 8-3（c））；

（3）连接板沿被铆钉孔削弱了的 n-n 截面被拉断（图 8-3（d））。

上述三种破坏形成均发生在连接接头处。若要保证连接结构能安全正常地工作，首先要保证连接接头的正常工作。因此，要对上述三种情况进行强度计算。

一、剪切的实用计算

铆钉的受力图如图 8-3（b）所示，板对铆钉的作用力是分布力，此分布力的合力等于作用在板上的力 P。用一假想截面沿剪切面 m-m 将铆钉截为上、下两部分，暴露出剪切面的内力 Q（图 8-4（a））。取其中一部分为分离体，由平衡方程 $\Sigma X = 0$ 有

$$P - Q = 0, \quad Q = P$$

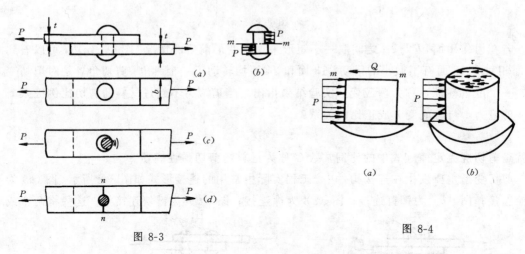

图 8-3　　　　　　　　　　　　　　　　图 8-4

剪力 Q 分布作用在剪切面上（图 8-4（b）），剪应力 τ 的分布十分复杂。在工程计算中通常假设剪应力在剪切面上是均匀分布的，用剪切面的面积 A 除剪力 Q，得到剪应力

$$\tau = \frac{Q}{A} \tag{8-2}$$

这样得到的平均剪应力又称作名义剪应力。

为了保证连接件在工作时不被剪断，受剪面上的剪应力不得超过连接件材料的容许剪应力 $[\tau]$，即要求

$$\tau = \frac{Q}{A} \leqslant [\tau] \tag{8-3}$$

式 (8-3) 称为剪切强度条件。容许剪应力 $[\tau]$ 等于连接件的极限剪应力 τ_b 除以安全系数 n。试验表明，对于钢连接件的容许剪应力 $[\tau]$ 与容许正应力 $[\sigma]$ 之间，有如下关系：

$$[\tau] = (0.6 \sim 0.8)[\sigma]$$

二、挤压的实用计算

连接构件在受剪切的同时，还伴随有挤压的现象。在铆钉与连接板相互接触的表面上，因挤压而产生的应力称为挤压应力。挤压应力的分布也是比较复杂的。铆钉与铆钉孔壁之间的接触面为圆柱形曲面，挤压应力 σ_C 的分布如图 8-5 (a) 所示，其最大值发生在 A 点，在直径两端 B、C 处等于零。要精确计算这样分布的挤压应力是比较困难的。在工程计算中，通常假设挤压应力是作用在挤压面的正投影面上，且是均匀分布的（图 8-5 (b)）。用挤压面的正投影面积 A_C 除挤压力 P_C 得到挤压应力

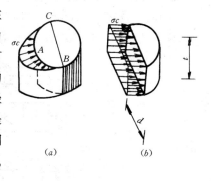

图 8-5

即
$$\sigma_C = \frac{P_C}{A_C} \qquad (8-4)$$

式中，$A_C = d \cdot t$；$P_C = P$。这样得到的平均挤压应力又称作名义挤压应力。

为了防止挤压破坏，挤压面上的挤压应力不得超过连接件材料的容许挤压应力 $[\sigma_C]$，即要求

$$\sigma_C = \frac{P_C}{A_C} \leqslant [\sigma_C] \qquad (8-5)$$

式 (8-5) 称为挤压强度条件。容许挤压应力 $[\sigma_C]$ 等于连接件的挤压极限应力除以安全系数。试验表明，对于钢连接件的容许挤压应力 $[\sigma_C]$ 与容许正应力 $[\sigma]$ 之间，有如下关系：

$$[\sigma_C] = (1.7 \sim 2.0)[\sigma]$$

三、连接板的强度计算

由于铆钉孔削弱了连接板的横截面面积，使连接板的抗拉强度受到影响。将图 8-3 (d) 所示连接板沿 n-n 截面截开，横截面面积和受力情况如图 8-6 所示。假设截面上的正应力均匀分布，则连接板应满足的强度条件为：

$$\sigma = \frac{P}{A} \leqslant [\sigma] \qquad (8-6)$$

式中 $A_j = (b-d)\,t$ 为被削弱截面的净截面面积。

应该说明的是，横截面上的拉应力 σ 事实上并不是均匀分布的。而是在孔口附近应力很大，稍稍离开这个区域，应力又趋于均匀分布（图 8-7）。实验和分析结果表明，当构件截面尺寸有突变时，在截面突变附近的局部小范围内应力数值急剧增加。这种由于截面尺寸突然改变而在局部区域出现应力急剧增大的现象称为应力集中。

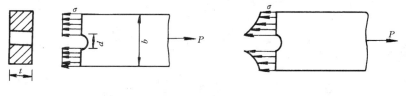

图 8-6   图 8-7

应力集中对塑性材料影响不很大。但对脆性材料，应力集中将大大降低构件的强度。为防止或减小应力集中的不利影响，应尽可能地不使杆的截面尺寸发生突然变化。而采用平缓过渡的方式。对必要的孔洞则应尽量配置在低应力区内。

【例 8-1】 两块钢板用三个直径相同的铆钉连接，如图 8-8（a）所示。已知钢板宽度 $b=100\text{mm}$；厚度 $t=10\text{mm}$；铆钉直径 $d=20\text{mm}$；铆钉容许剪应力 $[\tau]=100\text{MPa}$；容许挤压应力 $[\sigma_c]=300\text{MPa}$；钢板容许拉应力 $[\sigma]=160\text{MPa}$。试求容许荷载 P。

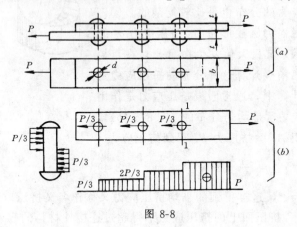

图 8-8

【解】 （一）按剪切强度条件求 P。

由于各铆钉的材料和直径均相同，且外力作用线通过铆钉群受剪面的形心，可以假定各铆钉所受剪力相同。因此，铆钉及连接板的受力情况如图 8-8（b）所示。每个铆钉所受剪力为

$$Q=\frac{P}{3}$$

根据剪切强度条件式（8-3）

$$\tau=\frac{Q}{A}\leqslant[\tau]$$

由此可得剪力

$$Q\leqslant[\tau]\cdot A$$

即

$$P\leqslant 3[\tau]\frac{\pi d^2}{4}$$

$$=3\times100\times10^6\times\frac{3.14}{4}\times20^2\times10^{-6}$$

$$=94.2\text{kN}$$

（二）按挤压强度条件求 P。

由上述分析可知，每个铆钉承受的挤压力为：

$$P_c=\frac{P}{3}$$

根据挤压强度条件式（8-5）

$$\sigma_c=\frac{P_c}{A_c}\leqslant[\sigma_c]$$

由此可得： $P_c\leqslant[\sigma_c]A_c$

126

即：
$$P \leqslant 3[\sigma_C]A_C = 3[\sigma_C]dt$$
$$= 3 \times 300 \times 10^6 \times 20 \times 10 \times 10^{-8}$$
$$= 180\text{kN}$$

（三）按连接板抗拉强度条件求 P。

由于上下盖板的厚度及受力是一样的，所以分析其一即可。图 8-8b 所示的是上盖板受力情况及轴力图。1-1 截面内力最大而截面积最小，为危险截面，根据式（8-6）

$$\sigma = \frac{N_{1\text{-}1}}{A_{1\text{-}1}} \leqslant [\sigma]$$

由此可得：
$$N_{1\text{-}1} \leqslant [\sigma]A_{1\text{-}1}$$

即
$$P \leqslant [\sigma](b - d)t = 160 \times 10^6 \times (100 - 20) \times 10 \times 10^{-6}$$
$$= 128\text{kN}$$

根据以上计算结果，应选取最小的荷载值作为此连接结构的容许荷载。故取

$$[P] = 94.2\text{kN}$$

本例中构件用三个铆钉连接，一般情况下，构件用 n 个铆钉连接，则每个铆钉所受的剪力和挤压力应分别为

$$Q = \frac{P}{n}; \quad P_C = \frac{P}{n}$$

本例中每个铆钉只有一个剪切面，一般称为"单剪"。工程中，每个铆钉有两个剪切面的情况也是常见的。

【例 8-2】 两块钢板用铆钉对接，如图 8-9（a）所示。已知主板厚度 $t_1 = 15\text{mm}$；盖板厚度 $t_2 = 10\text{mm}$；主板和盖板的宽度 $b = 150\text{mm}$；铆钉直径 $d = 25\text{mm}$。铆钉的容许应力为 $[\tau] = 100\text{MPa}$；$[\sigma_C] = 300\text{MPa}$；钢板容许拉应力 $[\sigma] = 160\text{MPa}$。若拉力 $P = 300\text{kN}$，试校核此铆接是否安全。

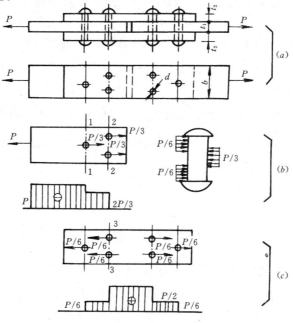

图 8-9

【解】 （一）铆钉的强度校核

剪切强度校核：

此结构为对接接头。铆钉和主板、盖板的受力情况如图 8-9 (b)、(c) 所示。每个铆钉有两个受剪面，通常把这种情况叫做"双剪"。每个铆钉的剪切面所承受的剪力为

$$Q = \frac{P}{2n} = \frac{P}{6}$$

根据剪切强度条件式（8-3）

$$\tau = \frac{Q}{A} = \frac{P/6}{\frac{\pi}{4}d^2} = \frac{300 \times 10^3}{6 \times \frac{3.14}{4} \times 2.5^2 \times 10^{-6}}$$

$$= 101.9\text{MPa} > [\tau]$$

超过容许剪应力 1.9%，一般工程允许误差 ±5%，故安全。

挤压强度校核：

由于每个铆钉有两个剪切面，铆钉有三段受挤压，上、下盖板厚度相同，所受挤压力也相同。而主板厚度为盖板的 1.5 倍，所受挤压力却为盖板的 2 倍，故应校核铆钉中段挤压强度。

根据挤压强度条件式（8-5）

$$\sigma_C = \frac{P_C}{A_C} = \frac{P/3}{dt_1} = \frac{300 \times 10^3}{3 \times 25 \times 15 \times 10^{-6}}$$

$$= 266.67\text{MPa} < [\sigma_C]$$

剪切、挤压强度校核结果表明，铆钉安全。

（二）连接板的强度校核

为了校核连接板的强度，我们分别画出一块主板和一块盖板的受力图及轴力图。如图 8-9 (b)、(c) 所示。

主板在 1～1 截面所受轴力 $N_{1\text{-}1} = P$，为危险截面。根据式（8-6）

$$\sigma_{1\text{-}1} = \frac{N_{1\text{-}1}}{A_{j_1}} = \frac{P}{(b-d)t_1}$$

$$= \frac{300 \times 10^3}{(150-25) \times 15 \times 10^{-6}} = 160\text{MPa} = [\sigma]$$

主板在 2-2 截面所受轴力 $N_{2\text{-}2} = \frac{2}{3}P$，但横截面也较 1-1 截面为小，所以也应校核：

$$\sigma_{2\text{-}2} = \frac{N_{2\text{-}2}}{A_{j_2}} = \frac{2P/3}{(b-2d)t_1}$$

$$= \frac{2 \times 300 \times 10^3}{3 \times (150 - 2 \times 24) \times 15 \times 10^{-6}}$$

$$= 133.33\text{MPa} < [\sigma]$$

盖板在 3-3 截面受轴力 $N_{3\text{-}3} = \frac{P}{2}$，横截面被两个铆钉孔削弱，应校核：

$$\sigma_{3\text{-}3} = \frac{N_{3\text{-}3}}{A_{j_3}} = \frac{P/2}{(b-2d)t_2}$$

$$= \frac{300 \times 10^3}{2 \times (150 - 2 \times 25) \times 10 \times 10^{-6}}$$

$$= 150 \text{MPa} < [\sigma]$$

结果表明，连接板安全。

§8-3 扭转的概念及实例

扭转变形是杆件的基本变形之一。当杆件受到作用面垂直于杆件轴线的、等值、反向的两力偶作用时，杆件发生扭转变形（图 8-10）。此时，截面 B 相对于截面 A 转了一个角度 φ，φ 称为**扭转角**；同时，杆件表面上的纵向线也旋转了一个角度 γ。

使杆件产生扭转变形的力偶矩 M_T 称为外扭矩。有时外扭矩 M_T 不是直接给出的，如传动轴所受扭矩，通常是根据已知的传递功率 T 和轴的转速 n 给出：

$$M_T = 9.55 \times \frac{T}{n} \quad \text{kN} \cdot \text{m} \tag{8-7}$$

式中　T——功率（千瓦）；

　　　n——转速（转/分）。

在工程中，尤其在机械工程中，受扭杆件是很多的，如汽车方向盘的操纵杆和主驱动轴（图 8-11 (a)）；各种机械的传动轴（8-11 (b)）；钻杆（图 8-11 (c)）等等。这种圆轴扭转时的强度及刚度问题是本章要讨论的主要问题。

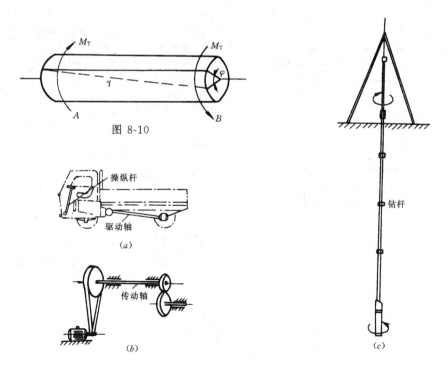

图 8-10

（a）

（b）

图 8-11

§8-4 扭矩的计算、扭矩图

当杆受到外扭矩作用发生扭转变形时,在杆的横截面上产生相应的内力,称为**扭矩**,用符号 M_n 表示。扭矩的常用单位是牛顿·米(N·m)或千牛顿·米(kN·m)。

扭矩 M_n 可用截面法求出。如图 8-12(a)所示圆轴 AB 受外扭矩 M_T 作用,若求任意截面 m-m 上的内力,可假想将杆沿截面 m-m 切开,任取一段(例如左段)为分离体(图 8-12(b)),根据平衡条件,所有力对杆件轴线 x 之矩的代数和等于零。

$$\Sigma M_x = 0$$

有

$$M_n - M_T = 0$$

求得

$$M_n = M_T$$

扭矩的符号一般规定为:从截面的外法线向截面看,逆时针转为正号,顺时针转为负号。

为了形象地表示扭矩沿杆轴线的变化情况,可仿照第六章介绍过的作轴力图的方法,绘制扭矩图(8-12(d))。绘图时,沿轴线方向的横坐标表示横截面的位置,垂直于轴线的纵坐标表示扭矩的数值。习惯上将正号的扭矩画在横坐标轴的上侧,负号的扭矩画在横坐标轴的下侧。

【例 8-3】 试作出图 8-13(a)所示圆轴的扭矩图。

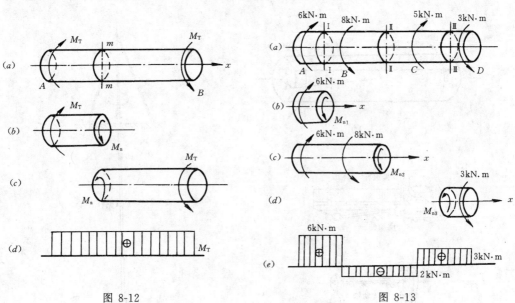

图 8-12   图 8-13

【解】 (一)用截面法分别求出各段上的扭矩

假想在截面 Ⅰ-Ⅰ 处将轴切开,取左段为分离体(图 8-13b),根据平衡方程

$$\Sigma M_x = 0, \quad M_{n1} - 6 = 0$$

求得

$$M_{n1} = 6 \text{kN} \cdot \text{m}$$

假想在截面 Ⅱ-Ⅱ 处将轴切开,仍取左段为分离体(图 8-13c)。根据

$$\Sigma M_x = 0 \quad M_{n2} + 8 - 6 = 0$$

求得
$$M_{n2} = -2\text{kN} \cdot \text{m}$$

假想在截面Ⅲ-Ⅲ处将轴切开，取右段为分离体（图 8-13d）。根据

$$\Sigma M_x = 0 \quad M_{n3} - 3 = 0$$

求得
$$M_{n3} = 3\text{kN} \cdot \text{m}$$

（二）根据求出的各段扭矩值，绘出扭矩图如图 8-13（e）所示。

§8-5　圆轴扭转时的应力和变形

推导扭转时的应力计算公式与推导拉（压）杆正应力计算公式的方式类似，也是从实验入手，观测实验现象，找出变形规律，提出关于变形的假设，并据此导出应力和变形的计算公式。

一、实验现象的观察与分析

如图 8-14（a）所示实心圆杆，在圆杆的表面画上一些与杆轴线平行的纵向线和与杆轴线垂直的圆周线，将杆表面划分为许多小矩形。然后在杆的两端施加外扭矩 M_T，杆发生扭转变形如图 8-14（b）所示。观测到下列实验现象：

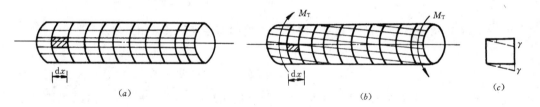

图 8-14

（1）各圆周线都不同程度地绕杆轴转了一个角度，且大小、形状均没有改变，间距也没有变。

（2）所有纵向线都倾斜同一个角度 γ；所有的小矩形都发生了歪斜，变成平行四边形（图 8-14（c））。

对上述实验现象可作如下分析：

（1）由圆周线的大小、形状均没有改变这一现象，我们可以设想，在扭转变形过程中，圆轴的横截面象刚性圆盘一样仍保持为平面，只是绕杆轴线转动了一个角度。这就是对圆轴扭转变形所作的平面假设。

（2）因为圆周线的间距不变，所以杆件轴线的长度既没有伸长也没有缩短。由此可推断，圆轴扭转时横截面上没有正应力。

（3）由于纵向线的倾斜，所有的小矩形都发生了歪斜而变成平行四边形，其左、右两个横截面间产生相对的平行错动，即产生剪应变 γ（图 8-14（c））。这说明横截面上有剪应力 τ 存在。

（4）剪应变 γ 反应两横截面间的相对旋转错动，所以剪应力的方向垂直于半径。

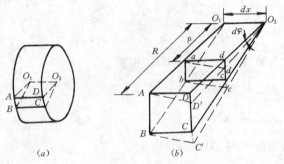

图 8-15

根据对上述实验现象的观察和分析，我们就可以综合考虑变形的几何关系和物理关系，从而得到横截面上的剪应力分布规律。然后再结合静力学关系来建立圆轴扭转时的应力和变形的计算公式。

二、圆轴扭转时的应力计算

1. 几何方面

从图 8-14（a）所示的圆轴中取一微段 dx，并从中切取一楔形体 O_1O_2ABCD（图 8-15（a）），则其变形如图 8-15（b）所示。圆轴表层的矩形 $ABCD$ 变为平形四边形 $ABC'D'$；与轴线相距为 ρ 的矩形 $abcd$ 变为平行四边形 $abc'd'$，即产生剪切变形。

此楔形体左、右两端面间的相对扭转角为 $d\varphi$，矩形 $abcd$ 的剪应变用 γ_ρ 表示，则由图中可以看出

$$\gamma_\rho \approx \text{tg}\gamma_\rho = \frac{\overline{dd'}}{\overline{ad}} = \frac{\rho d\varphi}{dx}$$

即

$$\gamma_\rho = \rho \frac{d\varphi}{dx} \qquad (a)$$

式中的 $\dfrac{d\varphi}{dx}$ 是扭转角 φ 沿杆长的变化率，即单位长度的扭转角，通常用 θ 表示，即 $\theta = \dfrac{d\varphi}{dx}$。于是

$$\gamma_\rho = \theta \cdot \rho \qquad (b)$$

对于同一横截面，θ 为一常数，可见剪应变 γ_ρ 与 ρ 成正比，沿圆轴的半径按直线规律变化。

2. 物理方面

由剪切虎克定律可知，在弹性范围内剪应力

$$\tau = G\gamma$$

将式（a）代入上式，得到横截面上与轴线相距为 ρ 处的剪应力为

$$\tau_\rho = G\rho\theta \qquad (c)$$

式（c）表明，圆轴横截面上的扭转剪应力 τ_ρ 与 ρ 成正比，即剪应力沿半径方向按直线规律变化。在与圆心等距离的各点处，剪应力值均相同。据此可绘出实心圆截面轴剪应力沿半径方向的分布图（图 8-16）。

3. 静力学方面

上面已解决了横截面上剪应力的变化规律，但还不能直接按（b）式来确定剪应力的大小，这是因为（b）式中的 $\dfrac{d\varphi}{dx}$ 与扭矩 M_n 间的关系尚不知道。这可从静力学方面来解决。

如图 8-17 所示，在与圆心相距为 ρ 的微面积 dA 上，作用有微剪力 $\tau_\rho dA$，它对圆心 O 的微力矩为 $\rho \cdot \tau_\rho dA$。在整个横截面上，所有这些微力矩之和应等于该截面的扭矩 M_n，因此

$$\int_A \rho \cdot \tau_\rho dA = M_n$$

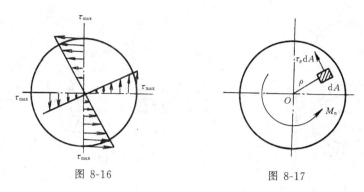

图 8-16   图 8-17

将 (c) 式代入得

$$\int_A G\theta\rho^2\mathrm{d}A = G\theta\int_A \rho^2\mathrm{d}A = M_\mathrm{n} \qquad (d)$$

式 (d) 中的积分 $\int_A \rho^2\mathrm{d}A$ 是只与圆截面形状、尺寸有关的一个几何量，称为横截面的**极惯性矩**，用 I_n 表示，即

$$I_\mathrm{n} = \int_A \rho^2\mathrm{d}A$$

于是 (d) 式可写为

$$\theta = \frac{M_\mathrm{n}}{GI_\mathrm{n}} \qquad (e)$$

将 (e) 式代入 (c) 式得

$$\tau = \frac{M_\mathrm{n}}{I_\mathrm{n}} \cdot \rho \qquad (8\text{-}8)$$

这就是圆轴扭转时横截面上的剪应力计算公式。

式中　M_n——横截面上的扭矩；

　　　I_n——圆截面对圆心的极惯性矩；

　　　ρ——所求应力点至圆心的距离。

实践证明，以上就实心圆轴扭转得到的应力计算公式对空心圆轴也适用。只是空心圆轴的极惯性矩 I_n 与实心圆轴的不同。

实心圆轴和空心圆轴（图 8-18）的极惯性矩分别为

实心圆轴 $$I_\mathrm{n} = \frac{\pi d^4}{32}$$

空心圆轴 $$I_\mathrm{n} = \frac{\pi D^4}{32} - \frac{\pi d^4}{32}$$

$$= \frac{\pi}{32}(D^4 - d^4)$$

三、圆轴扭转时的变形计算

由 (e) 式知道，单位长度的扭转角为：

$$\theta = \frac{\mathrm{d}\varphi}{\mathrm{d}x} = \frac{M_\mathrm{n}}{GI_\mathrm{n}}$$

则

$$\mathrm{d}\varphi = \frac{M_\mathrm{n}}{GI_\mathrm{n}}\mathrm{d}x$$

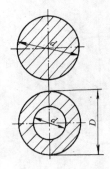

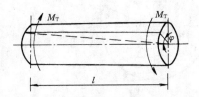

图 8-18   图 8-19

式中，GI_n 为常量，若在杆长 l 范围内 M_n 不变（图 8-19），将两边取积分

$$\int_0^\varphi \mathrm{d}\varphi = \frac{M_n}{GI_n}\int_0^l \mathrm{d}x$$

得

$$\varphi = \frac{M_n l}{GI_n} \tag{8-9}$$

这就是计算扭转角的公式，式中 GI_n 称为抗扭刚度。扭转角 φ 的单位为弧度。

【例 8-4】 图示空心圆轴，外径 $D=40\text{mm}$，内径 $d=20\text{mm}$，杆长 $l=1\text{m}$，扭矩 $M_T=1\text{kN}\cdot\text{m}$。材料的剪切弹性模量 $G=80\text{GPa}$。试求：(a) $\rho=15\text{mm}$ 的 K 点处的剪应力 τ_k。(b) 横截面上的最大和最小剪应力。(c) A 截面相对 B 截面的扭转角 φ_{AB}。

【解】 首先计算极惯性矩

$$I_n = \frac{\pi}{32}(D^4 - d^4) = \frac{\pi}{32}(40^4 - 20^4)$$

$$= 235600\text{mm}^4$$

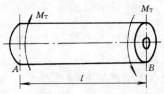

（一）根据圆轴扭转时的剪应力计算公式 (8-8) 及空心圆轴扭转时剪应力沿直径方向的变化规律，分别计算各点剪应力为

图 8-20

$$\tau_k = \frac{M_n}{I_n}\rho_k = \frac{1\times10^6}{0.2356\times10^6}\times15$$

$$= 63.67\text{MPa}$$

$$\tau_{max} = \frac{M_n}{I_n}\cdot\frac{D}{2} = \frac{1\times10^6}{0.2356\times10^6}\times20$$

$$= 84.89\text{MPa}$$

$$\tau_{min} = \frac{M_n}{I_n}\cdot\frac{d}{2} = \frac{1\times10^6}{0.2356\times10^6}\times10$$

$$= 42.44\text{MPa}$$

（二）根据圆轴扭转时扭转角的计算公式 (8-9) 计算 φ_{AB} 为

$$\varphi_{AB} = \frac{M_n l}{GI_n} = \frac{1\times10^3\times1}{80\times10^9\times0.2356\times10^{-6}}$$

$$= 0.053\text{rad}$$

§8-6　圆轴扭转时的强度条件和刚度条件

一、强度条件

为了保证圆轴受扭时不致因强度不够而破坏，必须使危险截面上的最大剪应力不超过材料的容许剪应力。根据剪应力的分布规律可知，最大剪应力发生在距轴心最远处，即

$$\tau_{max} = \frac{M_{n\max}}{I_n} \cdot \rho_{max} = \frac{M_{n\max}}{I_n / \rho_{max}}$$

$$= \frac{M_{n\max}}{W_n}$$

要保证不破坏应有

$$\tau_{max} = \frac{M_{max}}{W_n} \leqslant [\tau] \tag{8-10}$$

这就是圆轴扭转时的强度条件。式中 W_n 称为**抗扭截面模量**。容许剪应力 $[\tau]$ 根据材料扭转时的力学试验来确定。

实心圆轴和空心圆轴的抗扭截面模量为

实心圆轴

$$W_n = \frac{I}{\rho_{max}}$$

$$= \frac{\pi d^4 / 32}{d/2} = \frac{\pi d^3}{16}$$

空心圆轴

$$W_n = \frac{I_n}{\rho_{max}}$$

$$= \frac{\frac{\pi}{32}(D^4 - d^4)}{D/2}$$

$$= \frac{\pi}{16D}(D^4 - d^4)$$

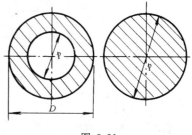

图 8-21

二、刚度条件

在研究圆轴扭转问题时，除考虑强度条件外，有时还需对扭转变形加以限制，使其不超过允许的范围，即

$$\theta_{max} = \frac{M_{n\max}}{GI_n} \leqslant [\theta] \tag{8-11}$$

这就是圆轴扭转时的刚度条件。式中 $[\theta]$ 是单位长度的容许扭转角，其单位为弧度/米（rad/m），具体数值可从有关设计手册中查到。

【**例 8-5**】　某钢轴的转速 $n = 250$ 转/分。传递功率 $T = 60kW$，容许剪应力 $[\tau] = 40MPa$，单位长度的容许扭转角 $[\theta] = 0.014rad/m$，材料的剪切弹性模量 $G = 80GPa$，试设计轴径。

【**解**】　（一）计算轴的扭矩

$$M_T = 9.55 \times \frac{T}{n} kN \cdot m = 9.55 \times \frac{60}{250}$$

$$= 2.3 kN \cdot m$$

（二）根据圆轴扭转时的强度条件，求轴径。由式（8-10）

$$W_n \geqslant \frac{M_n}{[\tau]}$$

得 $$d \geqslant \sqrt[3]{\frac{16M_n}{\pi[\tau]}} = \sqrt[3]{\frac{16 \times 2.3 \times 10^3}{3.14 \times 40}} = 0.0664\text{m}$$

（三）根据圆轴扭转时的刚度条件，求轴径。由式（8-11）

$$I_n \geqslant \frac{M_n}{G[\theta]}$$

得 $$d \geqslant \sqrt[4]{\frac{32M_n}{\pi G[\theta]}} = \sqrt[4]{\frac{32 \times 2.3 \times 10^3}{3.14 \times 80 \times 10^9 \times 0.014}} = 0.0676\text{m}$$

所以，应按刚度条件设计轴径，取 $d = 68\text{mm}$。

【例 8-6】 图示两圆轴用法兰上的 8 个螺栓联接。已知法兰边厚 $t = 2\text{cm}$。平均直径 $D = 20\text{cm}$，圆轴直径 $d = 10\text{cm}$，圆轴扭转时所能承受的最大剪应力 $\tau_{max} = 70\text{MPa}$。螺栓的容许剪应力 $[\tau] = 60\text{MPa}$，容许挤压应力 $[\sigma_C] = 120\text{MPa}$。试求螺栓直径 d_1 值。

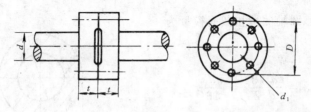

图 8-22

【解】 两圆轴扭转时要靠法兰上的 8 个螺栓传递转矩，使螺栓受剪。

通过已知的圆轴扭转时所能承受的最大剪应力 τ_{max}，可求出传递扭矩 M_T，通过 M_T 可求出每个螺栓所承受的剪力 Q，最后通过剪切强度条件和挤压强度条件确定螺栓直径 d_1。

（一）求扭矩 M_T

$$\tau_{max} = \frac{M_T}{W_n}$$

将 $\tau_{max} = 70\text{MPa}$ 代入上式，得

$$M_T = \frac{\pi \times 10^3}{16} \times 10^{-9} \times 70 \times 10^6$$

$$= 13.8 \times 10^3\text{N} \cdot \text{m}$$

（二）求每个螺栓承受的剪力 Q

8 个螺栓所受剪力乘以 $D/2$，即为圆轴传递扭矩 M_T

$$M_T = 8Q \times \frac{D}{2}$$

$$Q = \frac{M_T}{4D} = \frac{13.8 \times 10^3}{4 \times 20 \times 10^{-2}}$$

$$= 17.25 \times 10^3\text{N}$$

（三）按剪切强度条件和挤压强度条件确定螺栓直径 d_1

由剪切强度条件 $\tau = \frac{Q}{A} \leqslant [\tau]$ 确定直径

即
$$A \geqslant \frac{Q}{[\tau]}$$

$$\frac{\pi d_1^2}{4} \geqslant \frac{17.25 \times 10^3}{60 \times 10^6}$$

得
$$d_1 \geqslant 19.1\text{mm}$$

由挤压强度条件 $\sigma_{\mathrm{C}} = \dfrac{P_{\mathrm{C}}}{A_{\mathrm{C}}} \leqslant [\sigma_{\mathrm{C}}]$ 确定直径

即
$$A_{\mathrm{C}} \geqslant \frac{P_{\mathrm{C}}}{[\sigma_{\mathrm{C}}]}$$

$$d_1 \times 2 \times 10^{-2} \geqslant \frac{17.25 \times 10^3}{120 \times 10^6}$$

得
$$d_1 \geqslant 7.18\text{mm}$$

欲使所选螺栓直径 d_1 能同时满足剪切强度要求和挤压强度要求，故选用 $d_1 =$ 19.1mm。

小　　结

（1）剪切变形是杆件的基本变形之一。在研究受剪杆件时，应注意剪切变形杆件的内力、应力与轴向拉（压）杆件的内力、应力的区别。

a. 轴向拉（压）时的内力 N 的方向总是垂直于横截面；而剪切时的内力 Q 的方向总是作用于横截面内（图 8-23（a））。

b. 内力是以应力的形式分布在横截面上的。与轴力 N 对应的正应力 σ 的方向总是垂直于横截面（图 8-23（b））；与剪力 Q 对应的剪应力 τ 的方向总是于横截面内（图 8-23（c））。

（2）要熟练掌握铆接和螺栓连接构件的实用计算。为保证其正常工作，要满足三个条件：

a. 铆钉的剪切强度条件
$$\tau = \frac{Q}{A} \leqslant [\tau]$$

b. 铆钉或连接板钉孔壁的挤压强度条件
$$\sigma_{\mathrm{C}} = \frac{P_{\mathrm{C}}}{A_{\mathrm{C}}} \leqslant [\sigma_{\mathrm{C}}]$$

c. 连接板的抗拉强度条件
$$\sigma = \frac{N}{A_j} \leqslant [\sigma]$$

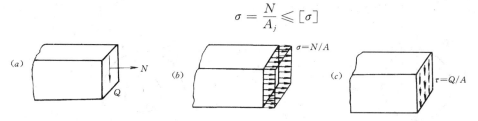

图 8-23

在求解此类问题的过程中，关键在于确定剪切面和挤压面。

（3）扭转变形也是杆件的基本变形之一。扭转时的内力是扭矩 M_n；应力是剪应力 τ；变形是扭转角 φ。

（4）要熟练掌握和运用圆轴扭转时的剪应力计算公式，强度条件；扭转角计算公式、刚度条件。

a. 任一横截面上，任一点的剪应力为　$\tau = \dfrac{M_n}{I_n}\rho$。

b. 强度条件为　$\tau_{max} = \dfrac{M_{nmax}}{W_n} \leqslant [\tau]$。

c. 某一截面相对另一截面的扭转角为 $\varphi = \dfrac{M_n l}{GI_n}$。要注意到，扭转角 φ 的计算式在形式上与轴向拉（压）变形的计算式 $\Delta l = \dfrac{Nl}{EA}$ 相似。

d. 刚度条件为　$\theta_{max} = \dfrac{M_n}{GI_n} \leqslant [\theta]$。

（5）极惯性矩 I_n 和抗扭截面模量 W_n 是两个十分重要的截面几何性质。对常用的实心圆截面和空心圆截面的 I_n、W_n 的计算式应记住。它们是

实心圆截面
$$I_n = \frac{\pi d^4}{32} \quad W_n = \frac{\pi d^3}{16}$$

空心圆截面
$$I_n = \frac{\pi}{32}(D^4 - d^4)$$

$$W_n = \frac{\pi}{16D}(D^4 - d^4)$$

思 考 题

8-1　什么是剪切变形？杆件在怎样的外力作用下会发生剪切变形？

8-2　剪应力 τ 与正应力 σ 的区别是什么？挤压应力 σ_c 和正应力 σ 又有何区别？

8-3　圆轴扭转时剪应力计算公式是怎样导出的？导出的计算式是怎样的？剪应力在横截面上是如何分布的。

8-4　空心圆轴的外径为 D，内径为 d，则其抗扭截面模量为
$$W_n = \frac{\pi D^3}{16} - \frac{\pi d^3}{16}$$
此式对否？为什么？

8-5　图示实心圆轴和空心圆轴，横截面面积相同，截面上受相同扭矩 M_n 作用，试画出剪应力分布规律图，从强度角度出发，试分析那种截面形式合理。

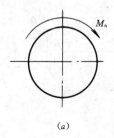

(a)

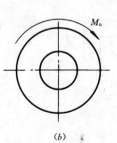

(b)

图思 8-5

8-6 何谓"扭转角"？其单位是什么？如何计算圆轴扭转时的扭转角？何谓"抗扭刚度"？圆轴扭转的刚度条件是如何建立的？

习　题

8-1　图示两块钢板，由一个螺栓联结。已知螺栓直径 $d=2.4$cm，每块板的厚度 $t=1.2$cm，拉力 $P=27$kN。螺栓容许剪应力 $[\tau]=6.0\times10^4$kPa，容许挤压应力 $[\sigma_C]=12\times10^4$kPa，试对螺栓进行强度校核。

8-2　图示一混凝土柱，其横截面为正方形，边长 $a=200$mm，树立在边长为 $l=1$m 的正方形混凝土基础板上，柱顶上承受着轴向压力 $P=100$kN。若地基对混凝土板的支承反力是均匀分布的，混凝土的抗剪容许应力为 $[\tau]=1.5$MPa，试确定出混凝土板的最小厚度。

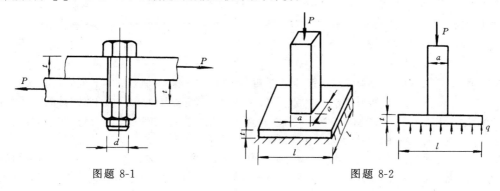

图题 8-1　　　　　　　　　　　　　　　图题 8-2

8-3　图示铆接接头，受轴向荷载 $P=80$kN 作用，已知板宽 $b=80$mm，板厚 $t=10$mm，铆钉直径 $d=16$mm，铆钉的容许剪应力 $[\tau]=120$MPa，容许挤压应力 $[\sigma_C]=340$MPa，连接板的抗拉容许应力 $[\sigma]=160$MPa，试校核其强度。

8-4　图示螺栓接头。已知 $P=40$kN，主板厚度 $t_1=20$mm，盖板厚度 $t_2=10$mm，螺栓的容许剪应力 $[\tau]=130$MPa，容许挤压应力 $[\sigma_C]=300$MPa，试按强度条件计算螺栓所需的直径。

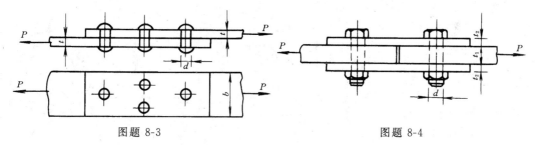

图题 8-3　　　　　　　　　　　　　　　图题 8-4

8-5　矩形截面的木拉杆的接头如图所示。已知轴向拉力 $P=50$kN，截面宽度 $b=25$cm，木材的顺纹容许挤压应力 $[\sigma_C]=10$MPa，顺纹的容许剪应力 $[\tau]=1$MPa，试求接头处所需的尺寸 l 和 a。

8-6　试绘出图示轴的扭矩图。

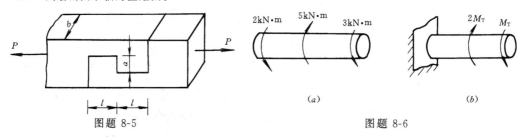

图题 8-5　　　　　　　　　　　　　　　图题 8-6

8-7 图示实心圆轴，两端受外扭矩 $M_T=14\mathrm{kN\cdot m}$ 作用，已知圆轴直径 $d=100\mathrm{mm}$，长 $l=1\mathrm{m}$，材料的剪切弹性模量 $G=8\times10^4\mathrm{MPa}$，试求（1）图示截面上 A、B、C 三点处的剪应力数值及方向；（2）两端截面之间的相对扭转角。

8-8 若将 8-7 题的轴制成空心圆轴，其外径 $D=100\mathrm{mm}$，内径 $d=80\mathrm{mm}$，试求最大剪应力。

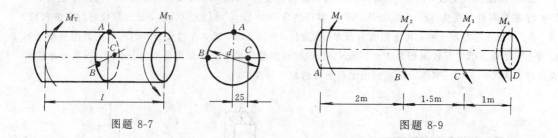

图题 8-7　　　　　　　　　　　　　　　　　图题 8-9

8-9 图示实心圆轴，直径 $d=75\mathrm{mm}$，其上作用外扭矩 $M_1=2\mathrm{kN\cdot m}$；$M_2=1.2\mathrm{kN\cdot m}$；$M_3=0.4\mathrm{kN\cdot m}$；$M_4=0.4\mathrm{kN\cdot m}$。已知轴的容许剪应力 $[\tau]=30\mathrm{MPa}$，单位长度的最大容许扭转角 $[\theta]=0.5°/\mathrm{m}$。材料的剪切弹性模量 $G=8\times10^4\mathrm{MPa}$，试作其强度和刚度校核。若将外扭矩 M_1 和 M_2 的作用位置互换一下，轴内的最大剪应力和单位长度的最大扭转角将会发生什么变化？

8-10 图示某齿轮通过键与圆轴联结。圆轴转动时传递功率为 70kW，转速为 200 转/秒。已知圆轴直径 $d=80\mathrm{mm}$，键的高 $h=16\mathrm{mm}$，宽 $b=20\mathrm{mm}$，容许剪应力 $[\tau]=40\mathrm{MPa}$，容许挤压应力 $[\sigma_C]=100\mathrm{MPa}$。试求：（1）轴内最大剪应力 $\tau_{\max}$；（2）键的长度 l。

8-11 图示两圆轴由法兰上的 12 个螺栓联结。已知轴传递扭矩 $M_T=50\mathrm{kN\cdot m}$。法兰边厚 $t=2\mathrm{cm}$，平均直径 $D=30\mathrm{cm}$，轴的容许剪应力 $[\tau]=40\mathrm{MPa}$，单位长度的容许扭转角 $[\theta]=0.014\mathrm{rad/m}$，螺栓的容许剪应力 $[\tau]=60\mathrm{MPa}$，材料剪切弹性模量 $G=80\mathrm{GPa}$，容许挤压应力 $[\sigma_C]=120\mathrm{MPa}$。试求轴的直径 d 和螺栓直径 d_1 值。

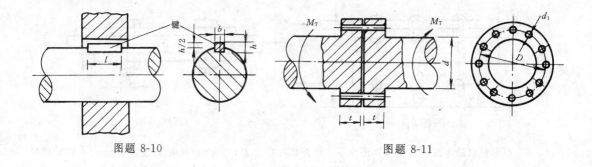

图题 8-10　　　　　　　　　　　　　　　　　图题 8-11

第九章 梁 的 应 力

§9-1 平面弯曲的概念及实例

弯曲是构件的基本变形形式之一。当在通过杆件轴线的纵向平面内作用一对等值、反向的力偶时，杆件轴线由原来的直线变成为曲线。这种变形形式称为弯曲。常见的梁就是以弯曲变形为主的构件。

在工程实际中发生弯曲变形的杆件是很多的。例如，房屋建筑中的楼板梁（图 9-1 (a)）；桥梁中的纵梁（图 9-1 (b)）；火车轮轴（图 9-1 (c)）；桥式吊车梁（图 9-1 (d)）等。

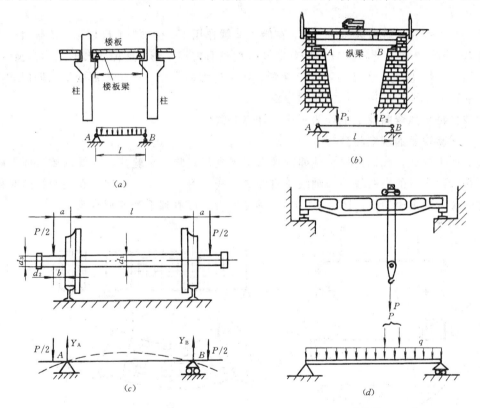

图 9-1

工程中常用的梁，其横截面通常采用对称形状，如矩形、工字形、T 字形、圆形等（图 9-2 (a)），并且所有荷载都作用在梁的纵向对称平面内。在这种情况下，梁变形时其轴线变成位于对称平面内的一条平面曲线（图 9-2 (b)）。这种弯曲称为**平面弯曲**。平面弯曲是工程中最常见的弯曲形式。

在第六章，已经讨论了弯曲内力的计算，并且知道，梁弯曲时横截面上一般将产生两种内力——剪力 Q 和弯矩 M。内力是以应力的形式分布在横截面上的，通过分析可知，与剪力对应的应力为剪应力 τ，与弯矩对应的应力为正应力 σ。本章将分别研究梁弯曲时的正应力和剪应力，并建立与之相应的正应力强度条件和剪应力强度条件。

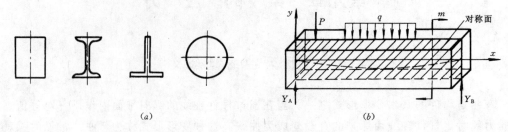

(a) (b)

图 9-2

§9-2　梁 的 正 应 力

图 9-3 所示为一矩形截面简支梁。在给定荷载作用下，在梁的 CD 段上，各截面的弯矩为一常数，剪力为零。此段梁只发生弯曲变形而没有剪切变形。这种变形形式称为**纯弯曲**。在梁的 AC、BD 段上，各截面不仅有弯矩，还有剪力的作用，产生弯曲变形的同时，伴随有剪切变形。这种变形形式称为非纯弯曲。

本节将推导纯弯曲情况下梁的正应力计算公式。

一、实验现象的观察与分析

为了便于观察，我们用矩形截面的橡胶梁来进行实验。实验前，在梁的侧表面上画上一系列与轴线平行的纵向线和与轴线垂直的竖直线（图 9-4 (a)），然后在梁的纵向对称面内对称的施加二集中力 P（图 9-4 (b)）。梁变形后，可看到下列变形现象。

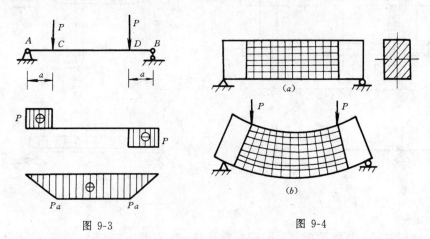

图 9-3   图 9-4

（1）所有的纵向线都变成为相互平行的曲线，且靠上部的纵向线缩短，靠下部的纵向线伸长。

（2）所有的竖直线仍保持为直线，且仍与纵向线正交，只是相对倾斜了一个角度。

（3）原来的矩形截面，变形后上部变宽，下部变窄。

根据上述实验现象，我们可作如下分析：

根据现象（2），梁横截面周边的所有横线仍保持为直线，且与纵向曲线垂直。于是可以推断，变形后。梁的横截面仍为垂直于轴线的平面。此推断称为平面假设。它是建立梁横截面上的正应力计算公式的基础。

根据现象（1），若设想梁是由无数纵向纤维所组成，由于靠上部纤维缩短，靠下部纤维伸长，则由变形的连续性可知，中间必有一层纤维既不伸长也不缩短。我们称此层为**中性层**。中性层与横截面的交线称为**中性轴**（图 9-5）。

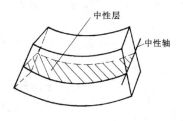

根据现象（1）、（3），中性层下部纵向纤维伸长而截面的宽度减小，上部纵向纤维缩短而截面的宽度增大，这一变形现象表示梁的上部受压，下部受拉。若假设各纵向纤维间无相互挤压，则各纵向纤维只产生单向拉伸或压缩。

图 9-5

二、正应力公式推导

现在，将根据上述的分析，进一步考虑几何、物理和静力学三个方面来推导梁的正应力公式。

1. 几何方面

首先研究与正应力有关的纵向纤维的变形规律。从纯弯曲梁段内截取长为 dx 的微段，并取竖向对称轴为 y 轴。中性轴为 z 轴（图 9-6（a））。梁弯曲后，距中性层 y 处的任一纵

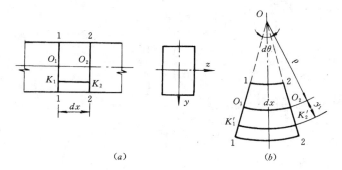

图 9-6

线 $K_1 K_2$ 变为弧线 $K'_1 K'_2$（图 9-6b）。设 O 为曲率中心，中性层 $\overset{\frown}{O_1 O_2}$ 的曲率半径为 ρ，截面 1-1 和 2-2 间的相对转角为 $d\theta$，则纵向纤维 $K_1 K_2$ 的伸长量为

$$(\rho + y)\mathrm{d}\theta - \mathrm{d}x = (\rho + y)\mathrm{d}\theta - \rho\mathrm{d}\theta = y\mathrm{d}\theta$$

故纵向纤维 $k_1 k_2$ 的线应变为

$$\varepsilon = \frac{y\mathrm{d}\theta}{\mathrm{d}x} = \frac{y}{\rho} \qquad (a)$$

此式表达了梁横截面上任一点处的纵向线应变 ε 随该点的位置而变化的规律。

2. 物理方面

前面已经假设纵向纤维受单向拉伸或压缩，所以，当正应力不超过材料的比例极限时，由虎克定律可得

$$\sigma = E\varepsilon = E\frac{y}{\rho} \qquad (b)$$

对于指定的横截面，$\frac{E}{\rho}$是常数。所以式 (b) 表明，正应力 σ 与距离 y 成正比，即正应力沿截面高度按直线规律变化（图 9-7）。中性轴上各点处的正应力等于零，距中性轴最远的上、下边缘处的正应力最大。

3. 静力学方面

上面虽已找到了正应力的分布规律，但还不能直接按 (b) 式计算正应力，这是因为曲率半径 ρ 以及中性轴的位置均未确定。这可以通过静力学方面来解决。

图 9-8 所示梁的一个横截面，其微面积上的法向微内力 σdA 组成一空间平行力系。因为横截面上没有轴力，只有位于梁对称平面内的弯矩 M，所以，各微内力沿 x 轴方向的合力为零，即

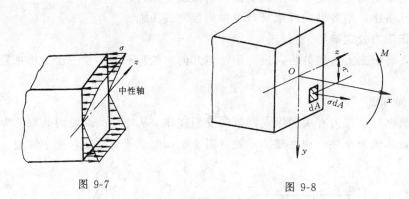

图 9-7　　　　　　　　　图 9-8

$$\int_A \sigma dA = 0 \tag{c}$$

各微内力对中性轴的矩的和等于截面弯矩 M，即

$$\int_A y\sigma dA = M \tag{d}$$

将式 (b) 代入式 (c) 得

$$\int_A \frac{E}{\rho} y dA = \frac{E}{\rho} \int_A y dA = 0$$

因为 $\frac{E}{\rho} \neq 0$，所以必有

$$\int_A y dA = y_{CA} = 0$$

式中 y_C 为截面形心的坐标。因为截面积 $A \neq 0$，则必有

$$y_C = 0$$

这说明中性轴必通过截面的形心。这样，中性轴的位置便确定了。

将式 (b) 代入式 (d)，得

$$\int_A \frac{E}{\rho} y \cdot y dA = \frac{E}{\rho} \int_A y^2 dA = M$$

式中 $\int_A y^2 dA = I_z$，是与截面形状和尺寸有关的几何量，称为截面对 z 轴的惯性矩。故

$$\frac{1}{\rho} = \frac{M}{EI_z} \tag{9-1}$$

式（9-1）可确定中性层的曲率 $\dfrac{1}{\rho}$。式中 EI_z 称为梁的**抗弯刚度**。梁的抗弯刚度 EI_z 愈大，曲率 $\dfrac{1}{\rho}$ 就愈小，即梁的弯曲变形就愈小。

将（9-1）式代入（b）式，得

$$\sigma = \frac{M}{I_z}y \tag{9-2}$$

这就是梁横截面上的正应力计算公式。

式中　M——横截面上的弯矩；

$\quad\quad I_z$——截面对中性轴的惯性矩；

$\quad\quad y$——所求应力点至中性轴的距离。

当弯矩为正时，梁下部纤维伸长，故产生拉应力；上部纤维缩短而产生压应力。弯矩为负时，则与上相反。在用（9-2）式计算正应力时，可不考虑式中 M 和 y 的正负号，均以绝对值代入；正应力是拉应力还是压应力可由观察梁的变形来判断。

这里需要说明的是：

（1）公式（9-2）虽然是由矩形截面梁导出的，但也适用于所有横截面形状对称于 y 轴的梁，如工字形、T 字形、圆形截面梁等。

（2）公式（9-2）是根据纯弯曲的情况导出的，而实际工程中的梁，大多受横向力作用，截面上剪力、弯矩均存在。进一步的研究表明，剪力的存在对正应力分布规律的影响很小。因此，对非纯弯曲的情况，公式（9-2）也是适用的。

§9-3　常用截面的惯性矩、平行移轴公式

为了计算弯曲正应力，必须知道截面的惯性矩 I_z。现在就来讨论惯性矩的计算问题。

一、简单截面的惯性矩计算

对于一些简单截面图形，如矩形、圆形等，可以直接作积分运算求出惯性矩。

图 9-9 所示矩形截面，高为 h，宽为 b。为了计算该截面对 z 轴的惯性矩，可取宽为 b、高为 dy 的细长条为微面积，即取 $dA = bdy$。这样，矩形截面对 z 轴的惯性矩为

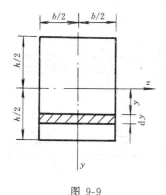

图 9-9　　　　　　　　　　　　图 9-10

$$I_z = \int_A y^2 dA = \int_{-h/2}^{h/2} y^2 b \, dy = \frac{bh^3}{12}$$

即

$$I_z = \frac{bh^3}{12} \qquad (9\text{-}3)$$

同样，用直接积分的办法也可求得圆形截面对通过圆心的 z 轴的惯性矩为

$$I_z = \frac{\pi d^4}{64} \qquad (9\text{-}4)$$

二、组合截面的惯性矩计算

工程中，还常常选用一些组合截面，如图 9-11 所示的截面是由两个工字钢截面和两块矩形钢板截面组合而成。对于这种组合截面，求对中性轴 z 的惯性矩时，可以分别求每一个组成部分对 z 轴的惯性矩，然后相加，就是整个截面对 z 轴的惯性矩。如以 $(J_z)_1$、$(J_z)_2$、$(J_z)_3$、$(J_z)_4$ 分别代表图 9-11 中两个工字形图形和两个矩形图形对 z 轴的惯性矩，则整个组合截面对 z 轴的惯性矩就是

$$J_z = (J_z)_1 + (J_z)_2 + (J_z)_3 + (J_z)_4$$

在计算图 9-11 所示的组合截面对 z 轴的惯性矩时，需要求出各个截面对 z 轴的惯性矩。可是，对于两块矩形钢板截面，我们只能利用（9-3）式计算它相对自身形心轴的惯性矩 J_{z1}、J_{z4}。这样，我们就需要由截面相对自身形心轴的惯性矩，换算出对与自身形心轴平行的另一轴的惯性矩。下面就来推导这个换算公式。

图 9-12 为任意截面图形，z、y 为通过截面形心的一对正交轴，z_1、y_1 为与 z、y 轴平行的另一对轴，两对轴之间的距离分别为 a 和 b。则根据惯性矩的定义

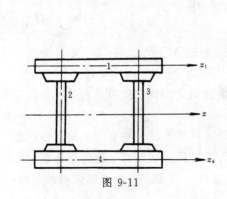

图 9-11

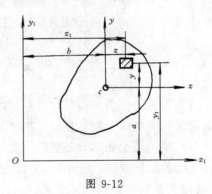

图 9-12

$$
\begin{aligned}
I_{z1} &= \int_A y_1^2 \mathrm{d}A = \int_A (y+a)^2 \mathrm{d}A \\
&= \int_A y^2 \mathrm{d}A + 2a \int_A y \mathrm{d}A + a^2 \int_A \mathrm{d}A \\
&= J_z + 2a y_c \cdot A + a^2 A
\end{aligned}
$$

因为 z 轴通过形心，所以 $y_c = 0$，故

$$I_{z1} = I_z + a^2 A \qquad (9\text{-}5)$$

同理可得

$$I_{y1} = I_y + b^2 A$$

这就是惯性矩的平行移轴公式。此公式表明：截面对任一轴的惯性矩，等于它对平行该轴的形心轴的惯性矩，加上截面面积与两轴间距离平方的乘积。

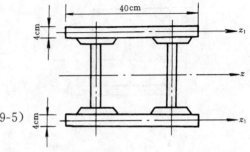

图 9-13

146

【例 9-1】　由两个 $20a$ 号工字钢和两块钢板组成的截面如图所示。求组合截面对它的形心轴 z 的惯性矩。

【解】　由型钢表查得每个 $20a$ 号工字钢对 z 轴惯性矩为

$$I'_z = 2370 \text{cm}^4$$

由式（9-3）和（9-5）算得每块钢板对 z 轴的惯性矩为

$$I''_z = \frac{40 \times 4^3}{12} + 40 \times 4 \times (100 + 2) = 16533.3 \text{cm}^4$$

组合截面对 z 轴的惯性矩为

$$I_z = 2(I'_z + I''_z) = 2 \times (2370 + 16533.3) = 37806.6 \text{cm}^4$$

【例 9-2】　图 9-14 所示长为 l 的 T 形截面悬臂梁，自由端受集中力 P 作用。已知 $P = 15 \text{kN}$，$l = 1 \text{m}$，试求截面 A 上 1、2、3 点的正应力。

【解】　（一）确定截面形心位置

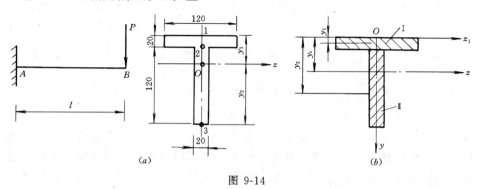

图 9-14

选坐标系 yOz_1 如图 9-14（b）所示。将截面分成 I、II 两个矩形。从图示尺寸可知，矩形 I 和 II 的面积及此二矩形的形心对坐标系的纵坐标分别为

$$A_1 = 120 \times 20 = 2400 \text{mm}^2$$

$$y_1 = \frac{20}{2} = 10 \text{mm}$$

$$A_2 = 20 \times 120 = 2400 \text{mm}^2$$

$$y_2 = 20 + \frac{120}{2} = 80 \text{mm}$$

T 形截面的形心纵坐标可按下式求得

$$y_c = \frac{A_1 y_1 + A_2 y_2}{A_1 + A_2} = \frac{2400 \times 10 + 2400 \times 80}{2400 + 2400} = 45 \text{mm}$$

（二）计算截面对形心轴 z 的惯性矩

T 形截面的形心位置确定后，过形心 C 作轴 $z // z_1$、轴 z 与 T 形截面的交线即为 T 形截面的中性轴。根据式（9-5）可算得矩形 I、II 对 z 轴（中性轴）的惯性矩分别为

$$(I_z)_1 = \frac{120 \times 20^3}{12} + 120 \times 20 \times (45 - 10)^2 = 3.02 \times 10^6 \text{mm}^4$$

$$(I_z)_I = \frac{20 \times 120^3}{12} + 20 \times 120 \times (80 - 45)^2 = 5.82 \times 10^6 \text{mm}^4$$

所以，T形截面对 z 轴的惯性矩为

$$I_z = (I_z)_1 + (I_z)_1 = 3.02 \times 10^6 + 5.32 \times 10^6 = 8.84 \times 10^6 \text{mm}^4$$

（三）计算截面 A 上1、2、3点的正应力

先计算截面 A 的弯矩：

$$M_A = - P \cdot 1 = - 15 \times 10^3 \times 1 = - 15 \text{kN} \cdot \text{m}$$

将 M_A、I_z 及各点到中性轴的距离代入正应力公式（9-2），并注意 M_A、y 均以绝对值代入，则

$$\sigma^1 = \frac{M_A}{I_z} y_1 = \frac{15 \times 10^3}{8.84 \times 10^{-6}} 45 \times 10^{-3} = 76.36 \text{MPa} \quad (\text{拉})$$

$$\sigma^2 = \frac{M_A}{I_z} y_2 = \frac{15 \times 10^3}{8.84 \times 10^{-6}} (45 - 20) \times 10^{-3} = 42.4 \text{MPa} \quad (\text{拉})$$

$$\sigma^3 = \frac{M_A}{I_z} y_3 = \frac{15 \times 10^3}{8.84 \times 10^{-6}} (120 + 20 - 45) \times 10^{-3} = 161.2 \text{MPa} \quad (\text{压})$$

§9-4 梁 的 剪 应 力

在工程中，大多数梁是在横向力作用下发生弯曲，横截面上的内力不仅有弯矩，而且还有剪力。因此横截面上除具有正应力外，还具有剪应力。

剪应力在横截面上的分布情况要比正应力复杂。剪应力公式的推导也是在某种假设前提下进行的，要根据截面的具体形状对剪应力的分布适当地作出一些假设，才能导出计算公式。本节将简要地介绍几种常见截面形式的剪应力计算公式和剪应力的分布情况。对于计算式将不进行推导。

一、矩形截面梁的剪应力

图 9-15 所示一受横向荷载作用的矩形截面梁，截面上沿 y 轴方向有剪力 Q。可以假设截面上任一点的剪应力 τ 的方向均平行于剪力 Q 的方向，与中性轴等距离各点的剪应力相

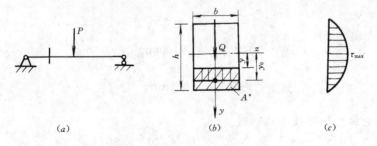

图 9-15

等。根据这些假设，通过静力平衡条件，便可导出剪应力的计算公式为

$$\tau = \frac{Q S_z}{J_z b} \tag{9-6}$$

式中　Q——横截面上的剪力；

　　　J_z——横截面对中性轴的惯性矩；

　　　b——横截面的宽度；

S_z——所求应力点的水平线到截面下（或上）边缘间的面积 A^* 对 z 轴的静矩。

所谓静矩，也是与截面形状和尺寸有关的一个几何量。如图 9-15（b）所示截面，y_0 为面积 A^* 的形心纵坐标，则面积 A^* 对 z 轴的静矩为

$$S_z = A^* \cdot y_0 = b\left(\frac{h}{2} - y\right)\left[y + \left(\frac{h}{2} - y\right)/2\right]$$

$$= \frac{b}{2}\left(\frac{h^2}{4} - y^2\right)$$

将上式及 $I_z = bh^3/12$ 代入式（9-6），得

$$\tau = \frac{6a}{bh^3}\left(\frac{h^2}{4} - y^2\right)$$

此式表明，剪应力沿截面高度按二次抛物线规律变化（图 9-14（c））。在截面的上、下边缘 $\left(y = \pm\frac{h}{2}\right)$ 处的剪应力为零；在中性轴处（$y = 0$）的剪应力最大，其值为

$$\tau_{max} = \frac{3Q}{2bh} = \frac{3Q}{2A}$$

即矩形截面上的最大剪应力为截面上平均剪应力（Q/A）的 1.5 倍。

二、工字形及 T 字形截面梁的剪应力

工字形截面由上、下翼缘和垂直腹板所组成（图 9-16（a））。翼缘和腹板上均存在竖向剪应力。但是由于翼缘上的竖向剪应力很小，计算时一般不予考虑，因此，我们也不作讨论。对腹板上的剪应力，我们可以作和矩形截面相同的假设，导出与矩形截面梁的剪应力计算公式形式完全相同的公式。即

$$\tau = \frac{QS_z}{I_z b_1} \tag{9-7}$$

式中，Q 为截面上的剪力；I_z 为工字形截面对中性轴的惯性矩；b_1 为腹板的厚度；S_z 为所求应力点到截面边缘间的面积（图 9-16（a）中阴影面积）对中性轴的静矩。

剪应力沿腹板高度的分布规律也是按抛物线规律变化的，如图 9-16（b）所示。其最大剪应力（中性轴上）和最小剪应力相差不多，接近于均匀分布。通过分析可知，对工字形截面梁剪力主要由腹板承担，而弯矩主要由翼缘承担。

T 字形截面也是工程中常用的截面形式，它是由两个矩形截面组成（图 9-17（a））。下面的狭长矩形与工字形截面的腹板类似，这部分上的剪应力仍用式（9-7）计算。剪应力的分布仍按抛物线规律变化，最大剪应力仍发生在中性轴上，如图 9-17（b）所示。

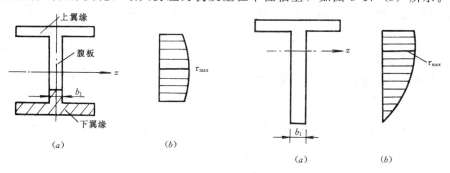

图 9-16   图 9-17

【例 9-3】 图 9-18 所示矩形截面简支梁，已知 $l=2\text{m}$；$h=15\text{cm}$；$b=10\text{cm}$；$y_1=5\text{cm}$；$P=10\text{kN}$。

试求：(a) $m\text{-}m$ 截面上 K 点的剪应力；(b) 若采用 22a 号工字钢，求最大剪应力。

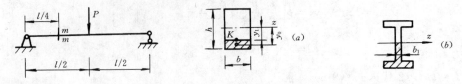

图 9-18

【解】 （一）求 $m\text{-}m$ 截面上 K 点的剪应力。

先分别求 $m\text{-}m$ 截面剪力、惯性矩，以及 K 点水平线下截面积对中性轴的静矩。它们分别为

$$Q = P/2 = 5\text{kN};$$

$$I_z = \frac{bh^3}{12} = \frac{0.1 \times 0.15^3}{12} = 0.28 \times 10^{-4}\text{m}^4$$

$$S_z = A^* y_0 = 0.1 \times 0.025 \times 0.0625 = 0.156 \times 10^{-3}\text{m}^3$$

代入剪应力公式 (9-6)，得 K 点剪应力为

$$\tau = \frac{QS_z}{J_z b} = \frac{5 \times 10^3 \times 0.156 \times 10^{-3}}{0.28 \times 10^{-4} \times 0.1} = 278.57\text{kPa}$$

（二）若截面为 22a 号工字钢（图 9-18 (b)）求最大剪应力。

由型钢表查得：$\dfrac{I_z}{S_z}=18.9\text{cm}$；$b_1=0.75\text{cm}$。其中 S_z 为半截面对中性轴 z 的静矩。最大剪应力发生在中性轴上，所以

$$\tau_{\max} = \frac{QS_z}{I_z b_1} = \frac{5 \times 10^3}{0.189 \times 0.0075} = 3.53\text{MPa}$$

§9-5 梁 的 强 度 条 件

在横向力的作用下，梁的横截面一般同时存在弯曲正应力和弯曲剪应力。从应力分布规律可知，最大弯曲正应力发生在距中性轴最远的位置；最大弯曲剪应力发生在中性轴处。为了保证梁能安全地工作，必须使梁内的最大应力不超过材料的容许应力，因此，对上述两种应力应分别建立相应的强度条件。

一、正应力强度条件

梁内的最大正应力发生在弯矩最大的横截面且距中性轴最远的位置。该最大正应力的值为

$$\sigma_{\max} = \frac{M_{\max}}{I_z} y_{\max} = \frac{M_{\max}}{I_z / y_{\max}} = \frac{M_{\max}}{W_z}$$

所以

$$\sigma_{\max} = \frac{M_{\max}}{W_z} \leqslant [\sigma] \tag{9-8}$$

这就是梁的正应力强度条件。式中 W_z 称为抗弯截面模量。W_z 取决于截面的形状和尺寸，其

值越大梁的强度就越好。

对矩形截面（图 9-19（a））

$$W_z = \frac{I_z}{y_{\max}} = \frac{\dfrac{bh^3}{12}}{\dfrac{h}{2}} = \frac{bh^2}{6}$$

对圆形截面（图 9-19（b））

$$W_z = \frac{I_z}{y_{\max}} = \frac{\pi d^4/64}{d/2} = \frac{\pi d^3}{32}$$

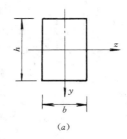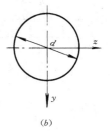

(a) (b)

图 9-19

利用强度条件式（9-8），可以解决三种不同类型的强度计算问题。

1. 强度校核

已知梁的截面形状、尺寸、梁所用的材料和所承受的荷载（即已知 W_z、$[\sigma]$、$M_{\max}$），可用式（9-8）校核构件是否满足强度要求，即是否有

$$\sigma_{\max} = \frac{M_{\max}}{W_z} \leqslant [\sigma]$$

2. 选择截面

已知梁的材料和所承受的荷载（即已知 $[\sigma]$ 和 $M_{\max}$），根据强度条件可先求出梁所需的抗弯截面模量 W_z，进而确定截面尺寸。将式（9-8）改写为

$$W_z \geqslant \frac{M_{\max}}{[\sigma]}$$

求得 W_z 后，再依选定的截面形状，确定截面尺寸。

3. 确定容许荷载。

已知梁的材料、截面的形状、尺寸（即已知 $[\sigma]$ 和 W_z），根据强度条件可求出梁所能承受的最大弯矩，进而求出梁所能承受的最大荷载。将式（9-8）改写为

$$M_{\max} \leqslant W_z \cdot [\sigma]$$

求出 $M_{\max}$ 后，依 $M_{\max}$ 与荷载的关系，确定所承受荷载的最大值。

二、剪应力强度条件

梁内的最大剪应力发生在剪力最大的横截面的中性轴上。该最大剪应力的值应满足

$$\tau_{\max} = \frac{Q_{\max} S_{z\max}}{J_z \cdot b} \leqslant [\tau] \tag{9-9}$$

这就是梁的剪应力强度条件。

在进行梁的强度计算时，必须同时满足梁的正应力强度条件和剪应力强度条件。但在一般情况下，正应力强度条件往往是起主导作用的。在选择梁的截面时，通常是先按正应力强度条件选择截面尺寸，然后再进行剪应力强度校核。对于某些特殊情况，梁的剪应力，强度条件也可能起控制作用。例如，梁的跨度很小，或在支座附近有较大的集中力作用，这时梁可能出现弯矩较小，而剪力却很大的情况，这就必须注意剪应力强度条件是否满足。又如，对组合工字钢梁，其腹板上的剪应力可能较大；对木梁，在木材顺纹方向的抗剪能力很差。这些情况都应注意在进行正应力强度校核的同时，还要进行剪应力的强度校核。

【例 9-4】 一矩形截面简支木梁，梁上作用均布荷载（图 9-20）。已知 $l=4$m，$b=14$cm，

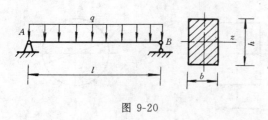

图 9-20

$h=21\text{cm}$，$q=2\text{kN/m}$；弯曲时木材的容许应力 $[\sigma]=1.1\times10^4\text{kPa}$。试校核梁的强度，并求梁能承受的最大荷载。

【解】 （一）校核强度

最大弯矩发生在跨中截面上，其值为

$$M_{\max}=\frac{1}{8}ql^2=\frac{1}{8}\times2\times4^2=4\text{kN·m}$$

抗弯截面模量为

$$W_z=\frac{bh^2}{6}=\frac{0.14\times0.21^2}{6}=0.103\times10^{-2}\text{m}^3$$

最大正应力为

$$\sigma_{\max}=\frac{M_{\max}}{W_z}=\frac{4}{0.103\times10^{-2}}=3.89\text{MPa}<[\sigma]$$

所以，满足强度要求。

（二）求最大承载

根据强度条件，梁能承受的最大弯矩为

$$M_{\max}=W_z[\sigma]$$

跨中最大弯矩与荷载 q 的关系为

$$M_{\max}=\frac{1}{8}ql^2$$

所以

$$\frac{1}{8}ql^2=W_z[\sigma]$$

从而得

$$q=\frac{8W_z[\sigma]}{l^2}=\frac{8\times0.103\times10^{-2}\times11\times10^6}{4^2}=5.66\text{kN/m}$$

即梁能承受的最大荷载 $q_{\max}=5.66\text{kN/m}$。

【例 9-5】 一槽形截面外伸梁如图 9-21（a）所示。梁上受均布荷载 q 和集中荷载 P 作用。已知 $q=10\text{kN/m}$，$P=20\text{kN}$，材料的容许拉应力 $[\sigma_+]=35\text{MPa}$，容许压应力 $[\sigma_-]=140\text{MPa}$。试按正应力强度条件校核梁的强度。

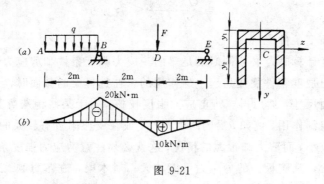

图 9-21

【解】 先画出弯矩图（图 b）。

截面沿高度方向是非对称的，为确定中性轴，需先计算出截面形心的位置。按例 9-2 中确定组合截面形心位置的方法，求出形心 C 到截面上、下边缘的距离分别为

$$y_1 = 60\text{mm}; y_2 = 140\text{mm}$$

中性轴 z 通过形心。截面相对于中性轴的惯性矩应按组合截面计算，结果为

$$I_z = 4 \times 10^7 \text{mm}^4$$

因材料的抗拉与抗压性能不同，截面对中性轴又不对称，所以需对最大拉应力与最大压应力分别进行校核。

由梁的弯矩图得知，在截面 D、B 上分别作用有最大正弯矩和最大负弯矩，所以，截面 D、B 均为危险截面。

（一）B 截面强度校核

该截面的弯矩为负值，表示梁的上边缘受拉，下边缘受压。故可知在梁的上边缘处（$y_{max} = y_1 = 60\text{mm}$）产生最大拉应力；在梁的下边缘处（$y_{max} = y_2 = 140\text{mm}$）产生最大压应力，即：

$$[\sigma_+]_{max} = \frac{M_B}{I_z} y_1 = \frac{20 \times 10^3 \times 10^3 \times 60}{4 \times 10^7} = 30\text{MPa} < [\sigma_+]$$

$$[\sigma_-]_{max} = \frac{M_B}{I_z} y_2 = \frac{20 \times 10^3 \times 10^3 \times 140}{4 \times 10^7} = 70\text{MPa} < [\sigma_-]$$

（二）D 截面强度校核。

该截面的弯矩为正值，表示梁的下边缘处（$y_{max} = y_2 = 140\text{mm}$）受拉，梁的上边缘处（$y_{max} = y_1 = 60\text{mm}$）受压。即：

$$(\sigma_+)_{max} = \frac{M_C}{I_z} y_2 = \frac{10 \times 10^3 \times 10^3 \times 140}{4 \times 10^7} = 35\text{MPa} = [\sigma_+]$$

$$(\sigma_-)_{max} = \frac{M_C}{I_z} y_1 = \frac{10 \times 10^3 \times 10^3 \times 60}{4 \times 10^7} = 15\text{MPa} < [\sigma_-]$$

故梁的强度满足要求。

【例 9-6】 试为图 9-22（a）所示枕木选择矩形截面尺寸。已知截面尺寸的比例为 $b:h = 3:4$，容许正应力 $[\sigma] = 9\text{MPa}$，容许剪应力 $[\tau] = 2.5\text{MPa}$。

【解】 先画出内力图（图 b、c）。

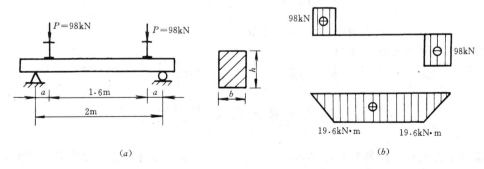

（a）   （b）

图 9-22

（一）按正应力强度条件设计截面

由图 9-22（b）所示弯矩图可知

$$M_{max} = Pa = 98 \times 0.2 = 19.6 \text{kN} \cdot \text{m}$$

根据正应力强度条件式（9-8），求得

$$W_z \geqslant \frac{M_{max}}{[\sigma]} = \frac{19.6 \times 10^3}{9 \times 10^6} = 2.18 \times 10^{-3} \text{m}^3$$

因为

$$W_z = \frac{bh^2}{6}$$

而

$$b : h = 3 : 4$$

则

$$W_z = \frac{1}{6} \times \frac{3}{4}h \times h^2 = \frac{h^3}{8}$$

从而得

$$h^3 = 8W = 8 \times 2.18 \times 10^{-3} = 17.4 \times 10^{-3} \text{m}^3$$

即

$$h = 0.259 \text{m}$$

$$b = \frac{3}{4}h = \frac{3}{4} \times 0.259 = 0.194 \text{m}$$

考虑施工上的方便，取 $h = 0.26$m，$b = 0.20$m。

（二）剪应力强度校核

由图 9-22（c）所示的剪力图可知

$$Q_{max} = P = 98 \text{kN}$$

根据剪应力强度条件式（9-9）

$$\tau_{max} = \frac{3}{2} \frac{Q_{max}}{A} = \frac{3 \times 98 \times 10^3}{2 \times 520 \times 10^{-4}} = 2.83 \text{MPa} > [\tau]$$

说明按正应力强度条件设计的截面（$h = 0.26$m、$b = 0.20$m），不能满足剪应力强度条件的要求，必须根据剪应力强度条件重新设计截面尺寸。

由

$$\tau_{max} = \frac{3}{2} \frac{Q_{max}}{A} \leqslant [\tau]$$

求得

$$A \geqslant \frac{3}{2} \frac{Q_{max}}{[\tau]} = \frac{3 \times 98 \times 10^3}{2 \times 2.5 \times 10^6} = 588 \times 10^{-4} \text{m}^2$$

因为

$$A = b \times h = \frac{3}{4}h \times h = \frac{3}{4}h^2$$

所以

$$\frac{3}{4}h^2 \geqslant 588 \times 10^{-4} \text{m}$$

得

$$h \geqslant 0.28 \text{m} \qquad b \geqslant 0.21 \text{m}$$

最后确定枕木的矩形截面尺寸为

$$h = 0.28 \text{m} \qquad b = 0.21 \text{m}$$

§9-6 提高梁弯曲强度的主要途径

前面讨论梁的强度计算时曾经指出，梁的弯曲强度主要是由正应力强度条件控制的，所以，要提高梁的弯曲强度主要就是要提高梁的弯曲正应力强度。

从弯曲正应力的强度条件

$$\sigma_{max} = \frac{M_{max}}{W_z} \leqslant [\sigma]$$

来看，最大正应力与弯矩 M 成正比，与抗弯截面模量 W_z 成反比，所以要提高梁的弯曲强度应从提高 W_z 值和降低 M 值入手，具体可从以下三方面考虑。

一、选择合理的截面形状

从弯曲强度方面考虑，最合理的截面形状是能用最少的材料获得最大抗弯截面模量。分析截面的合理形状，就是在截面面积相同的条件下。比较不同形状截面的 W_z 值。

下面我们比较一下矩形截面、正方形截面及圆形截面的合理性。

设三者的面积 A 相同，圆的直径为 d，正方形的边长为 a，矩形的高、宽分别为 h 和 b，且 $h>b$。三种形状截面的 W_z 值分别为：

矩形截面 $\qquad\qquad\qquad W_1 = \frac{1}{6}bh^2$

方形截面 $\qquad\qquad\qquad W_2 = \frac{1}{6}a^3$

圆形截面 $\qquad\qquad\qquad W_3 = \frac{1}{32}\pi d^3$

先比较矩形与正方形。两者的抗弯截面模量的比值为

$$\frac{W_1}{W_2} = \frac{\frac{1}{6}bh^2}{\frac{1}{6}a^3} = \frac{\frac{1}{6}hA}{\frac{1}{6}aA} = \frac{h}{a}$$

由于 $bh=a^2$，$h>b$，所以 $h>a$。这说明矩形截面只要 $h>b$（$W_1>W_2$），就比同样面积的正方形截面合理。

再比较正方形与圆形。两者的抗弯截面模量的比值为

$$\frac{W_2}{W_3} = \frac{\frac{1}{6}a^3}{\frac{1}{32}\pi d^3}$$

由 $\pi\left(\frac{d}{2}\right)^2 = a^2$，得 $a = \frac{\sqrt{\pi}}{2}d$，将此代入上式，得

$$\frac{W_2}{W_3} = 1.19 > 1$$

这说明正方形截面比圆形截面合理。

从以上的比较看到，截面面积相同时，矩形比方形好，方形比圆形好。如果以同样面积做成工字形，将比矩形还要好。因为 W_z 值是与截面的高度及截面的面积分布有关。截面的高度愈大，面积分布得离中性轴愈远，W_z 值就愈大；相反，截面高度小，截面面积大部分分布在中性轴附近，W_z 值愈小。由于工字形截面的大部分面积分布在离中性轴较远的上、下翼缘上，所以 W_z 值比其他几种形状截面的 W_z 值大。而圆形截面的大部分面积是分布在中性轴附近，因而 W_z 值就很小。

梁的截面形状的合理性，也可从应力的角度来分析。由弯曲正应力的分布规律可知，在中性轴附近处的正应力很小，材料没有充分发挥作用。所以，为使材料更好地发挥效益，就应尽量减小中性轴附近的面积，而使更多的面积分布在离中性轴较远的位置。

工程中常用的空心板（图 9-23 (a)），以及挖孔的薄腹梁（图 9-23 (b)）等，其孔洞都是开在中性轴附近，这就减少了没有充分发挥作用的材料，而收到较好的经济效果。

图 9-23

以上的讨论只是从弯曲强度方面来考虑梁的截面形状的合理性，实际上，在许多情况下还必须考虑使用，加工及侧向稳定等因素。

二、变截面梁

在一般情况下，梁内不同横截面的弯矩不同。因此，在按最大弯矩所设计的等截面梁中，除最大弯矩所在截面外，其余截面的材料强度均未得到充分利用。要想更好地发挥材料的作用，应该在弯矩比较大的地方采用较大的截面，在弯矩较小的地方采用较小的截面。这种截面沿梁轴变化的梁称为变截面梁。最理想的变截面梁，是使梁的各个截面上的最大应力同时达到材料的容许应力。由

$$\sigma_{max} = \frac{M(x)}{W_z(x)} = [\sigma]$$

得

$$W_z(x) = \frac{M(x)}{[\sigma]} \tag{9-10}$$

式中，$M(x)$ 为任一横截面上的弯矩，$W_z(x)$ 为该截面的抗弯截面模量。这样，各个截面的大小将随截面上的弯矩而变化。截面按式（9-10）而变化的梁，称为等强度梁。

从强度以及材料的利用上看，等强度梁是很理想，但这种梁加工制造比较困难。而在实际工程中，构件往往只能设计成近似等强度的变截面梁。图 9-24 中所示就是实际工程中常用的几种变截面梁的形式。对于阳台或雨篷等的悬臂梁，常采用图 9-24 (a) 所示的形式；对于跨中弯矩大，两边弯矩逐渐减小的简支梁，常采用图 9-24 (b)、图 9-24 (c) 及图 9-23 (b) 所示的形式。图 9-24 (b) 为上下加盖板的钢梁；图 9-24 (c) 为工业厂房中的鱼腹式吊车梁；图 9-23 (b) 为屋盖上的薄腹梁。

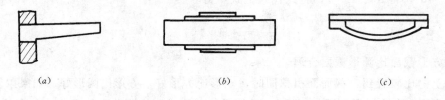

图 9-24

三、合理安排梁的受力

1. 合理布置梁的支座

图 9-25 (a) 所示简支梁，受均布荷载 q 作用，跨中最大弯矩为 $M_{max} = \frac{1}{8}ql^2$。若将两端的支座各向中间移动 $0.2l$（图 9-25 (b)），则最大弯矩减小为 $M_{max} = \frac{ql^2}{40}$，只是前者的 $\frac{1}{5}$。也就是说，按图 9-25 (b) 布置支座，荷载还可提高四倍。

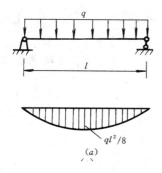
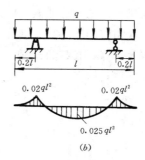

(a) (b)

图 9-25

2. 合理布置荷载

若将梁上的荷载尽量分散，也可降低梁内的最大弯矩值，提高梁的弯曲强度。如图 9-26 (a) 所示简支梁，跨中受集中力 P 作用，其最大弯矩为 $\dfrac{Pl}{4}$。如果用一根副梁将荷载分散（图 9-26 (b)）则梁的最大弯矩将减小至 $\dfrac{Pl}{8}$，只有原来的一半。

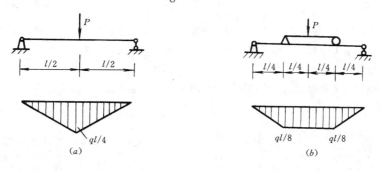

图 9-26

小　　结

（1）梁的应力是本篇中的重要内容。学习本章应注意掌握：

a. 梁内横截面上正应力和剪应力的分析和计算方法；

b. 梁的正应力强度计算。

（2）梁弯曲时，横截面上一般产生两种内力——剪力 Q 和弯矩 M；与此相对应的应力也是两种——剪应力 τ 和正应力 σ。

（3）梁弯曲时的正应力计算公式为

$$\sigma = \frac{M}{I_z} y$$

要明确式中每个符号所代表的意义。要搞清中性层与中性轴的概念，要注意正应力在横截面上沿高度呈线性分布的规律。

（4）梁弯曲时的剪应力计算式为

$$\tau = \frac{QS_z}{I_z b}$$

它是由矩形截面梁导出的。但可推广应用于其它截面形状的梁，如工字形梁、T 形梁等。此时，应注意要代入相应的 S_z 和 b。剪应力沿截面高度呈二次抛物线规律分布。

（5）梁的强度计算，校核梁的强度或进行截面设计，必须同时满足梁的正应力强度条件和剪应力强度条件，即

$$\sigma_{max} = \frac{M_{max}}{W_z} \leqslant [\sigma]$$

$$\tau_{max} = \frac{Q_{max}S_{zmax}}{I_z b} \leqslant [\tau]$$

应该注意的是，对于一般的梁，正应力强度条件是起控制作用的，剪应力是次要的。因此，在应用强度条件解决强度校核、选择截面、确定容许荷载等三类问题时，一般都先按最大正应力强度条件进行计算，必要时才再按剪应力强度条件进行校核。

（6）惯性矩 I_z 和抗弯截面模量 W_z 是两个十分重要的截面图形的几何性质。对常用的矩形截面、圆形截面的 I_z 和 W_z 的计算式必须熟记。

思 考 题

9-1 何谓纯弯曲？为什么推导弯曲正应力公式时，首先从纯弯曲梁开始进行研究？

9-2 推导弯曲正应力公式时，作了哪些假设？根据是什么？为什么要作这些假设？

9-3 何谓中性层？何谓中性轴？

9-4 图示一些梁的横截面形状。当梁发生平面弯曲时，在这些截面上的正应力 σ 沿截面高度是怎样分布的？试作简图表示。

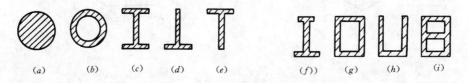

(a) (b) (c) (d) (e) (f)) (g) (h) (i)

图思 9-4

9-5 截面形状及所有尺寸完全相同的一根钢梁和一根木梁，如果支承情况及所受荷载也相同，则梁的内力图是否相同？它们的横截面上的正应力变化规律是否相同？对应点处的正应力与纵向线应变是否相同？

9-6 是否弯矩最大的截面，一定就是梁的最危险截面？

9-7 合理设计梁截面的原则是什么？何谓等强度梁？

习 题

9-1 图示简支梁，试求其截面 D 上 a、b、c、d、e 五点处的正应力。

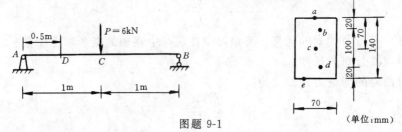

图题 9-1

9-2 图示简支梁，梁截面为 20b 号工字钢，$P=60\text{kN}$，试求最大正应力。

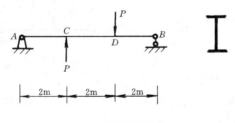

图题 9-2

9-3 图示矩形截面外伸梁，已知 $P_1=10\text{kN}$，$P_2=8\text{kN}$，$q=10\text{kN/m}$，试求梁的最大拉应力和最大压应力的数值及其所在位置。

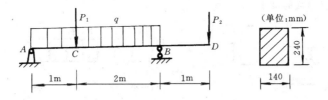

图题 9-3

9-4 求下列图形对 Z 轴的惯性矩（Z 轴通过形心）。

9-5 图示为工字钢与钢板的组合截面。已知工字钢的型号为 $40a$，钢板厚度 $\delta=2\text{cm}$。求组合截面对 Z 轴的惯性矩（Z 轴通过形心）。

9-6 T 形截面的外伸梁，梁上作用均布荷载，梁的截面尺寸如图所示。试求梁的横截面中的最大拉应力和最大压应力。

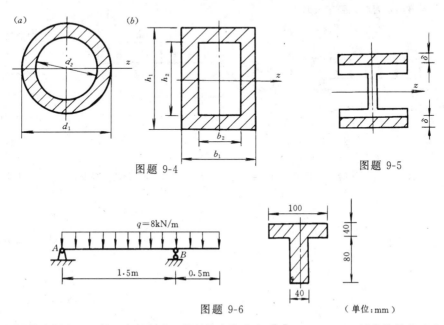

图题 9-4   图题 9-5

图题 9-6   （单位：mm）

9-7 图示简支梁由 22b 号工字钢制成，材料的容许应力 $[\sigma]=170\text{MPa}$，试校核梁的正应力强度。

9-8 图示矩形截面简支梁，材料的容许应力 $[\sigma]=1.0\times10^4\text{kPa}$，试求梁能承受的最大荷载 $P_{\max}$。

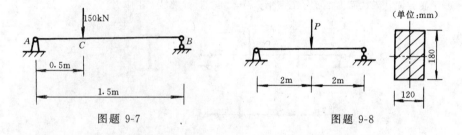

图题 9-7　　　　　　　　　　　　图题 9-8

9-9　图示外伸梁，由两根 16a 号槽钢组成。钢材的容许应力 $[\sigma]$=170Mpa，试求梁能承受的最大荷载 $P_{\max}$。

9-10　图示矩形截面悬臂梁，受均布荷载作用，材料的容许应力 $[\sigma]$=10MPa，若采用高宽比为 h：b=3：2：试确定此梁横截面的尺寸。

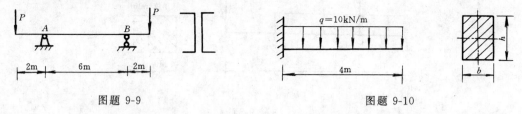

图题 9-9　　　　　　　　　　　　图题 9-10

9-11　图示圆形截面外伸梁，已知 P=3kN，q=3kN/m，$[\sigma]$=10MPa，试选择圆截面的直径。

9-12　试求题 9-1 图中所示梁在截面 D 上 a、b、c、d、e 五点处的剪应力。

9-13　试求题 9-6 中梁的横截面上的最大剪应力。

9-14　图示矩形截面木梁，已知 $[\sigma]$=10MPa，$[\tau]$=2MPa，试校核梁的正应力强度和剪应力强度。

9-15　在题 9-6 中，如已知材料的容许应力 $[\sigma_+]$=4.5×10^{-4}kPa，$[\sigma_-]$=1.75×10^{5}kPa，$[\tau]$=3.3×10^{4}kPa；问该梁是否满足强度要求？

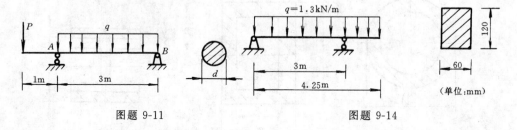

图题 9-11　　　　　　　　　　　　图题 9-14

9-16　图示工字钢外伸梁，受荷载 P 作用。已知 P=20kN，$[\sigma]$=160MPa，$[\tau]$=90MPa。试选择工字钢型号。

第十章 组 合 变 形

§10-1 组合变形的概念

前面已经知道,杆件在荷载作用下产生的变形,可分为轴向拉伸(压缩)、剪切、扭转和弯曲四种基本形式。在工程实际中,有些杆件受力后产生的变形不是单一的基本变形,而是同时产生两种或两种以上的基本变形,这类变形称为组合变形。

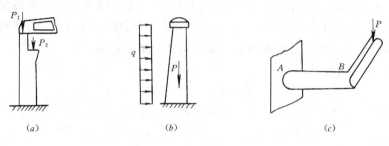

图 10-1

例如,图 10-1 (a) 所示的设有吊车厂房的柱子,作用在柱子上的荷载 P_1 和 P_2,它们合力的作用线一般不与柱子的轴线重合,此时,柱子既产生压缩变形又产生弯曲变形,即同时产生两种基本变形。又如,图 10-1 (b) 所示的烟囱,除自重引起压缩变形外,水平风力使其产生弯曲变形,也是同时产生两种基本变形。再如,图 10-1 (c) 所示的曲拐轴,在 P 作用下,AB 段既受弯又受扭,即同时产生弯曲变形和扭转变形。

本章主要讨论杆件在组合变形下的应力和强度计算。

§10-2 斜 弯 曲

前面第九章讨论了梁的平面弯曲,例如图 10-2 (a) 所示的矩形截面悬臂梁,外力 P 作用在梁的对称平面内,梁弯曲后,其挠曲线位于梁的纵向对称平面内,此类弯曲为平面弯曲。本节讨论的斜弯曲与平面弯曲不同,例如,图 10-2 (b) 所示的同样的矩形截面梁,外力的作用线通过截面的形心但不与截面的对称轴重合,此梁弯曲后的挠曲线不再位于梁的纵向对称平面内,这类弯曲称为斜弯曲。斜弯曲是两个平面弯曲的组合变形,这里将讨论斜弯曲时的正应力和正应力强度计算。

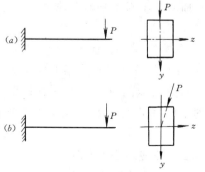

图 10-2

一、正应力计算

斜弯曲时,梁的横截面上一般是同时存在正应力和剪应力，因剪应力值很小，一般不予考虑。下面结合图 10-3（a）所示的矩形截面梁说明正应力的计算方法。

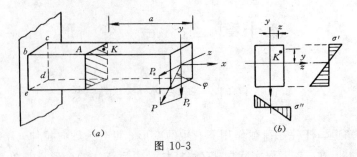

图 10-3

计算某点的正应力时，是将外力 P 沿横截面的两个对称轴方向分解为 P_y 和 P_z，分别计算 P_y 和 P_z 单独作用下该点的正应力，再代数相加。P_y 和 P_z 单独作用下梁的变形分别为在 xy 面内和在 xz 面内发生的平面弯曲，也就是说，计算弯曲时的正应力，是将斜弯曲分解为两个平面弯曲，分别计算每个平面弯曲下的正应力，再进行叠加。

由图 10-3（a）可知，P_y、P_z 分别为

$$P_y = P \cdot \cos\varphi \quad P_z = P \cdot \sin\varphi$$

距右端为 a 的任一横截面上由 P_y 和 P_z 引起的弯矩分别为

$$M_z = P_y \cdot a = Pa \cdot \cos\varphi = M \cdot \cos\varphi$$

$$M_y = P_z \cdot a = Pa \cdot \sin\varphi = M \cdot \sin\varphi$$

式中 $M = Pa$ 是外力 P 引起的该截面上的弯矩。由 M_z 和 M_y（即 P_y 和 P_z）引起的该截面上一点 K 的正应力，则分别为

$$\sigma' = \frac{M_z}{I_z} \cdot y \qquad \sigma'' = \frac{M_y}{I_y} \cdot z$$

P_y 和 P_z 共同作用下 K 点的正应力为

$$\sigma = \sigma' + \sigma'' = \frac{M_z}{I_z} \cdot y + \frac{M_y}{I_y} \cdot z \tag{10-1}$$

或

$$\sigma = \sigma' + \sigma'' = M\left(\frac{\cos\varphi}{I_z} \cdot y + \frac{\sin\varphi}{I_y} \cdot z\right) \tag{10-1'}$$

式（10-1）或（10-1）′就是梁斜弯曲时横截面任一点的正应力计算公式。式中 I_z 和 I_y 分别为截面对 z 轴和 y 轴的惯性矩；y 和 z 分别为所求应力点到 z 轴和 y 轴的距离（见图 10-3 （b））。

用公式（10-1）计算正应力时，应将式中的 M_z、M_y、y、z 等均以绝对值代入，求得的 σ' 和 σ'' 的正、负，可根据梁的变形和求应力点的位置来判定（拉为正、压为负）。例如图 10-3（a）中 A 点的应力，P_y 单独作用下梁凹向下弯曲，此时 A 点位于受拉区，P_y 引起的该点的正应力 σ' 为正值。同理，P_z 单独作用下 A 点位于受压区，P_z 引起的该点的正应力 σ'' 为负值。

二、正应力强度条件

梁的正应力强度条件是荷载作用下梁中的最大正应力不能超过材料的容许应力，即

$$\sigma_{\max} \leqslant [\sigma]$$

计算 σ_{max} 时，应首先知道其所在位置。工程中常用的矩形、工字形等对称截面梁，斜弯曲时梁中的最大正应力都发生在危险截面边缘的角点处，当将斜弯曲分解为两个平面弯曲后，很容易找到最大正应力的所在位置。例如图 10-3（a）所示的矩形截面梁，其左侧固端截面的弯矩最大，该截面为危险截面，危险截面上应力最大的点称为危险点。M_z 引起的最大拉应力（σ'_{max}）位于该截面上边缘 bc 线各点，M_y 引起的最大拉应力（σ''_{max}）位于 cd 线上各点。叠加后，bc 与 cd 交点 c 处的拉应力最大。同理，最大压应力发生在 e 点。此时，依式（10-1）或式（10-1）′ 最大正应力为

$$\sigma_{max} = \sigma'_{max} + \sigma''_{max} = \frac{M_{zmax}}{I_z} \cdot y_{max} + \frac{M_{ymax}}{I_y} \cdot Z_{max}$$

$$= \frac{M_{zmax}}{W_z} + \frac{M_{ymax}}{W_y}$$

或

$$\sigma_{max} = \sigma'_{max} + \sigma''_{max} = M_{max}\left(\frac{\cos\varphi}{I_z} \cdot y_{max} + \frac{\sin\varphi}{I_y} \cdot Z_{max}\right)$$

$$= M_{max}\left(\frac{\cos\varphi}{W_z} + \frac{\sin\varphi}{W_y}\right)$$

$$= \frac{M_{max}}{W_z}\left(\cos\varphi + \frac{W_z}{W_y} \cdot \sin\varphi\right)$$

式中 M_{max} 是由 P 引起的最大弯矩。所以，斜弯曲时的强度条件为：

$$\sigma_{max} = \frac{M_{zmax}}{W_z} + \frac{M_{ymax}}{W_y} \leqslant [\sigma] \tag{10-2}$$

或

$$\sigma_{max} = \frac{M_{max}}{W_z}\left(\cos\varphi + \frac{W_z}{W_y} \cdot \sin\varphi\right) \leqslant [\sigma] \tag{10-2'}$$

与平面弯曲类似，利用式（10-2）或式（10-2）′所示的强度条件，可解决工程中常见的三类典型问题，即校核强度、选择截面和确定容许荷载。在选择截面（即设计截面）时应注意：因式中存在两个未知的抗弯截面模量 W_z 和 W_y，所以，在选择截面时，需先确定一个 $\dfrac{W_z}{W_y}$ 的比值（对矩形截面，$W_z/W_y = \frac{1}{6}bh^2 / \frac{1}{6}hb^2 = h/b$），然后由式（10-2）′算出 W_z 值，再确定截面的具体尺寸。

【例 10-1】 矩形截面简支梁承受均布荷载如图 10-4（a）所示，已知 $q=2\text{kN/m}$，$l=4\text{m}$，$b=10\text{cm}$，$h=20\text{cm}$，$\varphi=15°$，试求 1-1 截面上 K 点的正应力。

【解】 将 q 沿截面的两个对称轴 y、z 方向分解为 q_y 和 q_z（图 10-4b），1-1 截面上的弯

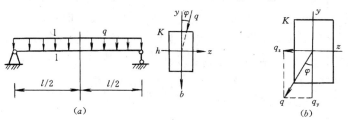

图 10-4

矩 M_z 和 M_y 分别为

$$M_z = \frac{1}{8}q_y l^2 = \frac{1}{8}q \cdot \cos\varphi \cdot l^2 = \frac{1}{8} \times 2 \times 10^3 \times \cos15° \times 4^2 = 3863\text{N} \cdot \text{m}$$

$$M_y = \frac{1}{8}q_z l^2 = \frac{1}{8}q \cdot \sin\varphi \cdot l^2 = \frac{1}{8} \times 2 \times 10^3 \times \sin15° \times 4^2 = 1035\text{N} \cdot \text{m}$$

依式（10-1）1-1 截面上 K 点的正应力为

$$\sigma = \frac{M_z}{I_z} \cdot y - \frac{M_y}{I_y} \cdot z = \frac{M_z}{\frac{1}{12}bh^3} \cdot \frac{h}{2} - \frac{M_y}{\frac{1}{12}hb^3} \cdot \frac{b}{2}$$

$$= \frac{6M_z}{6h^2} - \frac{6M_y}{hb^2} = \frac{6 \times 3863}{0.1 \times 0.2^2} - \frac{6. \times 1035}{0.2 \times 0.1^2} = 2.68 \times 10^6\text{Pa}$$

（式中第二项是由 q_z 引起的正应力。因 q_z 作用下 K 点受压，故该项为负）。

K 点的正应力也可按式（10-1）′即按

$$\sigma = M\left(\frac{\cos\varphi}{I_z} \cdot y + \frac{\sin\varphi}{I_y} \cdot z\right)$$

计算，按此式计算时应注意：M 是由 q 引起的 1-1 截面上的弯矩，其值为 $\frac{1}{8}ql^2$。

【例 10-2】 矩形截面悬臂梁受力如图 10-5 中所示，P_1 作用在梁的竖向对称平面内，P_2 作用在梁的水平对称平面内，P_1、P_2 的作用线均与梁的轴线垂直，已知 $P_1 = 2\text{kN}$、$P_2 = 1\text{kN}$，$l_1 = 1\text{m}$，$l_2 = 2\text{m}$，$b = 12\text{cm}$，$h = 18\text{cm}$，材料的容许正应力 $[\sigma] = 10\text{MPa}$，试校核该梁的强度。

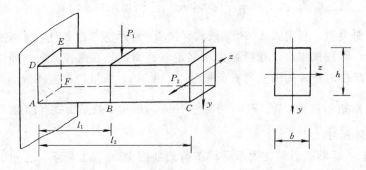

图 10-5

【解】 首先分析梁的变形。该梁 AB 段与 BC 段的变形不同，BC 段在 P_2 作用下只在水平对称平面内发生平面弯曲；AB 段除在水平面内发生平面弯曲外，在梁的竖向对称平面内也发生平面弯曲，所以 AB 段为两个平面弯曲的组合变形，即为斜弯曲。

P_1 作用下最大拉应力发生在固端截面 DE 线上各点，P_2 作用下最大拉应力发生固端截面 EF 线上各点，显然，P_1、P_2 共同作用下 E 点的拉应力最大（同理，最大压应力发生 A 点，其绝对值与最大拉应力相同），其值为

$$\sigma_{\max} = \frac{M_{z\max}}{W_z} + \frac{M_{y\max}}{W_y} = \frac{P_1 l_1}{\frac{1}{6}6h^2} + \frac{P_2 l_2}{\frac{1}{6}hb^2}$$

$$= \frac{2 \times 10^3 \times 1}{\frac{1}{6} \times 0.12 \times 0.18^2} + \frac{1 \times 10^3 \times 2}{\frac{1}{6} \times 0.18 \times 0.12^2} = 7.72 \times 10^6 \text{Pa}$$

满足强度条件。

§10-3 拉伸（压缩）与弯曲的组合变形

当杆件上同时作用有轴向和横向外力时（图 10-6（a）），轴向力使杆件伸长（或缩短），横向力使杆件弯曲，因而杆件的变形为轴向拉伸（或压缩）与弯曲的组合变形。下面结合图 10-6（a）所示的受力杆件说明拉（压）、弯组合变形时的正应力及其强度计算。

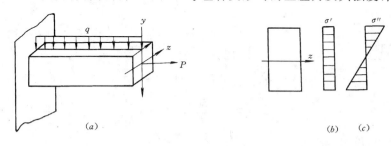

图 10-6

计算杆件在拉（压）、弯组合变形下的正应力时，与斜弯曲类似，仍采用叠加的办法，即分别计算杆件在轴向拉伸（压缩）和弯曲变形下的应力，再代数相加。轴向外力 P 单独作用时，横截面上的正应力均匀分布（图 10-6b），其值为

$$\sigma' = \frac{N}{A}$$

横向力 q 作用下梁发生平面弯曲，正应力沿截面高度成直线规律分布（图 10-6（c）），横截面上任一点的正应力为

$$\sigma'' = \frac{M_z}{I_z} \cdot y$$

P、q 共同作用下，横截面上任一点的正应力为

$$\sigma = \sigma' + \sigma'' = \frac{N}{A} + \frac{M_z}{I_z} \cdot y \tag{10-3}$$

式（10-3）就是杆件在拉（压）、弯组合变形时横截面上任一点的正应力计算公式。

用式（10-3）计算正应力时，应注意正、负号：轴向拉伸时 σ' 为正，压缩时 σ 为负；σ'' 的正负随点的位置而不同，仍根据梁的变形来判定（拉为正，压为负）。

有了正应力计算公式，很容易建立正应力强度条件。对图 10-6（a）所示的拉、弯组合变形杆，最大正应力发生在弯矩最大截面的边缘处，其值为

$$\sigma_{\max} = \frac{N}{A} + \frac{M_{\max}}{W_z}$$

正应力强度条件则为

$$\sigma_{\max} = \frac{N}{A} + \frac{M_{\max}}{W_z} \leqslant [\sigma] \qquad (10\text{-}4)$$

【例 10-3】 矩形截面杆受力如图 10-7 中所示，P_1 的作用线与杆的轴线重合，P_2 作用杆的对称平面内。已知 $P_1 = 6\text{kN}$、$P_2 = 2\text{kN}$，$a = 1.2\text{m}$，$l = 2\text{m}$，$b = 12\text{cm}$，$h = 15\text{cm}$，试求：(1) $n\text{-}n$ 截面上 A 点和 B 点的正压力；(2) 杆中的最大压应力。

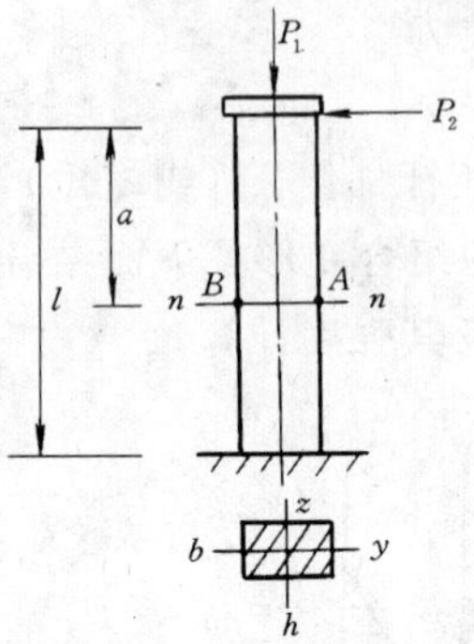

【解】 (1) A 点和 B 点的正应力

P_1 作用下 A、B 两点均受压，P_2 作用下 A 点受拉，B 点受压。

A 点的正应力为

$$\sigma = -\frac{N}{A} + \frac{M_z}{I_z} \cdot y = -\frac{P_1}{bh} + \frac{P_1 a}{\frac{1}{12}bh^3} \cdot \frac{h}{2} = -\frac{P_1}{bh} + \frac{6P_2 a}{6h^2}$$

$$= -\frac{6 \times 10^3}{0.12 \times 0.15} + \frac{6 \times 2 \times 10^3 \times 1.2}{0.12 \times 0.15^2} = 5 \times 10^6 \text{Pa}$$

B 点的正应力为

$$\sigma = -\frac{N}{A} - \frac{M_z}{I_z} \cdot y = -\frac{P_1}{bh} - \frac{6P_2 a}{bh^2} = -5.66 \times 10^6 \text{Pa}$$

图 10-7

(2) 杆中的最大压应力

最大压应力发生在固端截面的左边缘各点处，其值为

$$\sigma_{\max}^{\text{压}} = -\frac{N}{A} - \frac{M_{\max}}{W_z} = -\frac{P_1}{bh} - \frac{6P_2 l}{bh^2}$$

$$= -\frac{6 \times 10^3}{0.12 \times 0.15} - \frac{6 \times 2 \times 10^3 \times 2}{0.12 \times 0.15^2} = -9.22 \times 10^6 \text{Pa}$$

【例 10-4】 承受横向均布荷载和轴向拉力的矩形截面简支梁如图 10-8 所示。已知 $q = 2\text{kN/m}$，$P = 8\text{kN}$，$l = 4\text{m}$，$b = 12\text{cm}$，$h = 18\text{cm}$，试求梁中的最大拉应力和最大压应力。

【解】 梁在 q 作用下的弯矩图如图 10-8 所示，最大拉应力和最大压应力分别发生在跨中截面的下边缘和上边缘处。最大拉应力为

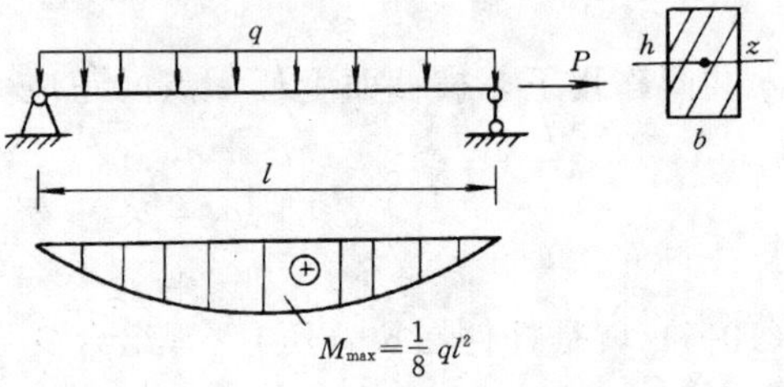

$$\sigma_{\max}^{\text{拉}} = \frac{N}{A} + \frac{M_{\max}}{W_z} = \frac{P}{bh} + \frac{\frac{1}{8}ql^2}{\frac{1}{6}bh^2}$$

$$= \frac{8 \times 10^3}{0.12 \times 0.18} + \frac{\frac{1}{8} \times 2 \times 10^3 \times 4^2}{\frac{1}{6} \times 0.12 \times 0.18^2}$$

$$= 6.54 \times 10^6 \text{Pa}$$

图 10-8

$M_{\max} = \frac{1}{8}ql^2$

最大压应力为

$$\sigma_{\max}^{\text{压}} = \frac{N}{A} - \frac{M_{\max}}{W_z} = \frac{P}{bh} - \frac{\frac{1}{8}ql^2}{\frac{1}{6}bh^2} = -5.8 \times 10^6 \text{Pa}$$

§10-4 偏心拉伸（压缩）

偏心拉伸（压缩）是相对于轴向拉伸（压缩）而言的。轴向拉伸（压缩）时外力 P 的作用线与杆件轴线重合，当外力 P 的作用线只平行于杆件轴线而不与轴线重合时，则称为**偏心拉伸（压缩）**。偏心拉伸（压缩）可分解为轴向拉伸（压缩）和弯曲两种基本变形，也是一种组合变形。

偏心拉伸（压缩）分为单向偏心拉伸（压缩）和双向偏心拉伸（压缩），本节将分别讨论这两种情况下的应力计算。

一、单向偏心拉伸（压缩）时的正应力计算

图 10-9 (a) 所示为矩形截面偏心受拉杆，平行于杆件轴线的拉力 P 的作用点位于截面的一个对称轴上，这类偏心拉伸称为**单向偏心拉伸**。当 P 为压力时，则称为**单向偏心压缩**。

计算此类杆的应力时，是将拉力 P 平移到截面的形心处，使其作用线与杆件的轴线重合。由力的平移定理（见 §3-5）可知，平移后需附加一力矩为 $M_z = Pe$ 的力偶（图 10-9 (b)）。此时，P 使杆件发生轴向拉伸，M_z 使杆件在纸面平面内发生平面弯曲（纯弯曲），从而可知，单向偏心拉伸其实质就是前一节讨论过的轴向拉伸与平面弯曲的组合变形。所以横截面上任一点的正应力为

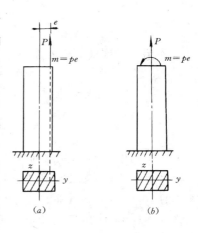

图 10-9

$$\sigma = \frac{N}{A} + \frac{M_z}{I_z} \cdot y = \frac{N}{A} + \frac{M_z}{I_z} \cdot y \tag{10-5}$$

式中　$M_z = Pe$，e 称为**偏心距**。

单向偏心拉伸（压缩）时，最大正应力的位置很容易判断。例如，图 10-9 (b) 所示的情况，最大正应力显然发生在截面的右边缘处，其值为

$$\sigma_{\max} = \frac{P}{A} + \frac{M_z}{W_z}$$

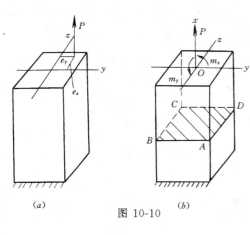

图 10-10

二、双向偏心拉伸（压缩）

图 10-10 (a) 所示的偏心受拉杆，平行于杆件轴线的拉力 P 的作用点不在截面的任何一个对称轴上，与 z、y 轴的距离分别为 e_y 和 e_z。此类偏心拉伸称为**双向偏心拉伸**，当 P 为压力时，称为**双向偏心压缩**。

计算此类杆件任一点正应力的方法，与单向偏心拉伸（压缩）类似。仍是将外力 P 平移到截面的形心处，使其作用线与杆件的轴线重合，但平移后附加的力偶不是一个，

而是两个。两个力偶的力偶矩分别是 P 对 z 轴的力矩 $M_z = Pe_y$ 和对 y 轴的力矩 $M_y = Pe_z$（图 10-10b）。此时，P 使杆件发生轴向拉伸，M_z 使杆件在 $x0y$ 平面内发生平面弯曲，M_y 使杆件在 xoz 平面内发生平面弯曲。所以，双向偏心拉伸（压缩）实际上是轴向拉伸（压缩）与两个平面弯曲的组合变形。

轴向外力 P 作用下，横截面上任一点的正应力为

$$\sigma' = \frac{N}{A} = \frac{P}{A}$$

M_z 和 M_y 单独作用下，同一点的正应力分别为

$$\sigma'' = \frac{M_z}{I_z} \cdot y = \frac{M_z}{I_z} \cdot y$$

和

$$\sigma''' = \frac{M_y}{I_y} \cdot z = \frac{M_y}{I_y} \cdot z$$

三者共同作用下，该点的压力则为

$$\sigma = \sigma' + \sigma'' + \sigma''' = \frac{P}{A} + \frac{M_z}{I_z} \cdot y + \frac{M_y}{I_y} \cdot z \tag{10-6}$$

或

$$\sigma = \sigma' + \sigma'' + \sigma''' = \frac{P}{A} + \frac{Pe_y}{I_z} \cdot y + \frac{Pe_z}{I_y} \cdot z \tag{10-6$'$}$$

式（10-6）与（10-6）$'$ 既适用双向偏心拉伸，又适用于双向偏心压缩。式中第一项拉伸时为正，压缩时为负。式中第二项和第三项的正负，则是依求应力点的位置，由变形来确定。例如，确定图 10-10 (b) 中 $ABCD$ 面上 A 点正应力的正负时，M_z 作用下 A 点处于受拉区，所以第二项为正，M_y 作用下 A 点处于受压区，第三项则为负。

对矩形、工字形等具有两个对称轴的截面，最大拉应力或最大压应力都是发生在截面的角点处，其位置均不难判定。

【**例 10-5**】 矩形截面偏心受压杆如图 10-11 (a) 所示，P 的作用点位于截面的 y 轴上，P、b、h 均为已知，试求杆的横截面不出现拉应力的最大偏心距。

【**解**】 将 P 移到截面的形心处并附加一矩为 $M_z = Pe$ 的力偶（图 10-11 (b)），杆的变形为压弯组合变形。

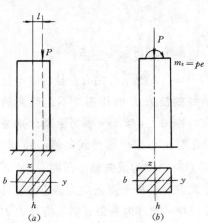

图 10-11

P 作用下横截面上各点均产生压应力；M_z 作用下截面上 z 轴左侧受拉，最大拉应力发生截面的左边缘处。欲使横截面不出现拉应力，应使 P 和 M_z 共同作用下横截面左边缘处的正应力等于零，即

$$\sigma = -\frac{P}{A} + \frac{M_z}{W_z} = 0$$

亦即

$$-\frac{P}{bh} + \frac{Pl}{\frac{1}{6}bh^2} = 0$$

从而解得

$$l = \frac{h}{6}$$

即最大偏心距为 $\dfrac{h}{6}$。

【例 10-6】 矩形截面偏心受压杆如图 10-12（a）所示，P、b、h 均为已知，试求杆中的最大压应力。

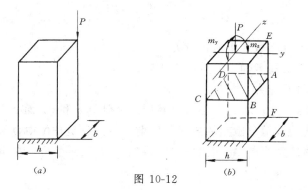

图 10-12

【解】 此题为双向偏心压缩。将 P 平移到截面的形心处并附两个力偶（图 10-12（b）），两力偶的力偶矩分别为

$$M_z = P \cdot \frac{h}{2} \qquad M_y = P \cdot \frac{b}{2}$$

以 $ABCD$ 截面为例，M_z 单独作用下 AB 线上各点的压应力最大，M_y 单独作用 AD 线上各点压应力最大，所以 P、M_z、M_y 共同作用下最大压应力发生在 A 点。因杆件各截面上的内力（N、M_z、M_y）情况相同，故 EF 线上各点的压应力值相同，杆中的最大压应力为

$$\sigma_{max}^{压} = -\frac{P}{A} - \frac{M_z}{I_z} \cdot \frac{h}{2} - \frac{M_y}{I_y} \cdot \frac{b}{2}$$

$$= -\frac{P}{bh} - \frac{P \cdot \dfrac{h}{2}}{\dfrac{1}{12}bh^2} \cdot \frac{h}{2} - \frac{P \cdot \dfrac{h}{2}}{\dfrac{1}{12}hb^2} \cdot \frac{b}{2} = -\frac{7P}{bh}$$

§10-5 弯曲与扭转的组合变形

工程中，有些杆在荷载作用下同时产生弯曲变形和扭转变形，例如图 10-13 所示的圆形截面悬臂杆，力 P 作用下杆发生弯曲，矩为 M 的力偶作用下杆发生扭转，P、M 共同作用下杆的变形则为弯曲与扭转的组合变形。本节中，将讨论这类杆件的强度计算。

弯、扭组合变形的强度计算与前面讨论过的几类组合变形不同。在斜弯曲、拉（压）弯组合及偏心拉伸（压缩）时，杆中最容易破坏的危险点均位于截面的角点（或边缘）处，该处只存在正应力 σ 而无剪应力 τ，因而在强度计算时，是按 $\sigma_{max} \leqslant [\sigma]$ 建立强度

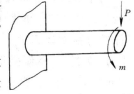

图 10-13

条件。而在弯、扭组合变形时，杆中最容易破坏的危险点处，既存在正应力 σ，又存在剪应力 τ，该点能否破坏是与 σ 和 τ 同时有关，此时的强度问题远比前面讨论过的一些组合变形复杂，在进行强度计算时，必须运用有关的**强度理论**。强度理论也比较复杂，这里不详细讨论，下面直接给出按强度理论建立起的强度条件。

弯、扭组合变形的强度条件为

$$\sqrt{\sigma^2 + 4\tau^2} \leqslant [\sigma] \tag{10-7}$$

或

$$\sqrt{\sigma^2 + 3\tau^2} \leqslant [\sigma] \tag{10-8}$$

式（10-7）和式（10-8）中：

    σ——杆件危险点处横截面上的正应力；

    τ——杆件危险点处横截面上的剪应力；

  $[\sigma]$——材料的容许正应力。

    按式（10-7）或式（10-8）进行强度计算时，需计算 σ 和 τ，而 σ 和 τ 都是杆件危险点处的应力，所以首先应知道危险点的位置。所谓危险点就是杆件中容易破坏的点，一般是杆件中 σ 值和 τ 值都最大的点。下面结合图 10-14（a）所示的弯、扭组合变形杆，分析其危险点的位置。

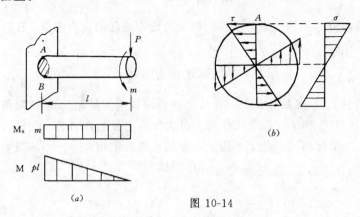

图 10-14

    圆杆在 m 和 P 作用下，其扭矩图和弯矩图如图 10-14（a）中所示。从内力图看到，各截面上的扭矩相同，而固端截面上的弯矩最大（指绝对值），危险点位于固端截面上。由第八章和第九章知道，固端截面上的剪应力 τ 和正应力 σ 的分布规律如图 10-14（b）中所示，显然，A 点处的 σ 值和 τ 值都是杆中最大的，所以 A 点就是危险点（B 点也是危险点）。

    最后，对式（10-7）和式（10-8）表达的强度条件作下列两点说明：

    （1）式（10-7）和式（10-8）只适用于塑性材料（如低碳钢等），即弯、扭组合杆是由塑性材料制成时，才能按该二式进行强度计算，否则不适用（即脆性材料不能用）。

    （2）式（10-7）和式（10-8）是分别按不同的强度理论建立的强度条件，对弯、扭组合变形杆进行强度计算时，可任选其一。

    【例 10-7】   钢制圆形截面悬臂杆受力如图 10-15 所示，已知 $P=3$kN，$m=4$kN·m，$l=1.2$m，$d=8$cm、钢材的容许正应力 $[\sigma]=160$MPa，试校核该杆的强度。

    【解】   圆杆在 P 和 m 作用下，杆的变形为弯、扭组合变形，应按式（10-7）或式（10-8）校核强度（钢材为塑性材料）。这里选用式（10-7），即按

$$\sqrt{\sigma^2 + 4\tau^2} \leqslant [\sigma]$$

校核强度。

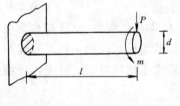

图 10-15

    由前面的分析已经知道，固端截面上的 A 点为危险点（B 点也是危险点，A、B 两点的 τ 值相同，σ 的绝对值也相同）。A 点横截面上的正应力 σ 和剪应力 τ 分别为

$$\sigma = \frac{M_{max}}{W_z} = \frac{Pl}{\frac{\pi}{32}d^3} = \frac{3 \times 10^3 \times 1.2}{\frac{\pi}{32} \times 0.08^3} = 71.6 \times 10^6 \text{Pa} = 71.6 \text{MPa}$$

$$\tau = \frac{M_n}{W_n} = \frac{m}{\frac{\pi}{16}d^3} = \frac{4 \times 10^3}{\frac{\pi}{16} \times 0.08^3} = 39.8 \times 10^6 \text{Pa} = 39.8 \text{MPa}$$

$\sqrt{\sigma^2 + 4\tau^2}$ 值为

$$\sqrt{\sigma^2 + 4\tau^2} = \sqrt{71.6^2 + 4 \times 39.8^2} = 107.1 \text{MP} < [\sigma]$$

该杆满足强度要求。

小　结

（1）本章主要讨论组合变形下的应力和强度计算。从内容上看，除弯、扭组合变形的强度计算外，没有更多的新内容，其它组合变形的应力和强度计算均为对各基本变形知识的具体运用。

（2）计算斜弯曲、拉（压）弯组合和偏心拉伸（压缩）下的正应力时，都是采用叠加的办法，即将组合变形分解为基本变形，然后分别计算各基本变形下的应力，再代数相加。

（3）解决组合变形问题的关键，在于将组合变形分解为有关的基本变形，应明确：

斜弯曲——分解为两个平面弯曲；

拉（压）、弯组合——分解为轴向拉伸（压缩）与平面弯曲；

偏心压缩——单向偏心拉伸（压缩）时，分解为轴向拉伸（压缩）与一个平面弯曲；双向偏心拉伸（压缩）时，分解为轴向拉伸（压缩）与两个平面弯曲。

（4）组合变形分解为基本变形的关键，在于正确地对外力进行简化与分解。其要点为：

①纵向外力：平行于杆件轴线的外力，当其作用线不通过截面形心时，一律向形心简化（即将外力平移至形心处）。

②横向外力：垂直于杆件轴线的横向力，当其作用线通过截面形心但不与截面的对称轴重合时，应将横向力沿截面的两个对称轴方向分解。

（5）对组合变形杆进行强度计算时，其强度条件分为两类：

①按正应力建立强度条件，即 $\sigma_{max} \leqslant [\sigma]$。斜弯曲、拉（压）弯组合和偏心拉伸（压缩）均属此类。对此类杆进行强度计算时，应首先分析 σ_{max} 的所在位置。

②按强度理论建立强度条件。弯、扭组合属于此类，对此类杆进行强度计算时，应首先分析危险点的位置。

思　考　题

10-1　何谓组合变形？如何计算组合变形杆件横截面上任一点的应力？

10-2　何谓平面弯曲？何谓斜弯曲？二者有何区别？

10-3　何谓单向偏心拉伸（压缩）？何谓双向偏心拉伸（压缩）？

10-4　将组合变形分解为基本变形时，对纵向外力和横向外力如何进行简化和分解？

10-5　将斜弯曲、拉（压）弯组合及偏心拉伸（压缩）分解为基本变形时，如何确定各基本变形下正应力的正负？

10-6　对斜弯曲和拉（压）弯组合变形杆进行强度计算时，为何只考虑正应力而不考虑剪应力？

10-7 如何确定弯、扭组合变形杆中危险点的位置?

习　题

10-1 由 14 号工字钢制成的简支梁受力如图所示，P 的作用线通过截面形心且与 y 轴成 φ 角，已知 $P=5\text{kN}$、$l=4m$、$\varphi=15°$，试求梁中的最大正应力。

10-2 矩形截面悬臂梁受力如图所示，P 通过截面形心且与 y 轴成 φ 角，已知 $P=1.2\text{kN}$，$\varphi=12°$，$l=2m$，$\dfrac{h}{6}=1.5$，材料的容许正应力 $[\sigma]=10\text{MPa}$，试确定 b 和 h 的尺寸。

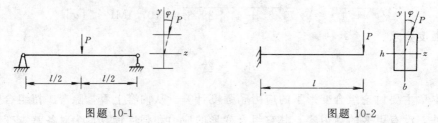

图题 10-1　　　　　　　　　　　　　图题 10-2

10-3 承受均布荷载作用的矩形截面简支梁如图所示，q 与 y 轴成 15°角且通过形心，已知 $l=4m$，$b=10cm$，$h=15cm$，材料的容许应力 $[\sigma]=10\text{MPa}$，试求梁能承受的最大分布荷载 q_{max}。

10-4 矩形截面杆受力如图所示，P_1 和 P_2 的作用线均与杆的轴线重合，P_3 作用在杆的对称平面内，已知 $P_1=5\text{kN}$，$P_2=10\text{kN}$，$P_3=1.2\text{kN}$、$l=2m$，$b=12cm$，$h=18cm$，试求杆中的最大压应力。

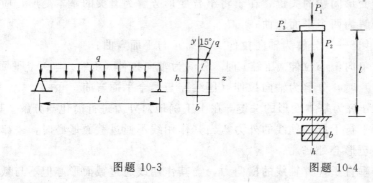

图题 10-3　　　　　　　　　　　　　图题 10-4

10-5 图示结构中，BC 杆为 8 号工字钢制成，已知 $P=4\text{kN}$，$l=2m$，试求 BC 杆中的最大正应力。

10-6 一矩形截面轴向受压杆，在其中间某处挖一槽口（见图），已知 $P=8\text{kN}$、$b=10cm$、$h=16cm$，试求槽口处 $n\text{-}n$ 截面上 A 点和 B 点的正应力。

10-7 矩形截面偏心受拉杆如图所示，P、b、h 均为已知，试求杆中的最大拉应力并指明其所在位置。

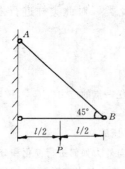

图题 10-5

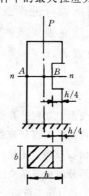

图题 10-6

10-8 矩形截面杆受力如图所示，P_1 的作用线与杆的轴线重合，P_2 的作用点位于截面的 y 轴上，已知 $P_1=20$kN，$P_2=10$kN，$b=12$cm，$h=20$cm，$e=4$cm，试求杆中的最大压应力。

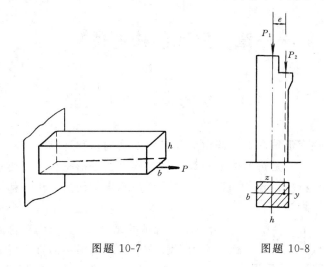

图题 10-7   图题 10-8

10-9 不同截面形状的悬臂梁受力如图中所示，试说明哪些是平面弯曲，哪些是斜弯曲（P 均垂直于杆的轴线；图中 C 点均为截面的形心）。

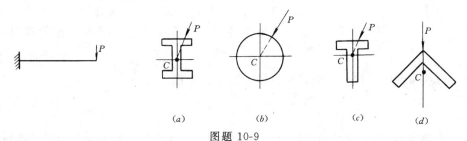

（a）   （b）   （c）   （d）

图题 10-9

10-10 钢制曲拐轴受力如图所示，已知 $P=1.6$kN，$l=0.8$m，$a=0.6$m，$d=5$cm，钢材的容许应力 $[\sigma]=160$MPa，试校核该曲拐轴的强度。

10-11 圆形截面钢杆受力如图所示，已知 $P_1=2$kN、$P_2=10$kN（P_2 的作用线与杆的轴线重合），$m=1.2$kN·m，$l=0.6$m，$d=5$cm，钢材的容许应力 $[\sigma]=160$MPa，试校核该杆的强度。

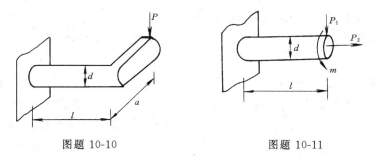

图题 10-10   图题 10-11

第十一章 梁和结构的位移

§11-1 概 述

本章研究微小、弹性变形情况下，静定梁和静定结构的位移计算。

计算位移的目的有二：一是进行刚度验算，确保构件的变形符合使用要求；二是为超静定构件和结构的内力分析提供预备知识，各种计算超静定结构的方法，都需以位移计算作为基础。

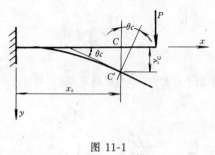

图 11-1

图 11-1 所示的悬臂梁，在纵向对称面内受横向荷载 P 的作用，梁的轴线由图中的直线变成虚线所示的平面曲线。梁变形时，其上各横截面的位置都发生移动，称之为位移。位移用**挠度**和**转角**两个基本量描述。如某横截面 C 沿与梁轴线垂直的方向移到 C'，线位移 CC' 称为截面 C 的挠度，以 y_C 表示。截面 C 在变形后绕中性轴转过一角度 θ_C，角位移 θ_C 称为截面 C 的转角。

图中虚线所示的梁的变形曲线称为**挠曲线**，其方程为

$$y = f(x)$$

称为**挠曲线方程**。式中 x 为截面坐标，y 为截面挠度。截面挠度是截面位置的单值连续函数。在小变形情况下，截面转角

$$\theta \approx \operatorname{tg}\theta = \frac{\mathrm{d}y}{\mathrm{d}x} = f'(x)$$

即挠曲线上任意点的斜率为该点处横截面的转角。

这样，研究梁的弯曲变形时，只要求出挠曲线方程，任意横截面的挠度和转角便都已确定。

用挠曲线方程确定梁的位移是很方便的。但这样方法不适于求结构的位移。如图 11-2 所示的刚架，受荷载 P 作用产生虚线所示的变形，求解各构件的挠曲线方程是相当麻烦的。况且，组成结构的各构件，除产生弯曲变形外，还可能有其它的变形形式。如图 11-3 所示的简单桁架，受荷载作用产生虚线所示的变形，结点 C 的位移是由构件轴向压缩所引起，上述求弯曲变形的方法就不适用了。为此，本章介绍求结构位移的单位荷载法，及由单位荷载法引伸出的图乘法，这种方法是以功、能的概念为基础建立起来的，用它计算结构的位移十分方便，不但适用于各种变形形式，而且可用于求解温度变化和支座移动所引起的位移。

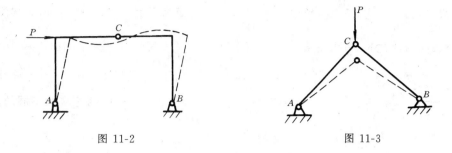

图 11-2   图 11-3

§11-2 梁的挠曲线近似微分方程及其积分

一、梁的挠曲线近似微分方程

为了得到挠曲线方程，必须建立变形与外力间的关系。在第九章中我们求得了梁在纯弯曲时的曲率表达式：

$$\frac{1}{\rho} = \frac{M(x)}{EI_z}$$

对于工程中常用的梁，大多数情况下，剪力 Q 对变形的影响很小可略去不计，故以上关系式仍可用于非纯弯曲的情况。但存在剪力时，M 和 ρ 都不再是常量了，而是截面位置的函数，因此上式应写为

$$\frac{1}{\rho(x)} = \frac{M(x)}{EI_z} \qquad (a)$$

在高等数学中已给出平面曲线的曲率公式为

$$\frac{1}{\rho(x)} = \frac{\left|\dfrac{\mathrm{d}^2 y}{\mathrm{d}x^2}\right|}{\left[1 + \left(\dfrac{\mathrm{d}y}{\mathrm{d}x}\right)^2\right]^{3/2}} \qquad (b)$$

将 (b) 式代入 (a) 式得

$$\frac{\left|\dfrac{\mathrm{d}^2 y}{\mathrm{d}x^2}\right|}{\left[1 + \left(\dfrac{\mathrm{d}y}{\mathrm{d}x}\right)^2\right]^{3/2}} = \frac{M(x)}{EI_z} \qquad (c)$$

由于我们研究的梁属小变形，梁的挠曲线很平缓，$\dfrac{\mathrm{d}y}{\mathrm{d}x}$ 远小于 1，而 $\left(\dfrac{\mathrm{d}y}{\mathrm{d}x}\right)^2$ 与 1 相比是高阶小量，因此式 (c) 分母中的 $\left(\dfrac{\mathrm{d}y}{\mathrm{d}x}\right)^2$ 项可忽略，化简为

$$\left|\frac{\mathrm{d}^2 y}{\mathrm{d}x^2}\right| = \frac{M(x)}{EI_z}$$

去掉绝对值符号则有

$$\pm \frac{\mathrm{d}^2 y}{\mathrm{d}x^2} = \frac{M(x)}{EI_z} \qquad (d)$$

式 (d) 即为梁在弯曲时的挠曲线近似微分方程。式中的正负号取决于对 $M(x)$ 和 $\dfrac{\mathrm{d}^2 y}{\mathrm{d}x^2}$ 所作的符号规定。在我们选取的坐标系中 y 轴向下，当弯矩为正值（$M(x) > 0$）时，梁的挠曲

线向上凹（ ⌣ ），此时 $\dfrac{\mathrm{d}^2 y}{\mathrm{d}x^2}$ 为负值 $\left(\dfrac{\mathrm{d}^2 y}{\mathrm{d}x^2}<0\right)$；当弯矩为负值（$M(x)<0$）时，梁的挠曲线向下凹（ ⌢ ），此时 $\dfrac{\mathrm{d}^2 y}{\mathrm{d}x^2}$ 为正值 $\left(\dfrac{\mathrm{d}^2 y}{\mathrm{d}x^2}>0\right)$。$M(x)$ 与 $\dfrac{\mathrm{d}^2 y}{\mathrm{d}x^2}$ 间的符号关系如图 11-4 所示。

图 11-4

可见弯矩 $M(x)$ 与 $\dfrac{\mathrm{d}^2 y}{\mathrm{d}x^2}$ 的符号总是相反，故在式 (d) 的两侧应取不同的正负号，即

$$\frac{\mathrm{d}^2 y}{\mathrm{d}x^2} = -\frac{M(x)}{EI_z} \tag{11-1}$$

求解这一微分方程，即可得出挠曲线方程，从而求得挠度和转角。

二、挠曲线近似微分方程的积分

在计算梁的变形时，可直接对挠曲线的近似微分方程（11-1）进行积分。积分一次，可得出转角方程。在抗弯刚度 EI_z 为常数的情况下

$$\theta = \frac{\mathrm{d}y}{\mathrm{d}x} = -\frac{1}{EI_z}\left[\int M(x)\mathrm{d}x + C\right] \tag{11-2}$$

再积分一次，可得出挠度方程

$$y = -\frac{1}{EI_z}\left[\iint\left(\int M(x)\mathrm{d}x\right)\mathrm{d}x + Cx + D\right] \tag{11-3}$$

这种应用两次积分求出挠度方程的方法称为重积分法。积分式中出现的 C 和 D 是积分常数，其值可由梁挠曲线上的已知变形条件（如边界条件和连续条件）来确定。积分常数 C、D 确定后，利用式（11-2）、（11-3）便给出任一截面的转角和挠度。

【例 11-1】 一等截面悬臂梁如图 11-5 所示，自由端受集中力 P 作用，梁的抗弯刚度为 EI_z，求自由端截面的转角和挠度。

【解】 （一）建立挠曲线近似微分方程取图示坐标系，梁的弯矩方程为

$$M(x) = -P(l-x)$$

挠曲线的近似微分方程为

$$\frac{\mathrm{d}^2 y}{\mathrm{d}x^2} = -\frac{1}{EI_z}[-P(l-x)]$$

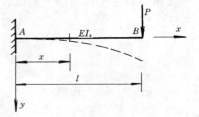

图 11-5

（二）对微分方程二次积分

积分一次，得

$$\theta = \frac{\mathrm{d}y}{\mathrm{d}x} = \frac{1}{EI_z}\left(Plx - \frac{1}{2}Px^2 + C\right) \tag{a}$$

再积分一次，得

$$y = \frac{1}{EI_z}\left(\frac{1}{2}Plx^2 - \frac{1}{6}Px^3 + Cx + D\right) \tag{b}$$

（三）利用边界条件确定积分常数

在固定端处，横截面的转角和挠度均为零，即

当 $x = 0$ 时，$\theta_A = 0$

$$当 \; x = 0 \; 时，\quad y_A = 0$$

将上述边界条件分别代入式 (a)、(b)，得

$$C = 0，\quad D = 0$$

（四）给出转角方程和挠度方程

将所得积分常数 C、D 值代入式 (a)、(b)，得梁的转角方程和挠度方程分别为

$$\theta = \frac{1}{EI_z} \left(Plx - \frac{1}{2}Px^2 \right) \tag{c}$$

$$y = \frac{1}{EI_z} \left(\frac{1}{2}Plx^2 - \frac{1}{6}Px^3 \right) \tag{d}$$

（五）求指定截面的转角和挠度值

将 $x = l$ 代入式 (c) 和式 (d)，便可得到自由端截面的转角和挠度分别为

$$\theta_B = \frac{1}{EI_z} \left(Pl^2 - \frac{1}{2}Pl^2 \right) = \frac{Pl^2}{2EI_z}$$

$$y_B = \frac{1}{EI_z} \left(\frac{1}{2}Pl^3 - \frac{1}{6}Pl^3 \right) = \frac{Pl^3}{3EI_z}$$

转角 θ_B 为正，表示截面 B 是顺时针转；挠度 y_B 为正，表示挠度是向下的。

【例 11-2】 一承受均布荷载的等截面简支梁如图 11-6 所示，梁的抗弯刚度为 EI_z，求梁的最大挠度及 B 截面的转角。

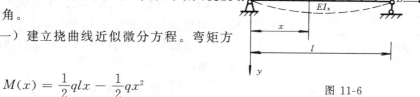

图 11-6

【解】 （一）建立挠曲线近似微分方程。弯矩方程为

$$M(x) = \frac{1}{2}qlx - \frac{1}{2}qx^2$$

挠曲线近似微分方程为

$$\frac{\mathrm{d}^2 y}{\mathrm{d}x^2} = -\frac{1}{EI_z} \left[\frac{1}{2}qlx - \frac{1}{2}qx^2 \right]$$

（二）对微分方程二次积分

积分一次，得

$$\theta = \frac{\mathrm{d}y}{\mathrm{d}x} = \frac{1}{EI_z} \left(\frac{1}{6}qx^3 - \frac{1}{4}qlx^2 + C \right) \tag{a}$$

再积分一次，得

$$y = \frac{1}{EI_z} \left(\frac{1}{24}qx^4 - \frac{1}{12}qlx^3 + Cx + D \right) \tag{b}$$

（三）利用边界条件确定积分常数

简支梁两端铰支座处的挠度均为零，即边界条件为

$$当 \; x = 0 \; 时 \quad y_A = 0$$

$$当 \; x = l \; 时 \quad y_B = 0$$

将上述两个条件分别代入式 (b)，得

$$D = 0，\quad C = \frac{1}{24}ql^3$$

（四）给出转角方程和挠度方程

将所得积分常数 C、D 值代入式 (a)、(b) 得梁的转角方程和挠度方程分别为

$$\theta = \frac{q}{24EI_z}(4x^3 - 6lx^2 + l^3) \tag{c}$$

$$y = \frac{q}{24EI_z}(x^4 - 2lx^3 + l^3x) \tag{d}$$

（五）求最大挠度和截面 B 的转角

由于梁及梁上荷载是对称的，所以，最大挠度发生在跨中，将 $x = \frac{l}{2}$ 代入式 (d) 可求得最大挠度为

$$y_{max} = \frac{5ql^4}{384EI_z}$$

将 $x = l$ 代入式 (c)，可得截面 B 的转角为

$$\theta_B = -\frac{ql^3}{24EI_z}$$

θ_B 为负值，表示截面 B 反时针转。

【例 11-3】 图 11-7 所示简支梁，受集中荷载 P 作用，梁的抗弯刚度为 EI_z，试求 C 截面的挠度和 A 截面的转角。

【解】 此题与前面例题解题步骤相同，不同的是：由于弯矩方程不能用一个函数式表达，因此在计算变形时，也要分段列出挠曲线近似微分方程，并分段积分求解。

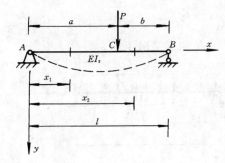

图 11-7

（一）建立挠曲线近似微分方程，并分别积分

由平衡条件求得反力

$$Y_A = \frac{b}{l}P, \quad Y_B = \frac{a}{l}P$$

AC 与 CB 段的弯矩方程分别为

$$M(x_1) = \frac{Pb}{l}x_1 \quad (0 \leqslant x_1 \leqslant a)$$

$$M(x_2) = \frac{Pb}{l}x_2 - P(x_2 - a) \quad (a \leqslant x_2 \leqslant l)$$

两段的挠曲线近似微分方程及其积分，分别为

AC 段 $(0 \leqslant x_1 \leqslant a)$

$$\frac{d^2y_1}{dx_1^2} = \frac{1}{EI_z}\left(\frac{Pb}{l}x_1\right)$$

$$\theta_1 = -\frac{1}{EI_z}\left(\frac{Pb}{2l}x_1^2 + C_1\right) \tag{a}$$

$$y_1 = -\frac{1}{EI_z}\left(\frac{Pb}{6l}x_1^2 + C_1x_1 + D_1\right) \tag{b}$$

CB 段 $(a \leqslant x_2 \leqslant l)$

$$\frac{\mathrm{d}^2 y_2}{\mathrm{d} x_2^2} = \frac{1}{E I_z} \left[P(x_2 - a) - \frac{Pb}{l} x_2 \right]$$

$$\theta_2 = \frac{1}{E I_z} \left[\frac{P}{2}(x_2 - a)^2 - \frac{Pd}{2l} x_2^2 + C_2 \right] \qquad (c)$$

$$y_2 = \frac{1}{E I_z} \left[\frac{P}{6}(x_2 - a)^3 - \frac{Pb}{6l} x_2^3 + C_2 x_2 + D_2 \right] \qquad (d)$$

（二）确定积分常数

在上述的 (a)、(b)、(c)、(d) 四个方程中有四个积分常数 C_1、D_1、C_2、D_2。为了确定这四个积分常数，除需利用边界条件之外，还要应用 AC、CB 两段梁变形连续条件。

边界条件

当 $x_1 = 0$ 时 $\qquad\qquad\qquad y_A = 0$ (1)

当 $x_2 = l$ 时 $\qquad\qquad\qquad y_B = 0$ (2)

变形连续条件

考虑到挠曲线的光滑性和连续性，左、右两段在截面 C 处应具有相同的传角和挠度，即

当 $x_1 = x_2 = a$ 时 $\qquad\qquad\qquad \theta_1 = \theta_2$ (3)

当 $x_1 = x_2 = a$ 时 $\qquad\qquad\qquad y_1 = y_2$ (4)

根据条件（3）可得

$$C_1 = C_2$$

根据条件（4）可得

$$D_1 = D_2$$

将条件（1）代入式 (b)，得

$$D_1 = 0$$

将条件（2）代入式 (d)，得

$$C_2 = \frac{Pb}{6l}(l^2 - b^2)$$

则积分常数分别为

$$D_1 = D_2 = 0$$

$$C_1 = C_2 = \frac{Pb}{6l}(l^2 - b^2)$$

（三）给出转角方程和挠度方程

将所得各积分常数值代入 (a)、(b)、(c)、(d) 各式，便得到 AC、CB 两段梁的转角方程和挠度方程分别为

AC 段 $(0 \leqslant x_1 \leqslant a)$

$$\theta_1 = \frac{Pb}{6l E I_z}(l^2 - b^2 - 3x_1^2) \qquad (e)$$

$$y_1 = \frac{Pb x_1}{6l E I_z}(l^2 - b^2 - x_1^2) \qquad (f)$$

CB 段 $(a \leqslant x_2 \leqslant l)$

$$\theta_2 = \frac{1}{EI_z}\left[\frac{Pb}{6l}(l^2 - b^2 - 3x_2^2) + \frac{P(x_2-a)^2}{2}\right] \qquad (g)$$

$$y_2 = \frac{1}{EI_z}\left[\frac{Pbx_2}{6l}(l_2 - b^2 - x_2^2) + \frac{P(x_2-a)^3}{6}\right] \qquad (h)$$

（四）求指定截面转角和挠度值

将 $x_1=0$ 代入式（e），使得截面 A 的转角为

$$\theta_A = \frac{Pb}{6lEI_z}(l^2 - b^2)$$

将 $x_1=a$ 代入式（f），或将 $x_2=a$ 代入式（h），便可得到截面 C 的挠度为

$$y_C = \frac{Pab}{6lEI_z}(l_2 - b^2 - a^2)$$

§11-3 叠 加 法

前面介绍的积分法，虽然可以求得梁任一截面的转角和挠度，但是当梁上作用有几种（或几个）荷载时，计算工作量很大。而在实际工程中往往只需要求出梁指定截面的位移。这时，采用叠加法是方便的。所谓叠加法，就是先分别计算每种（或每个）荷载单独作用下产生的截面位移，然后再将这些位移代数相加，即为各荷载共同作用下所引起的位移。只有变形是微小的，材料是处于弹性阶段且服从虎克定律，才可应用叠加法。

表 11-1 列举了几种常用梁在简单荷载作用下的转角和挠度。利用这些数据，按叠加法求多荷载共同作用下的梁的位移是很方便的。

几种常用梁在简单荷载作用下的位移　　　　　　　　表 11-1

支承和荷载情况	梁端转角	最大挠度	挠曲线方程式
	$\theta_B = \frac{Pl^2}{2EI_z}$	$y_{max} = \frac{Pl^3}{3EI_z}$	$y = \frac{Px^2}{6EI_z}(3l-x)$
	$\theta_B = \frac{Pa^2}{2EI_z}$	$y_{max} = \frac{Pa^2}{6EI_z}(3l-a)$	$y = \frac{Px^2}{6EI_z}(3a-x),\ 0\leqslant x\leqslant a$ $y = \frac{Pa^2}{6EI_z}(3x-a),\ a\leqslant x\leqslant l$
	$\theta_B = \frac{ql^3}{6EI_z}$	$y_{max} = \frac{ql^4}{8EI_z}$	$y = \frac{qx^2}{24EI_z}(x^2+6l^2-4lx)$
	$\theta_B = \frac{ml}{EI_z}$	$y_{max} = \frac{ml^2}{2EI_z}$	$y = \frac{mx^2}{2EI_z}$
	$\theta_A = -\theta_B = \frac{Pl^2}{16EI_z}$	$y_{max} = \frac{Pl^3}{48EI_z}$	$y = \frac{Px}{48EI_z}(3l^2-4x^2),\ 0\leqslant x\leqslant \frac{l}{2}$

支承和荷载情况	梁端转角	最大挠度	挠曲线方程式
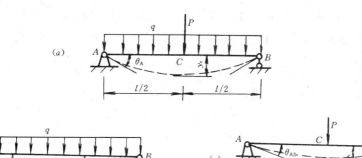 (P at a, b)	$\theta_A = \dfrac{Pab(l+b)}{6lEI_z}$ $\theta_B = -\dfrac{Pab(l+a)}{6lEI_z}$	在 $x=\sqrt{\dfrac{l^2-b^2}{3}}$ 处, $y_{max} = \dfrac{Pb}{9\sqrt{3}EI_z}$ $\times(l^2-b^2)^{3/2}$	$y=\dfrac{Pbx}{6lEI_z}(l^2-x^2-b^2),\ 0\le x\le a$ $y=\dfrac{Pb}{6lEI_z}\left[(l^2-b^2)\,x-x^3+\dfrac{l}{b}\right.$ $\left.\times(x-a)^3\right],\ a\le x\le l$
(均布荷载 q)	$\theta_A=-\theta_B=\dfrac{ql^3}{24EI_z}$	$y_{max}=\dfrac{5ql^4}{384EI_z}$	$y=\dfrac{qx}{24EI_z}(l^3-2lx^2+x^3)$
(m at B)	$\theta_A=\dfrac{ml}{6EI_z}$ $\theta_B=-\dfrac{ml}{3EI_z}$	在 $x=\dfrac{1}{\sqrt{3}}$ 处, $y_{max}\dfrac{ml^2}{9\sqrt{3}EI_z}$	$y=\dfrac{mx}{6lEI_z}(l^2-x^2)$

【例 11-4】 图 11-8（a）所示简支梁，承受均布荷载 q 和集中力 P 作用，梁的抗弯刚度为 EI_z。试用叠加法求跨中挠度及 A 截面的转角。

【解】 首先将荷载分解为均布荷载 q 单独作用和集中力 P 单独作用这两种情况，如图 11-8（b）、（c）所示。然后由表 11-1 查得每种荷载单独作用时的跨中挠度和 A 截面转角，最后叠加求解。

图 11-8

均布荷载 q 单独作用时

$$y_{C1} = \frac{5ql^4}{384EI_z} \quad \theta_{A1} = \frac{ql^3}{24EI_z}$$

集中力 P 单独作用时

$$y_{C2} = \frac{Pl^3}{48EI_z} \quad \theta_{A2} = \frac{Pl^2}{16EI_z}$$

叠加结果为

$$y_C = y_{C1} + y_{C2} = \frac{5ql^4}{384EI_z} + \frac{Pl^3}{48EI_z}$$

$$\theta_A = \theta_{A1} + \theta_{A2} = \frac{ql^3}{24EI_z} + \frac{Pl^2}{10EI_z}$$

【例 11-5】   图 11-9 所示悬臂梁，梁的抗弯刚度为 EI_z，试求 C 截面的挠度。

【解】   将荷载分解为集中力 P 单独作用和均布荷载 q 单独作用，如图 10-9 (b)、(c) 所示。

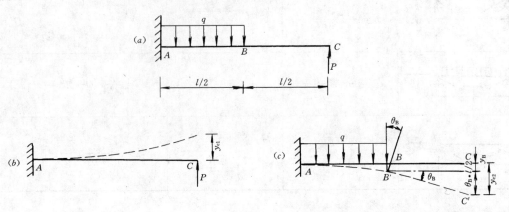

图 11-9

由表 11-1 查得，由于集中力 P 的作用，C 截面的挠度为

$$y_{C1} = -\frac{Pl^3}{3EI_z}$$

由均布荷载 q 的作用，C 截面产生的挠度为 y_{C2}，y_{C2} 可这样求出：梁的 AB 段由均布荷载 q 作用产生弯曲变形，截面 B 的挠度为 y_B，转角为 θ_B。梁的 BC 段无荷载作用，仍保持为直线，但因截面 B 的转角 θ_B，C 截面相对 B 截面的挠度值为 $\theta_B \cdot \frac{l}{2}$。$C$ 截面的实际挠度为 B 截面的挠度与 C 截面相对 B 截面的挠度的和。所以

$$y_{C2} = y_B + \theta_B \cdot \frac{l}{2}$$

由表 11-1 查得

$$y_B = \frac{q\left(\dfrac{l}{2}\right)^4}{8EI_z} = \frac{ql^4}{128EI_z}$$

$$\theta_B = \frac{q\left(\dfrac{l}{2}\right)^3}{6EI_z} = \frac{ql^3}{48EI_z}$$

得到

$$y_{C2} = \frac{ql^4}{128EI_z} + \frac{ql^3}{48EI_z} \cdot \frac{l}{2} = \frac{7ql^4}{384EI_z}$$

在集中力 P 和均布荷载 q 共同作用下，梁的 C 截面挠度为

$$y_C = y_{C1} + y_{C2} = -\frac{Pl^3}{3EI_z} + \frac{7ql^4}{384EI_z}$$

§11-4 单 位 荷 载 法

一、问题的提法·外力的功

以图 11-10（a）所示的简支梁代表线弹性体，未加外力时梁处于平衡状态。在梁的横截面 1 上加力 P_1，梁发生变形，静止于图（b）所示的位置，梁上任意一横截面 i 发生线位移 Δ_i 和转角 θ_i（图（b）），本章的任务是用能量法求静态线位移 Δ_i 和角位移 θ_i。

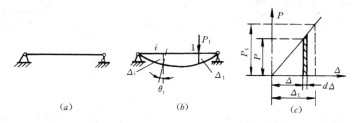

$$(a) \qquad\qquad (b) \qquad\qquad (c)$$

图 11-10

为解决这一问题，必须对加载方式作一假定，即假定外力 P_1 是由零逐渐增大到 P_1 值。梁在这样的外力作用下，从图（a）到图（b）的变形过程中各点的加速度可以略去不计。这就保证了图（a）所示的静止的梁，受力变形后静止于图（b）所示的位置。

由于在变形的过程中没有动能的变化，动能始终保持为零。所以，外力在变形过程中所作的功全部转换为梁的变形位能。

我们局限于研究线弹性体，在此条件下力 P_1 作用点的位移 Δ_1 与力 P_1 的值成正比关系，如图（c）所示。外力 P_1 在梁发生变形过程中所作的功为

$$A = \int_0^{\Delta_1} P \mathrm{d}\Delta = \int_0^{\Delta_1} \frac{P_1}{\Delta_1}\Delta \mathrm{d}\Delta$$

即

$$A = \frac{1}{2} P_1 \Delta_1 \tag{11-4}$$

与之类似，如在截面 1 上加一矩为 m_1 的力偶，梁产生图 11-11 中虚线所示的变形，截面 1 的转角为 θ_1，外力偶 m_1 在梁发生变形过程中所作的功则为

$$A = \frac{1}{2} m_1 \theta_1 \tag{11-5}$$

式（11-4）和（11-5）在形式上相同。

在若干外力作用下，梁发生变形时外力的总功可写作

$$A = \frac{1}{2} \sum_{i=1}^{n} P_i \Delta_i \tag{11-6}$$

式中 n 为外力的总数。当第 i 个外力是一力偶时，则 P_i 代表该力偶的力偶矩，Δ_i 代表该力偶作用截面的转角。

二、线弹性杆件的变形位能

构件变形时，积蓄了变形位能。这里着重讨论弯曲构件变形位能的计算。

从受弯杆件上截取长为 $\mathrm{d}x$ 的微段，微段两端横截面上的内力（对微段来说是外力）如图 11-12（a）所示。端面弯矩引起微段弯曲变形；端面剪力引起微段剪切变形。一般情况

下，剪切变形位能远小于弯曲变形位能，可略去不计。弯矩增量 $\mathrm{d}M(x)$ 是 $M(x)$ 的一阶无穷小量，在计算变形位能时可不予考虑。这样就可按图 (b) 所示的受力和变形情况计算微段的变形位能。

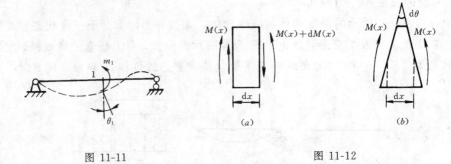

图 11-11   图 11-12

微段的变形位能 $\mathrm{d}U$ 可通过微段端截面上的力在微段变形上的功来计算，即

$$\mathrm{d}U = \frac{1}{2}M(x)\mathrm{d}\theta$$

$$= \frac{1}{2}M(x)\frac{M(x)}{EI}\mathrm{d}x$$

整个杆件的弯曲变形位能 U 由微段变形位能的积分求得：

$$U = \int_{\mathrm{L}} \frac{M^2(x)}{2EI}\mathrm{d}x \qquad (11\text{-}7)$$

式中 $M(x)$ 是杆件的弯矩表达式；EI 为杆件的抗弯刚度；积分限 L 表示积分在杆件全长上进行。

当杆件发生轴向拉伸（压缩）、剪切、扭转等形式的变形时，也可类似地导出变形位能的表达式。这里给出轴向拉伸（压缩）杆件的变形位能表达式

$$U = \int_{\mathrm{L}} \frac{N^2(x)}{2EA}\mathrm{d}x \qquad (11\text{-}8)$$

式中 $N(x)$～轴力，EA～抗拉（压）刚度，L～杆件长度。

当轴力 $N(x)$ 和抗拉（压）刚度沿杆件长度为常数时，则

$$U = \frac{N^2 l}{2EA} \qquad (11\text{-}9)$$

对组合变形杆件，按迭加原理，其变形位能为各基本变形形式的变形位能的和。

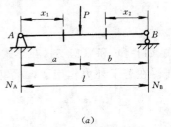

(a)

【例 11-6】   计算图 11-13 (a) 所示简支梁在集中力 P 作用下的变形位能。梁的抗弯刚度 EI 为常数。

【解】   作弯矩图如图 (b) 所示。力 P 两侧的弯矩表达式分别为

$$M_1 = N_\mathrm{A} x_1 = \frac{Pb}{l} x_1$$

$$M_2 = N_\mathrm{B} x_2 = \frac{Pa}{l} x_2$$

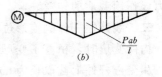

(b)

图 11-13

184

两段上的弯矩表达式不同，式（11-7）的积分需分段进行

$$U = \frac{1}{2EI}\left[\int_0^a \frac{P^2b^2}{l^2}x_1^2\mathrm{d}x_1 + \int_0^b \frac{P^2a^2}{l^2}x_2^2\mathrm{d}x_2\right]$$

$$= \frac{P^2a^2b^2}{6EIl}$$

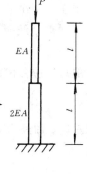

图 11-14

【例 11-7】 求图 11-14 所示的阶梯杆在力 P 作用下的变形位能。

【解】 将阶梯杆分为上、下两段，每段上的轴力 N 和抗压刚度分别为常数。按式（11-8）

$$U = \frac{P^2l}{2(2EA)} + \frac{P^2l}{2EA}$$

$$= \frac{3P^2l}{4EA}$$

三、单位荷载法

单位荷载法是计算构件和结构位移的基本方法之一，这个方法是应用外力的功和变形位能的概念建立的。下面仍以简支梁为例说明单位荷载法的原理和它所给出的位移计算公式。

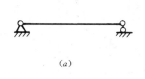

(a)

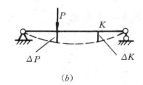

(b)

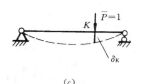

(c)

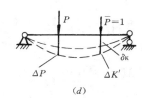

(d)

图 11-15

在梁未受荷载作用或刚受荷载作用的那一瞬时的位置 I 上（图 11-15（a）），外力的位能和梁的变形位能均为零，即此位置的总能量为零。梁受力 P 作用，发生变形并静止于图 b 中虚线所示的位置 II。在该位置上，外力的位能等于外力在变形过程中所作功的负值，即为 $-A$。而梁的变形位能为 U。根据能量守恒定律，在 I 位置上的总能量和在 II 位置上的总能量应相等，于是有

$$U - A = 0$$

或

$$U = A \tag{11-10}$$

上式表明，变形位能在数值上等于外力在变形过程中所作的功。此结论来源于能量守恒，并未涉及材料的性质，适用于所有的变形体。对所研究的线弹性体的梁，式（11-10）可写作

$$\int_L \frac{M^2P(x)}{2EI}\mathrm{d}x = \frac{1}{2}P\Delta_p \tag{a}$$

在建立杆件的变形位能公式求杆件微段的变形位能时，实际上已应用了这一结论。本节则将以这一结论为理论依据，建立单位荷载法。

为求得力 P 作用下 K 点的线位移 Δ_K，在 K 点沿线位移 Δ_k 方向施加单位力 $\overline{P}=1$（图（c））。受力 $\overline{P}=1$ 作用，梁的变形如图（c）中虚线所示。力 $\overline{P}=1$ 所引起的作用点 K 的线位移以 δ_K 表示。按式（11-10）

$$\int_L \frac{\overline{M}^2(x)}{2EI}\mathrm{d}x = \frac{1}{2} \times 1 \times \delta_K \tag{b}$$

式中 $\overline{M}(x)$ 是单位力 $\overline{P}=1$ 所引起的弯矩的表达式。

现在，先在梁上加单位力 $\overline{P}=1$。产生图 d 中虚线所示的变形后，再加力 P，变形为图 (d) 中的点划线所示。按叠加原理，此时梁的弯矩表达式应为

$$M_P(x) + \overline{M}(x)$$

外力的总功应分两阶段计算：第一阶段，加单位力 $\overline{P}=1$，外力功为

$$\frac{1}{2} \times 1 \times \delta_K$$

第二阶段，加外力 P，这一阶段中单位力 $\overline{P}=1$ 是以恒力的方式作用在梁上，所以，外力的功为

$$\frac{1}{2} P\Delta_P + 1 \times \Delta_K$$

对点划线所表示的变形状态应用式（11-10）

$$\int_L \frac{[M_P(x) + \overline{M}(x)]^2}{2EI} dx$$

$$= \frac{1}{2} \times 1 \times \delta_K + \frac{1}{2} P\Delta_P + 1 \times \Delta_K \qquad (c)$$

将式 (a) 和式 (b) 代入式 (c) 右端，有

$$\int_L \frac{[M_P(x) + \overline{M}(x)]^2}{2EI} dx$$

$$= \int_L \frac{\overline{M}^2(x)}{2EI} dx + \int_L \frac{M_P^2(x)}{2EI} dx + \Delta_K$$

将等式左端展开，整理后得到

$$\Delta_K = \int_L \frac{M_P(x)\overline{M}(x)}{EI} dx \qquad (11-11)$$

这就是单位荷载法的位移计算公式。

如果求 K 截面的转角 θ_K，上述推导过程仍然有效。只不过在 K 点处不是加单位力 $\overline{P}=1$，而是加单位力偶 $\overline{m}=1$，得到转角的计算式

$$\theta_K = \int_L \frac{M_P(x)\overline{M}(x)}{EI} dx \qquad (11-12)$$

式（11-11）与式（11-12）在形式上完全相同，区别仅在于求线位移 Δ_K 时，$\overline{M}(x)$ 是单位力 $\overline{P}=1$ 的弯矩表达式。求角位移 θ_K 时，$\overline{M}(x)$ 是单位力偶 $\overline{m}=1$ 的弯矩表达式。

应用单位荷载法求线（角）位移时，应先画荷载弯矩图，写出其表达式 $M_P(x)$，再画单位力（力偶）弯矩图，写出其表达式 $\overline{M}(x)$，然后作积分运算。

对轴力构件，位移计算公式也可按上述方法推出。为

$$\Delta_K = \int_L \frac{N_P(x)\overline{N}}{EA} dx \qquad (11-13)$$

式中 $N_P(x)$ 为荷载引起的轴力表达式。$\overline{N}$ 为单位力 $\overline{P}=1$ 引起的轴力。EA 为抗拉（压）刚度。当 $N_P(x)$ 和 EA 沿杆长为常数时，式（11-13）写作

$$\Delta_K = \frac{N_P\overline{N}}{EA} \qquad (11-14)$$

类似可得到其它基本变形形式的位移计算公式。对组合变形的构件，其位移为各基本变形

形式的位移的迭加。

【例 11-8】 求图 11-16（a）所示简支梁上力 P 作用点的竖向位移 Δ_P 和转角 θ_P。EI 为常数。

【解】 画荷载弯矩图（图 b）。例 10-6 中已给出弯矩表达式：

左段
$$M_P = \frac{Pb}{l}x_1$$

右段
$$M_P = \frac{Pa}{l}x_2$$

在力 P 作用点沿位移 Δ_P 方向加单位力 $\overline{P}=1$（图（c）），其弯矩表达式为

左段
$$\overline{M} = \frac{b}{l}x_1$$

右段
$$\overline{M} = \frac{a}{l}x_2$$

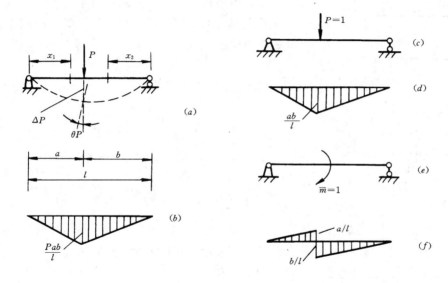

图 11-16

按式（11-11），积分在两段上进行：
$$\Delta_P = \frac{1}{EI}\left[\int_0^a \frac{Pb}{l}x_1 \cdot \frac{b}{l}x_1 \mathrm{d}x_1 + \int_0^b \frac{Pa}{l}x_2 \cdot \frac{a}{l}x_2 \mathrm{d}x_2\right]$$
$$= \frac{Pa^2b^2}{3EIl}$$

当 $a=b$ 时，$\Delta_P = \dfrac{Pl^3}{48EI}$

欲求力 P 作用截面的转角，则应在力 P 作用点加单位力偶 $\overline{m}=1$（图 e），其弯矩图如图 f 所示。弯矩表达式为

左段
$$\overline{M}_1 = -\frac{1}{l}x_1$$

右段
$$\overline{M}_1 = \frac{1}{l}x_2$$

按式（11-12），积分在两段上进行：

$$\theta_P = \frac{1}{EI}\left[\int_0^a \frac{Pb}{l}x_2\left(\frac{1}{l}x_2\right)\mathrm{d}x_2 + \int_0^b \frac{Pa}{l}x_2 \cdot \frac{1}{l}x_2\mathrm{d}x_2\right]$$

$$= \frac{Pab}{3EIl^2}(-a^2 + b^2)$$

这里单位力偶 $\overline{m}$ 的方向是任选的。当 $b>a$ 时，θ_P 取正值，表明 θ_P 的方向与单位力偶 $\overline{m}$ 的方向相同；当 $b<a$ 时，θ_P 取负值，表明 θ_P 的方向与单位力偶 $\overline{m}$ 的方向相反；当 $a=b$ 时，$\theta_P=0$。这一结果是意料之中的。

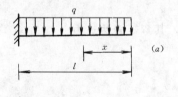

【例 11-9】 图 11-17 (a) 所示悬臂梁的抗弯刚度为 EI（常数），求均布荷载 q 作用下梁上任意截面的转角 θ。

【解】 荷载作用下的弯矩表达式为

$$M_P = -\frac{1}{2}qx_2$$

计算中坐标轴 x 的原点取在自由端。

在距原点为 x 的截面上加单位力偶 $\overline{m}=1$（图 c），截面右端的梁段上

$$\overline{M} = 0$$

截面左端的梁段上

$$\overline{M} = -1$$

按式 （11-12）

$$\theta_x = \frac{1}{EI}\int_x^l \frac{1}{2}qx^2\mathrm{d}x$$

$$= \frac{q}{6EI}(l^3 - x^3)$$

图 11-17

在自由端（$x=0$），$\theta_0 = \frac{ql^3}{6EI}$；在梁中点$\left(x=\frac{l}{2}\right)$，$\theta_{\frac{l}{2}} = \frac{7ql^3}{48EI}$；在固定端（$x=l$），$\theta_l = 0$。

【例 11-10】 图 11-18 (a) 所示的简单桁架中两杆的抗拉（压）刚度 EA 相同。求结点力 P 作用下结点 C 在垂直于杆 BC 方向的位移。

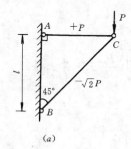
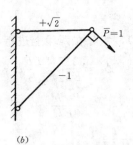

图 11-18

【解】 由式 （11-14） 的推导过程可知，求桁架结点位移的公式应为

$$\Delta = \sum_{i=1}^n \frac{N_{Pi}\overline{N}_i l_i}{E_i A_i} \tag{11-15}$$

式中 E_iA_i——第 i 杆件的抗拉（压）刚度。

l_i——第 i 杆件的长度。

N_{Pi}——荷载引起的第 i 杆的轴力。

$\overline{N}_i$——单位力 $\overline{P}$ 引起的第 i 杆的轴力。

n——组成桁架的杆件总数。

荷载引起的各杆的轴力标于图 (a) 中。

沿所求位移方向加单位力 $\overline{P}=1$。单位力 $\overline{P}$ 引起的各杆的轴力标于图 b 中。

结点 C 沿 BC 杆垂线方向的位移按式 (11-15) 算得为

$$\Delta = \frac{1}{EA}[P \times \sqrt{2} \times l + (-\sqrt{2}P) \times (-1) \times \sqrt{2}l]$$

$$= \frac{3.414Pl}{EA}$$

§11-5 图 乘 法

用单位荷载法给出的公式

$$\Delta = \int \frac{M_P \overline{M}}{EI} \mathrm{d}x \qquad (a)$$

计算位移时，必须进行积分运算。如果：

1) EI = 常数；

2) 杆件轴线是直线；

3) M_P 图和 $\overline{M}$ 图中至少有一个是直线图形，式 (a) 的积分可用 M_P 图和 $\overline{M}$ 图的图形互乘来代替。下面给出证明。

设杆件 AB 长为 L，$\overline{M}$ 图为直线图形，M_P 图为任意的曲线图形。如图 11-19 所示。

选 $\overline{M}$ 图形的直线与基线的交点为坐标原点，x、y 轴如图中给出。这样，$\overline{M}$ 图的表达式可写作

$$\overline{M} = x\mathrm{tg}\alpha \qquad (x_A \leqslant x \leqslant x_B) \qquad (b)$$

将式 (b) 代入式 (a)，

$$\Delta = \frac{1}{EI}\int x\mathrm{tg}\alpha M_P \mathrm{d}x$$

$$= \frac{\mathrm{tg}\alpha}{EI}\int x M_P \mathrm{d}x \qquad (c)$$

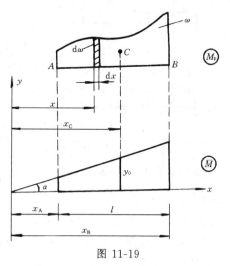

图 11-19

积分号下 $M_P \mathrm{d}x$ 是 M_P 图上的微面积，$\mathrm{d}\omega$ 积分 $\int x\mathrm{d}\omega$ 是图形 M_P 相对 y 轴的静矩，而一图形相对某轴的静矩等于该图形的面积乘以该图形的形心 C 到轴的距离。如以 ω 表示 M_P 图形的面积，以 x_C 表示 M_P 图形心 C 到 y 轴的距离，则

$$\int_L x M_P \mathrm{d}x = \int_\omega x\mathrm{d}\omega = \omega x_C \qquad (d)$$

将式 (d) 代入式 (c)，

$$\Delta = \frac{1}{EI}\omega x_C \mathrm{tg}\alpha$$

从 $\overline{M}$ 图上看，如将与 M_P 图形心 C 相对应的 $\overline{M}$ 图的纵标用 y_0 表示，显然

$$y_0 = x_c \mathrm{tg}\alpha$$

于是得到图乘法的位移计算公式

$$\Delta = \frac{1}{EI}\omega y_c \qquad\qquad (11\text{-}16)$$

结论：当前述三个条件被满足时，位移 Δ 属于 M_P、$\overline{M}$ 二图形中曲线图形的面积乘以其形心所对应的直线图形的纵坐标，再除以 EI。

应用式（11-16）求位移时，要注意以下几点：

1）当 M_P 图和 $\overline{M}$ 图在基线的同侧时，积 ωy_0 取正号；二者在基线的异侧时，积 ωy_0 取负号。

2）当 M_P 图和 $\overline{M}$ 图都为直线图形时，可任选一图形计算面积 ω，以该图形形心所对应的另一图形的纵标作 y_0。

3）$\overline{M}$ 图形不可能是曲线，只能是直线或折线。当 M_P 图形为曲线，$\overline{M}$ 图形为折线时，可分段进行图乘。如图 11-20 所示的情况，$\overline{M}$ 图的折线由两个直线段组成，M_P 图相应的分为两部分，图乘应在两段上分别进行。

$$\Delta = \frac{1}{EI}\left[\omega_1 y_{01} + \omega_2 y_{02}\right]$$

应用图乘法时，至关重要的是，y_0 必须在直线图形上取得。

4）为顺利地进行图乘，需知道常见曲线图形的面积及其形心位置。现将二次标准抛物线图形的面积及其形心位置示于图 11-21 中，供查用。

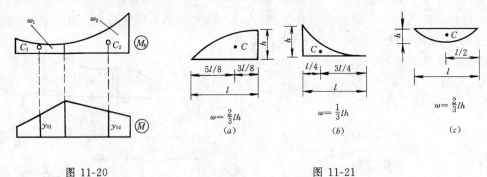

图 11-20   图 11-21

【**例 11-11**】 求图 11-22（a）所示简支梁在力 P 作用下右支座处的转角 θ_B。

【**解**】 作 M_P 图（图（b））

在右端支座 B 处加单位力偶 $m=1$，并作 $\overline{M}$ 图（图（c））。

$\overline{M}$ 图为直线图形，应在 M_P 图上计算面积 ω，在 $\overline{M}$ 图上取纵标 y_0。

M_P 图的面积

$$\omega = \frac{1}{8}Pl^2$$

M_P 图形的形心所对应的 $\overline{M}$ 图的纵标

$$y_0 = \frac{1}{2}$$

按式 (11-16)，$\theta_B = \dfrac{1}{EI}\omega y = \dfrac{Pl^2}{16EI}$

【例 11-12】 求图 11-23 (a) 所示悬臂梁在力 P 作用下中点的位移 $\Delta_{\frac{l}{2}}$。

【解】 作 M_P 图（图 (b)）。

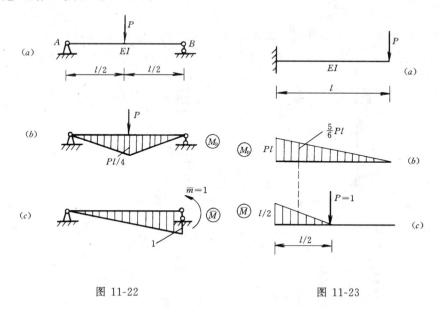

图 11-22   图 11-23

在梁中点加单位力 $\overline{P}=1$ 并作 $\overline{M}$ 图（图 (c)）。

$\overline{M}$ 图沿梁长为一折线，需分两段计算。右段上 $\overline{M}=0$，图乘法结果自然为零。左段上 M_P 图和 $\overline{M}$ 图均为直线图形。在 $\overline{M}$ 图上计算面积，$\omega = \dfrac{1}{2} \times \dfrac{l}{2} \times \dfrac{l}{2} = \dfrac{l^2}{8}$ 其形心对应的 M_P 图的纵标 $y_0 = \dfrac{5}{6}Pl$，所以

$$\Delta_{\frac{l}{2}} = \frac{1}{EI} \times \frac{l^2}{8} \times \frac{5}{6}Pl = \frac{5Pl^3}{48EI}$$

【例 11-13】 求图 11-24 (a) 所示刚架在支座 B 处的转角 θ_B。

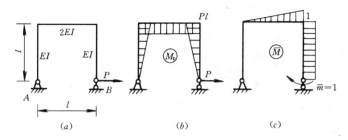

图 11-24

【解】 作 M_P 图（图 (b)）。

在支座 B 处加单位力偶 $\overline{m}=1$，作 $\overline{M}$ 图（图 (c)）。

图乘应分段进行。左柱上 $\overline{M}=0$，图乘结果自然为零。右柱和横梁上，M_P 图和 $\overline{M}$ 图分别在基线的两侧，图乘结果均取负值。计算中在 M_P 图上算面积 ω，在 $\overline{M}$ 图上取纵标 y_0，按

式（11-16），

$$\theta_B = -\frac{1}{EI} \times \frac{1}{2} \times l \times Pl \times 1 - \frac{1}{2EI} \times Pl \times l \times \frac{1}{2}$$

$$= -\frac{38Pl^2}{4EI}$$

结果为负值表明，B 支座处截面转角的方向与单位力偶 $\overline{m}$ 的方向相反。

【**例 11-14**】 求图 11-25（a）所示刚架的刚结点的水平位移 Δ。

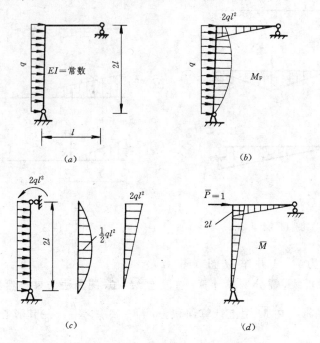

图 11-25

【**解**】 作 M_P 图（图（a））。为便于图乘，立柱的弯矩图形可分解为两个简单的图形：一是简支梁受均布荷载作用的弯矩图；一是简支梁受梁端力偶 $2ql^2$ 作用的弯矩图，如图（c）所示。

在刚结点加水平力 $\overline{P}=1$，作 $\overline{M}$ 图（图（d））。

图乘时，在 M_P 图上计算面积 ω，在 $\overline{M}$ 图上取纵标 y_0。图乘的次序是先算横梁段，后算立柱段。立柱段的 M_P 图按分解后的图（c）考虑。

$$\Delta = \frac{1}{EI}\left[\frac{1}{2} \times l \times 2ql^2 \times \frac{2}{3} \times 2l + \frac{2}{3} \times 2l \times \frac{1}{2}ql^2 \times l + \frac{1}{2} \cdot 2l \times 2ql^2 \times \frac{2}{3} \times 2l\right]$$

$$= \frac{14ql^4}{3EI}$$

【**例 11-15**】 求图 11-26（a）所示刚架铰 C 处左、右二截面的相对转角 Δ_θ，$EI=$ 常数。

【**解**】 如在铰 C 左截面处顺时针方向加单位力偶 $\overline{m}=1$，用图乘法可求得左截面顺时针方向的转角；如在铰 C 右截面处逆时针方向加单位力偶 $\overline{m}=1$，用图乘法可求得右截面逆时针方向的转角。按叠加原理，在铰 C 左右截面二处同时加上这一对反向的单位力偶，用

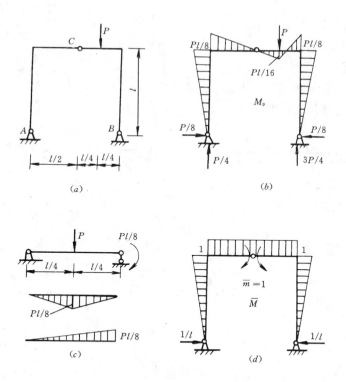

图 11-26

图乘法求得的便是铰 C 左、右二截面的相对转角 Δ_θ。这对反向的单位力偶的 $\overline{M}$ 图如图 (d) 所示。

图乘时，在 M_P 图（图 (b)）上计算面积 ω，在 $\overline{M}$ 图上取纵标 y_0。图乘法分四段，按从左到右的次序进行。M_P 图中铰 C 右侧的横梁上的图形可分解为两个简单图形，如图 11-26 (c) 所示。算得

$$\Delta_\theta = \frac{1}{EI}\Big[\frac{1}{2} \times l \times \frac{Pl}{8} \times \frac{2}{3} \times 1 + \frac{1}{2} \times \frac{l}{2} \times \frac{Pl}{8} \times 1$$

$$- \frac{1}{2} \times \frac{l}{2} \times \frac{Pl}{8} \times 1 + \frac{1}{2} \times \frac{P}{2} \times \frac{Pl}{8} \times 1$$

$$+ \frac{1}{2} \times l \times \frac{8l}{9} \times \frac{2}{3} \times 1\Big]$$

$$= \frac{11Pl^2}{96EI}$$

§11-6 线弹性体的互等定理

这里介绍线弹性体的三个互等定理：功的互等定理，位移互等定理，反力互等定理。其中功的互等定理是最基本的互等定理，后两个互等定理都是在特定的条件下由它导出的。这些互等定理在超静定结构的内力计算中得到应用。

一、功的互等定理

以简支梁为例给出功的互等定理。

考查两种情况。

情况 I：力 P_1 作用在梁的 1 点上（图 11-27（a））。

情况 II：力 P_2 作用在梁的 2 点上（图 11-27（b））。

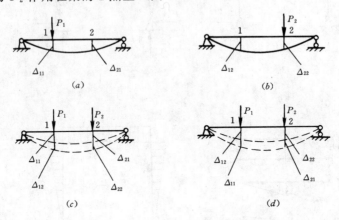

图 11-27

在情况 I 中，力 P_1 引起的 1 点沿 P_1 方向的位移用 Δ_{11} 表示。力 P_1 引起的 2 点沿 P_2 方向的位移用 Δ_{21} 表示（图（a））。

在情况 II 中，力 P_2 引起的 2 点沿 P_2 方向的位移用 Δ_{22} 表示，力 P_2 引起的 1 点沿 P_1 方向的位移用 Δ_{12} 表示（图（b））。

位移 Δ_{ij} 的前一脚标 i 指示位移发生的地点和方向；后一脚标 j 指示产生位移的力及其作用位置。例如，Δ_{21} 的前一脚标 2，指示此位移发生在 2 点沿着力 P_2 的方向；后一脚标 1，指示此位移是作用在 1 点的力 P_1 所引起。

现在，研究情况 I 上的力在情况 II 的位移上的功与情况 II 上的力在情况 I 的位移上的功这二者之间的关系。为此，按照不同的加载次序，将力 P_1、P_2 分别作用到梁上。

先加力 P_1，后加力 P_2（图（c））。加力 P_1 后梁的变形如图中虚线所示。再加力 P_2 后梁的变形如图中点划线所示。最后，梁的变形能 U_1 按式（11-10）求得为

$$U_1 = \frac{1}{2} P_1 \Delta_{11} + \frac{1}{2} P_2 \Delta_{22} + P_1 \Delta_{12} \qquad (a)$$

式中 $P_1 \Delta_{12}$ 是梁由虚线位置到点划线位置力 P_1 所作的功。在这一变形过程中力 P_1 为恒力。

先加力 P_2，后加力 P_1（图（d））。加力 P_2 后梁的变形如图中的点划线所示，再加力 P_1 梁的变形如图中虚线所示。最后，梁的变形能 U_2 按式（11-10）求得为

$$U_2 = \frac{1}{2} P_2 \Delta_{22} + \frac{1}{2} P_1 \Delta_{11} + P_2 \Delta_{21} \qquad (b)$$

如以 $M_1(x)$ 表示 P_1 单独作用时梁的弯矩表达式。以 $M_2(x)$ 表示 P_2 单独作用时梁的弯矩表达式。对线弹性体来说，无论加载次序如何，加载后最终的弯矩 $M(x)$ 都等于单独加载的弯矩的迭加，即

$$M(x) = M_1(x) + M_2(x)$$

因此
$$U_1 = U_2 = \int_L \frac{[M_1(x) + M_2(x)]}{2EI} dx$$

说明线弹性体的变形能也与加载次序无关。

由式（a）、（b）的右端相等，得

$$P_1 \Delta_{12} = P_2 \Delta_{21} \tag{11-17}$$

即情况 I 的外力在情况 II 的位移上所作的功（$P_1\Delta_{12}$）等于情况 II 的外力在情况 I 的位移上所作的功（$P_2\Delta_{21}$）。这就是**功的互等定理**。

现在，我们借助于功的互等定理来研究因支座移动产生的位移。

设简支梁的 B 端支座有微小移动 C_B，用单位荷载法求 K 截面的线位移 Δ_K（图 11-28（a））。这里所说的支座移动，是在梁不发生变形的条件下所允许的支座移动。对静定结构来说这种支座移动是可能实现的，且不引起支座的约束反力（对超静定结构则不然）。为用单位荷载法求位移 Δ_K，在 K 截面沿位移 Δ_K 的方向加单位力 $\overline{P}=1$。力 $\overline{P}$ 所引起的梁的变形用虚线表示，力 $\overline{P}$ 所引起的支座反力用 $\overline{R}_A$、$\overline{R}_B$ 表示（图 11-28（b））。规定支座位移的方向为反力的正向，图中的反力均按正向画出（在本例中实际计算出的反力均取负值）。以图（a）所示的情况作为情况 I；以图（b）所示的情况作为情况 II，对这两个情况应用功的互等定理：

(a) (b)

图 11-28

情况 I 的外力在情况 II 的位移上的功＝0

情况 II 的外力在情况 I 的位移上的功＝$1 \cdot \Delta_K + \overline{R}_B \cdot C_B$

即
$$1 \cdot \Delta_K + \overline{R}_B \cdot C_B = 0$$

求得
$$\Delta_K = -\overline{R}_B C_B$$

如果同时有 n 个支座位移发生，则

$$\Delta_K = -\sum_{i=1}^{n} \overline{R}_i C_i \tag{11-18}$$

应用式（11-18）求支座移动所引起的位移时，要先在所求位移点沿所求位移方向加单位力，并求出单位力所引起的反力 $\overline{R}$ 代入式中即可。值得注意的是：

（1）求反力时，反力要按正向画出。

（2）如求 K 截面的角位移，则不是加单位力 $\overline{P}=1$，而是加单位力偶 $\overline{m}=1$，并求 $\underline{m}$ 作用下的支座反力。

当外荷载和支座移动两种因素同时作用时，可分别按式（11-11）和式（11-18）计算两种因素引起的位移，然后相加，即

$$\Delta_K = \int_L \frac{M_P(x)\overline{M}(x)}{EI} dx - \Sigma \overline{R}C \tag{11-19}$$

二、位移互等定理

由式（11-17），有

$$\frac{\Delta_{12}}{P_2} = \frac{\Delta_{21}}{P_1}$$

因为 Δ_{12} 是作用在 2 点的力 P_2 引起的 1 点沿力 P_1 方向的位移。比值 $\frac{\Delta_{12}}{P_2}$ 当然就是单位力所引起的位移。确切地说，比值 $\frac{\Delta_{12}}{P_2}$ 是单位力 $\overline{P}_2 = 1$ 所引起的力 P_1 作用点沿力 P_1 方向的位移。此位移用 δ_{12} 表示。同理，比值 $\frac{\Delta_{21}}{P_1}$ 是单位力 $\overline{P}_1 = 1$ 所引起的力 P_2 作用点沿力 P_2 方向的位移。此位移以 δ_{21} 表示。于是得到

$$\delta_{12} = \delta_{21} \qquad\qquad (11\text{-}20)$$

即单位力 $\overline{P}_2$ 引起的单位力 $\overline{P}_1$ 作用点沿力 $\overline{P}_1$ 方向的位移等于单位力 $\overline{P}_1$ 引起的单位力 $\overline{P}_2$ 作用点沿力 $\overline{P}_2$ 方向的位移。这就是位移互等定理。

如图 11-29（a）、（b），在简支梁的 1、2 两点分别作用单位力 $\overline{P}_1 = 1$，单位力 $\overline{P}_2 = 1$，梁的变形分别如图（a）、（b）中的虚线所示。在图（a）上 2 点沿力 $\overline{P}_2$ 方向的位移即为 δ_{21}。在图（b）上 1 点沿力 $\overline{P}_1$ 方向的位移即为 δ_{12}。位移互等定理论证了此二位移相等：$\delta_{12} = \delta_{21}$。又如图 11-30（a）、（b）所示简支梁，在 1 点作用单位力 $\overline{P}_1 = 1$ 引起 2 点的角位移为 θ_{21}，在

图 11-29

同结构 2 点作用单位力偶 $\overline{m}_2 = 1$ 引起 1 点的线位移为 δ_{12}，由位移互等定理可得

$$\delta_{12} = \theta_{21}$$

需要指出：这里的单位力及其产生的位移都是比值，不具有力的量纲和位移的量纲。因此图 11-30（b）上的"线位移"δ_{12}，才能与图（a）上的"角位移"θ_{21} 相等。

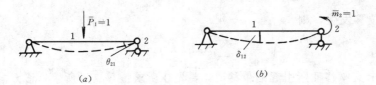

图 11-30

显而易见，如在功的互等定理式（11-17）中令 $P_1 = P_2 = 1$，则得到位移互等定理。所以，位移互等定理是功的互等定理的特殊情况。

三、反力互等定理

反力互等定理是针对超静定结构建立的。

研究图 11-31（a）所示的超静定梁。考查两种情况。

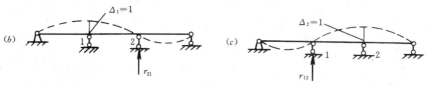

图 11-31

情况 I：支座 1 发生单位变形 $\Delta_1=1$，此时梁的变形如图（b）中虚线所示。这一变形状态下，支座 2 的反力记为 r_{21}（由于支座 1 发生单位变形所引起的支座 2 的反力）。

情况 II：支座 2 发生单位位移 $\Delta_2=1$，此时梁的变形如图 C 中虚线所示。这一变形状态下，支座 1 的反力记为 r_{12}（由于支座 2 发生单位位移所引起的支座 1 的反力）。

对 I、II 两个情况应用功的互等定理，除 1、2 支座外，其它支座反力的功为零，故有

$$r_{21}\Delta_2 = r_{12}\Delta_1$$

由于

$$\Delta_1 = \Delta_2 = 1$$

得

$$r_{12} = r_{21} \qquad (11-21)$$

即因支座 2 的单位位移所引起的支座 1 的反力 r_{12} 等于因支座 1 的单位位移所引起的支座 2 的反力。这就是反力互等定理。如图 11-32 (a)、(b) 中所示超静定梁，支座 1 发生单位位移引起支座 2 的反力偶 r_{21}，与支座 2 发生单位转角引起支座 1 的反力 r_{12}，在数值上相等。

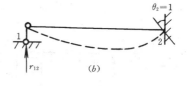

图 11-32

功的互等定理是针对线弹性体建立的，位移互等定理、反力互等定理又都是由功的互等定理导出的，因此，本节中建立的三个互等定理只适用于线弹性体。

§11-7 梁 的 刚 度 校 核

设计梁时，在进行了强度计算后，有时还须进行刚度校核。也就是要求梁在荷载作用下产生的变形不能过大，否则会影响工程上的正常使用。例如，建筑中的楼板梁变形过大时，会使下面的抹灰层开裂和剥落；厂房中的吊车梁变形过大会影响吊车的正常运行；桥梁的变形过大会影响行车安全并引起很大的振动。因此，要进行梁的刚度校核。

对于梁的挠度，其容许值通常用容许的挠度与跨长的比值 $\left[\dfrac{y}{l}\right]$ 作为标准。对于转角，一般用容许转角 $[\theta]$ 作为标准。对于建筑工程中的梁，大多只校核挠度。因此，梁的刚度条件可写为

$$\frac{y_{\max}}{l} \leqslant \left[\frac{y}{l}\right] \qquad (11-22)$$

式中 $y_{\max}$ 为梁的最大挠度值，$\left[\dfrac{y}{l}\right]$ 则根据不同的工程用途，在有关规范中，均有具体

的规定值。

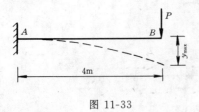

图 11-33

【例 11-16】 图 11-33 所示悬臂梁，在自由端承受集中力 $P=10\text{kN}$ 作用，梁采用 32a 号工字钢，其弹性模量 $E=2.1\times10^8\text{kPa}$；已知 $l=4\text{m}$，$\left[\dfrac{y}{l}\right]=\dfrac{1}{400}$，试校核梁的刚度。

【解】 查得 32a 号工字钢的惯性矩为

$$I_z = 1.11 \times 10^{-4}\text{m}^4$$

梁的最大挠度为

$$y_{max} = \frac{Pl^3}{3EI_z} = \frac{10\times10^3\times4^3}{3\times2.1\times10^{11}\times1.11\times10^{-4}}$$
$$= 0.92\times10^{-2}\text{m}$$

代入刚度条件式（11-4）得

$$\frac{y_{max}}{l} = \frac{0.92\times10^{-2}}{4} = 0.0023 < \frac{1}{400} = 0.0025$$

满足刚度要求。

【例 11-17】 图 11-34a 所示悬臂刚架，在 D 端受水平力 P 的作用，要求结点 B 的水平位移 Δ_B 与 D 点的水平位移 Δ_D 之比小于 0.5，试校核这一刚度条件是否满足。$EI=$ 常数。

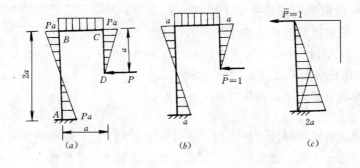

图 11-34

【解】 作 M_P 图如图 a 所示。

为求 D 点水平位移 Δ_D，在 D 点加水平力 $\overline{P}=1$，弯矩图如图 (b) 所示，分段进行图乘，有

$$\Delta_D = \frac{1}{EI}\times\frac{1}{2}Pa\times a\times\frac{2}{3}a\times3 + \frac{1}{EI}\times Pa\times a\times a$$
$$= 2Pa^3/EI$$

为求 B 点水平位移 Δ_B，在 B 点加水平力 $\overline{P}=1$，弯矩图如图 (c) 所示，分上、下两段进行图乘，有

$$\Delta_B = \frac{1}{EI}\left(-\frac{1}{2}Pa\times a\times\frac{a}{3} + \frac{1}{2}Pa\times a\times\frac{5}{6}\times2a\right)$$
$$= \frac{2Pa^3}{3EI}$$

B、D 两点水平位移之比

$$\frac{\Delta_{\mathrm{B}}}{\Delta_{\mathrm{D}}} = \frac{2Pa^3}{3EI} \bigg/ \frac{2Pa^3}{EI} = \frac{1}{3} < 0.5$$

满足刚度要求。

小　　结

（1）构件和结构上各横截面的位移用线位移（挠度）、角位移（转角）两个基本量来描述。

（2）对弯曲变形的构件，可建立挠曲线近似微分方程，通过积分运算求出转角 $\theta(x)$ 和挠度 $y(x)$。这其中，正确地写出弯矩表达式、正确地运用边界条件和变形连续条件确定积分常数是十分重要的。

（3）"变形位能在数值上等于外力在变形过程中所作的功"，这一概念是变形体力学中重要的基本概念之一。单位荷载法是在这一概念的基础上建立的，它适用于求解各种变形形式（包括组合变形）构件的位移。求线位移时需写出单位力作用下的内力表达式；求角位移时需写出单位力偶作用下的内力表达式。当表达式 $M_{\mathrm{P}}(x)$、$\overline{M}(x)$ 需分段写出，或杆件为分段等截面杆件时，式（11-11）的积分应分段进行。

（4）在某些条件下，单位荷载法中的积分运算可转化为 $M_{\mathrm{P}}(x)$ 图和 $\overline{M}(x)$ 图两图形的图乘。图乘法是求指定截面位移的最简单方法之一。作图乘时，纵标 y_0 必须在直线图形上取得。当 $\overline{M}(x)$ 图形为折线，或杆件为分段等截面杆件时，图乘应分段进行。对复杂的 $M_{\mathrm{P}}(x)$ 图形，可分解为几个简单图形，分别图乘后再代数相加。

（5）求解多种荷载共同作用下的位移时，可先分别算出每一种荷载单独作用下的位移，然后代数相加。这种方法称为叠加法。叠加法适用于小变形的线弹性体。

（6）三个互等定理是超静定结构内力分析的理论基础，其内容及其表达式中各符号的含意必须深刻理解。

（7）工程设计中，构件和结构不但要满足强度条件，还应满足刚度条件，把位移控制在允许的范围内。

思　考　题

11-1　何谓挠曲线？何谓挠度？何谓转角？它们间有何关系？

11-2　挠曲线近似微分方程是如何建立的？为什么说它是近似的？

11-3　用积分法求梁的变形时，若采用图示的两种坐标系，挠度 y 和转角 θ 的符号是否会改变？

11-4　怎样确定对挠曲线近似微分方程进行积分时所得的积分常数？

11-5　如何利用叠加法求梁的变形？应用叠加法的前题条件是什么？

11-6　图思 11-6 所示悬臂梁，横截面为等厚度的矩形。如求自由端的竖向位移，可以用单位荷载法吗？可以用图乘法吗？如可以，应怎样作？如不可以，为什么？

11-7　为求图思 11-7 所示悬臂梁中点的竖向位移，用如下公式：

$$\Delta_{\frac{l}{2}} = \frac{1}{EI}\omega y_0$$

ω—M_{P} 图形的面积；

y_0—M_{P} 图形的形心所对应的 $\overline{M}$ 图的纵标。这样作对吗？为什么？

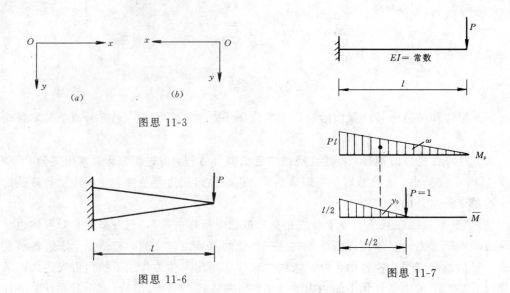

图思 11-3

图思 11-6

图思 11-7

11-8 如果 δ_{12} 表示 2 点加单位力引起 1 点的转角，那么 δ_{12} 应代表什么含意？

11-9 三个互等定理的适用范围是什么？为什么？

习　题

11-1 简支梁 AB 的抗弯刚度为 EI_z，B 端受力偶 m 作用。试用积分法求 A、B 截面转角和 C 截面挠度。

11-2 悬臂梁 AB 受均布荷载 q 作用，梁的抗弯刚度为 EI_z。试用积分法求自由端截面的转角和挠度。

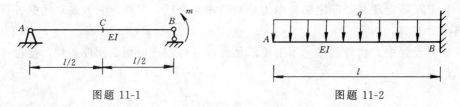

图题 11-1

图题 11-2

11-3 简支梁的跨中作用一力偶 m，梁的抗弯刚度为 EI_z。试用积分法求 A 截面的转角和 C 截面的挠度。

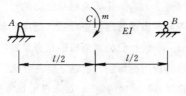

图题 11-3

11-4 悬臂梁 BC 段受均布荷载 q 作用，梁的抗弯刚度为 EI_z。试用积分法求梁自由端 C 截面的转角和挠度。

11-5 图示简支型钢梁，已知所用型钢为 18 号工字钢，$E=210\text{GPa}$，梁上所承受的荷载为集中力偶 $m=8.1\text{kN·m}$ 和均布荷载 $q=15\text{kN/m}$，跨长 $l=3.26\text{m}$。试用积分法求此梁中点 C 处的挠度。

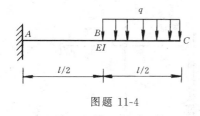

图题 11-4

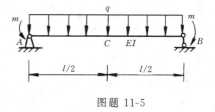

图题 11-5

11-6　试用叠加法求梁自由端截面的转角和挠度。

11-7　在图示梁上 $m=\dfrac{ql^2}{20}$，梁的抗弯刚度为 EI_z。试用叠加法求跨中截面的挠度和 A、B 截面的转角。

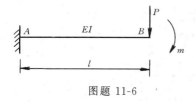

图题 11-6

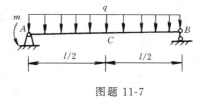

图题 11-7

11-8　试用叠加法求图示梁自由端截面的挠度。

11-9　试用叠加法求图示梁 B、C 截面的转角和挠度。

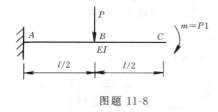

图题 11-8

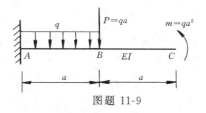

图题 11-9

11-10　用单位荷载法求外伸梁 C 端的竖向位移 Δ_C。EI＝常数。

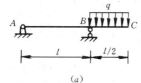

(a)

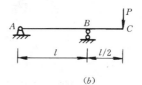

(b)

图题 11-10

11-11　用单位荷载法求上题中 AB 段中点的转角 $\theta_{\frac{l}{2}}$。

11-12　用单位荷载法求悬臂梁自由端的竖向位移 Δ。

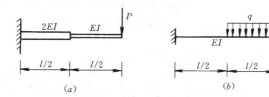

(a)　　　　　　　　　　(b)

图题 11-12

11-13　求桁架结点 B 和结点 C 的水平位移，各杆 EA 相同。

11-14　求桁架 1 结点的竖向位移。两个下弦杆抗拉（压）刚度为 $2EA$，其它各杆的抗拉（压）刚度为 EA。

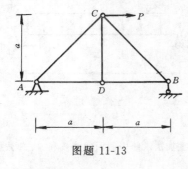

图题 11-13

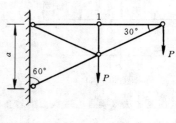

图题 11-14

11-15 求刚架横梁中点的竖向位移，各杆长同为 l，EI 相同。

11-16 求悬臂折杆自由端的竖向位移。各杆长同为 l，EI 相同。

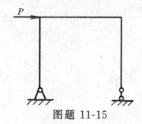

图题 11-15

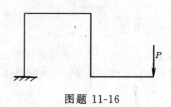

图题 11-16

11-17 求刚架刚结点的转角。各杆长同为 l。

11-18 求刚架下端支座处截面的转角。各杆长同为 l，EI 相同。

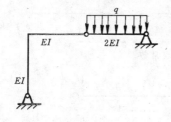

图题 11-17

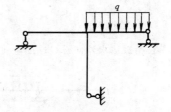

图题 11-18

11-19 求题 11-17 中铰结点左、右二截面的相对转角。

11-20 一工字型钢的简支梁，梁上荷载如图所示。已知 $l=6\text{m}$，$P=10\text{kN}$，$q=4\text{kN/m}$，$\left[\dfrac{y}{l}\right]=\dfrac{1}{400}$，工字钢的型号为 $20b$，钢材的弹性模量 $E=200\text{GPa}$，试校核梁的刚度。

11-21 $45a$ 号工字钢制成的简支梁，承受均布荷载 q，已知：$l=10\text{m}$，$E=200\text{GPa}$，$\left[\dfrac{y}{l}\right]=\dfrac{1}{600}$，试按刚度条件求该梁容许承受的最大均布荷载 $[q]$，及此时梁的最大正应力的数值。

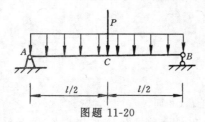

图题 11-20

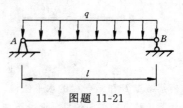

图题 11-21

第十二章 力 法

§12-1 超静定结构的概念和超静定次数的确定

一、超静定结构的概念

本章研究超静定结构的内力计算。

求解超静定结构内力的基本方法之一是力法。

与静定结构相比较，超静定结构具有如下性质：

(1) 超静定结构是具有多余联系的几何不变体系。由于存在多余联系，仅依据平衡条件不可能确定其全部约束反力和内力。求解超静定结构的内力，必需考虑变形条件。

(2) 据前一章的知识，变形与材料的物理性质和截面的几何性质有关。所以，超静定结构的内力与材料的物理性质和截面的几何性质有关。

(3) 由于具有多余联系，因支座移动温度改变等原因，超静定结构产生内力。

(4) 由于多余联系的作用，局部荷载作用下局部的较大位移和内力被减小。图 12-1a 为一静定的两跨梁，图 b 为有多余联系的超静定两跨梁。在相同荷载 P 的作用下，AB 跨的挠度和弯矩，超静定梁均小于静定梁。

二、超静定次数的确定

超静定结构中多余联系的数目，称为超静定次数。超静定结构的次数可以这样来确定：如果从原结构中去掉 n 个联系后，结构就成为静定的，则原结构的超静定次数就等于 n。

从静力分析的角度看，超静定次数等于对应于多余联系的多余约束力的个数。

图 12-2 (a) 所示结构，如果将 B 支杆去掉 (图 12-2 (b))，原结构就变成一个静定结构。这个结构具有一个多余联系，所以是一次超静定结构。如将链杆支座 B 视为多余联系，则多余约束力即为链杆支座 B 的反力 X_1。

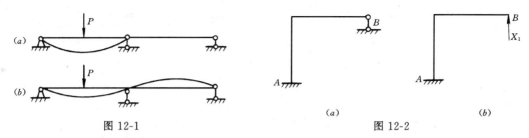

图 12-1   图 12-2

图 12-3 (a) 所示超静定桁架结构，如果去掉三根水平上弦杆 (图 12-3 (b))，原结构就变成一静定结构，去掉三个杆件等于去掉三个联系，所以原桁架是三次超静定桁架。与这三个多余联系相应的多余约束力示于图 b 中。

图 12-4a 所示超静定结构，如果去掉铰支座 B 和铰 C (图 12-4b)，原结构就变成一静定结构，去掉一个铰支座等于去掉二个联系，去掉一个单铰等于去掉二个联系，所以原结

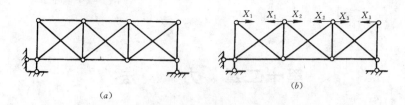

图 12-3

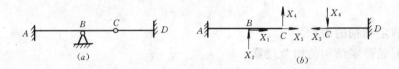

图 12-4

构是四次超静定结构。

图 12-5 （a）所示刚架。如果将 B 端固定支座去掉（图 12-5b），则得到一静定结构，所以原结构是三次超静定结构。如果将原结构在横梁中间切断（图 12-5c），这相当于去掉三个联系，仍可得到一静定结构。我们还可以将原结构横梁的中点及两个固定端支座处加铰，得到图 12-5（d）所示的静定结构。总之，对于同一个超静定结构，可以采用不同的方法去掉多余联系，因而可以得到不同形式的静定结构体系。但是所去掉的多余联系的数目应该是相同的，即超静定次数不会因采用不同的静定结构体系而改变。

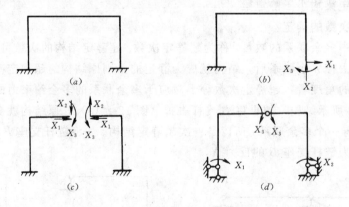

图 12-5

由上述例子可知，当将一超静定结构去掉多余联系变成静定结构时，通常可采用下述方法：

（1）去掉一个链杆支座或切断一根链杆，相当于去掉一个联系。

（2）去掉一个铰支座或一个单铰，相当于去掉二个联系。

（3）去掉一个固定端或切断一个梁式杆，相当于去掉三个联系。

（4）在连续杆上加一个单铰，相当于去掉一个联系。

采用上述方法，可以确定任何结构的超静定次数。由于去掉多余联系的方案具有多样性，所以同一超静定结构可以得到不同形式的静定结构体系，但必须注意，在去掉超静定结构的多余联系时，所得到的静定结构应是几何不变的。如图 12-6 所示结构的任何一个竖向支杆都不能去掉，否则将成一个瞬变体系。

图 12-7（a）所示结构是一闭合框架，用四个链杆固定。一个闭合框架有三个多余联系。去掉一个水平链杆约束，并将闭合框架切开，得到图 12-7（b）所示的静定结构。因此，原结构是四次超静定结构。四个多余未知力如图（b）所示。

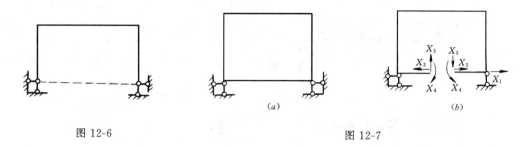

（a）　　　　　　　　　　（b）

图 12-6　　　　　　　　　　　　　　图 12-7

§12-2　力法的典型方程

力法是计算超静定结构的最基本的方法之一。力法的基本未知量是对应于多余联系的约束反力。力法的基本结构是：超静定结构去掉多余联系后得到的静定结构体系。

一、力法的基本概念

下面通过一个简单的例子来说明力法的基本概念。图 12-8（a）所示一端固定另一端铰支的超静定梁，它是具有一个多余联系的超静定结构。该结构共有四个未知约束力：固定端支座有三个，为 X_A、Y_A、M_A；铰支端还有一个未知力 X_1。对该结构只能列三个平衡方程，无法求出全部四个未知力，有一个多余未知力。如果取图 12-8（b）所示的基本结构，则多余未知力为 X_1。只要能求出多余未知力 X_1，其余的未知力都可以由平衡方程确定，变成了一个静定问题。如果仅从平衡条件来考虑，X_1 可取任意的数值，基本结构都能平衡。但是，注意到原结构 B 支座处有一竖向链杆支座。所以 B 点的竖向位移 Δ_1 应满足条件

$$\Delta_1 = 0 \tag{a}$$

显然，只有当基本结构的多余约束反力 X_1 取一个恰当的值，使基本结构满足式（a）的位移条件时，X_1 才是原结构 B 支座的约束反力。此时基本结构的受力状态与原结构的受力状态相同。这就是说基本结构与原结构等价的条件是二者的变形相同。式（a）所示的变形条件就是计算多余未知力 X_1 所必需的方程。

基本结构上作用有均布荷载 q 和多余未知力 X_1（图（b）），均布荷载 q 引起的 B 点的位移用 Δ_{1P} 表示（图 12-8（c）），多余未知力 X_1 引起的 B 点的位移用 Δ_{11} 表示（图 12-8（d））。由迭加原理，基本结构在均布荷载 q 及多余未知力 X_1 的共同作用下所引起的 B 点的位移为

$$\Delta_1 = \Delta_{11} + \Delta_{1P} = 0 \tag{b}$$

用 δ_{11} 表示当 $X_1 = 1$ 时，B 点沿 X_1 方向所产生的位移，则 $\Delta_{11} = \delta_{11} x_1$，所以表示变形条件的（$b$）式可以写成

$$\delta_{11} X_1 + \Delta_{1P} = 0 \tag{12-1}$$

δ_{11} 和 Δ_{1P} 可按前面所介绍的计算静定结构位移的图乘方法求出。作出基本结构在均布

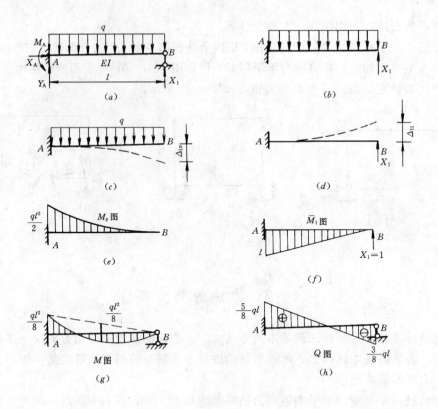

图 12-8

荷载 q 作用下的弯矩图 M_P（图 12-8（e）），和在单位力 $X_1=1$ 作用下的弯矩图 $\overline{M}_1$（图 12-8（f））。用图乘法求出

$$\delta_{11} = \frac{1}{EI} \times \frac{l^2}{2} \times \frac{2l}{3} = \frac{l^3}{3EI}$$

$$\Delta_{1P} = -\frac{1}{EI}\left(\frac{1}{3} \times l \times \frac{ql^2}{2}\right) \times \frac{3l}{4} = -\frac{ql^4}{8EI}$$

代入式（12-1）解出

$$X_1 = -\frac{\Delta_{1P}}{\delta_{11}} = \frac{ql^4}{8EI} \times \frac{3EI}{l^3} = \frac{3}{8}ql$$

求出多余未知力 X_1 后，可以利用平衡方程求出原结构的支座反力

$$X_A = 0, \quad Y_A = \frac{5}{8}ql, \quad M_A = \frac{1}{8}ql^2$$

超静定结构由荷载所引起的内力，就等于静定基本结构由荷载和多余约束力共同作用所引起的内力。

由迭加原理，结构任一截面的弯矩

$$M = \overline{M}_1 X_1 + M_P \tag{12-2}$$

式中 $\overline{M}_1$ 是单位力 $X_1=1$ 作用下基本结构中任一截面的弯矩；

206

M_P 是基本结构在外荷载作用下同一截面的弯矩。原结构内力图如图 12-8（g）、（h）所示。

总结上例，用力法求解超静定结构的基本思路可概述如下：

（1）去掉多余联系，用多余约束力代替多余联系的作用，用静定结构代替超静定结构。

（2）以多余约束力为基本未知量，令基本结构上多余约束力作用点的位移与原超静定结构的位移保持一致，利用这一变形条件求解多余约束力。

（3）将已知外荷载和多余约束力所引起的基本结构的内力迭加，即为原超静定结构在荷载作用下产生的内力。

二、力法的典型方程

图 12-9（a）所示刚架为三次超静定结构，如果取固定支座 B 的反力 X_1、X_2、X_3，为基本未知量，可以得到 12-9（b）所示的基本结构。为求出 X_1、X_2、X_3，可利用固定支座 B 处没有水平位移、竖向位移和角位移的变形条件，即基本体系在 B 点沿 X_1、X_2 和 X_3 方向的位移应与原结构相同

$$\left.\begin{array}{l} \Delta_1 = 0 \\ \Delta_2 = 0 \\ \Delta_3 = 0 \end{array}\right\} \qquad (c)$$

式中 Δ_1 是基本结构上 B 点沿 X_1 方向的位移；Δ_2 是基本结构上 B 点沿 X_2 方向的位移；Δ_3 是基本结构上 B 点沿 X_3 方向的位移。

用 Δ_{1P}、Δ_{2P} 和 Δ_{3P} 分别表示荷载单独作用在基本结构上时，B 点沿 X_1、X_2 和 X_3 方向的位移（图 12-9（c））。

用 δ_{11}、δ_{21} 和 δ_{31} 分别表示 $X_1 = 1$ 单独作用在基本结构上时，B 点沿 X_1、X_2、X_3 方向的位移（图 12-9（d））。

用 δ_{12}、δ_{22} 和 δ_{32} 分别表示 $X_2 = 1$ 单独作用在基本结构上时，B 点沿 X_1、X_2、X_3 方向的位移（图 12-9（e））。

用 δ_{13}、δ_{23} 和 δ_{33} 分别表示 $X_3 = 1$ 单独作用在基本结构上时，B 点沿 X_1、X_2、X_3 方向的位移（图 12-9（f））。

由迭加原理，位移条件（c）可以写成

$$\left.\begin{array}{l} \Delta_1 = \delta_{11}X_1 + \delta_{12}X_2 + \delta_{13}X_3 + \Delta_{1P} = 0 \\ \Delta_2 = \delta_{21}X_1 + \delta_{22}X_2 + \delta_{23}X_3 + \Delta_{2P} = 0 \\ \Delta_3 = \delta_{31}X_1 + \delta_{32}X_2 + \delta_{33}X_3 + \Delta_{3P} = 0 \end{array}\right\} \qquad (12\text{-}3)$$

上式即为三次超静定结构的力法基本方程。这组方程的物理意义是：基本结构在多余未知力和荷载的作用下，在去掉多余联系处的位移与原结构中相应的位移相等。

解上述方程组即可以求出未知力 X_1、X_2 和 X_3，然后利用平衡条件求出原结构的支座反力和内力。求内力可利用迭加原理，任一截面的弯矩 M 可用下式求出

$$M = \overline{M}_1 X_1 + \overline{M}_2 X_2 + \overline{M}_3 X_3 + M_P \qquad (12\text{-}4)$$

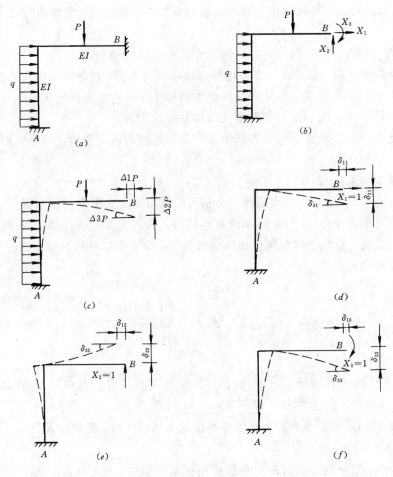

图 12-9

式中 $\overline{M}_1$、$\overline{M}_2$ 与 $\overline{M}_3$ 分别为单位力 $X_1=1$，$X_2=1$ 与 $X_3=1$ 单独作用在基本结构上时，基本结构上任一截面的弯矩。M_P 是基本结构在荷载作用下同一截面的弯矩。

同一结构可以按不同的方式选取力法的基本结构和基本未知量，无论按何种方式选取的基本结构都应是几何不变的。当选不同的基本结构时，基本未知量 X_1、X_2 和 X_3 的含义不同，因而变形条件的含义也不相同，但是力法基本方程在形式上与式（12-3）完全相同。

对于 n 次超静定结构，力法的基本未知量是 n 个多余未知力 X_1, X_2, $\cdots$, X_n，每一个多余未知力都对应着一个多余联系，相应就可以写出一个位移条件。n 个未知力就可以写出 n 个位移条件，这些位移条件保证基本体系中沿多余未知力方向的位移与原结构中相应的位移相等。所以，可以根据 n 个位移条件建立 n 个方程

$$\left.\begin{aligned}
\delta_{11}X_1 + \delta_{12}X_2 + \cdots + \delta_{1n}X_n + \Delta_{1P} = 0 \\
\delta_{21}X_1 + \delta_{22}X_2 + \cdots + \delta_{2n}X_n + \Delta_{2P} = 0 \\
\cdots\cdots\cdots\cdots\cdots\cdots\cdots\cdots\cdots\cdots\cdots\cdots\cdots \\
\delta_{n1}X_1 + \delta_{n2}X_2 + \cdots + \delta_{nn}X_n + \Delta_{nP} = 0
\end{aligned}\right\} \qquad (12\text{-}5)$$

上式即为 n 次超静定结构在荷载作用下力法方程的一般形式，通常称为力法的典型方程。

典型方程中位于主对角线上的系数 δ_{ii} 称为主系数。它的物理意义是：当单位力 $X_i=1$

单独作用时，力 X_i 作用点沿 X_i 方向产生的位移。主系数与外荷载无关，不随荷载而改变，是基本体系所固有的常数。主系数的计算公式为

$$\delta_{ii} = \Sigma \int \frac{\overline{M_i^2} \mathrm{d}s}{EI}$$

主系数恒为正值。

典型方程中不在主对角线上的系数 δ_{ij} 称为副系数，它的物理意义是：**当单位力 $X_j = 1$ 单独作用时，力 X_i 作用点沿 X_i 方向产生的位移。**副系数与外荷载无关，不随荷载而改变，是基本体系所固有的常数。计算公式为

$$\delta_{ij} = \Sigma \int \frac{\overline{M_i}\,\overline{M_j}}{EI} \mathrm{d}s$$

系数 δ_{ij} 的前一个脚标指示位移发生的地点和方向，后一个脚标指示产生位移的原因。

根据位移互等定理，副系数有如下互等关系

$$\delta_{ij} = \delta_{ji}$$

系数 δ_{ij} 表示单位力 $X_j = 1$ 作用下结构沿 X_i 方向的位移，其值愈大，表明结构在此方向的位移愈大，即柔性愈大，所以称 δ_{ij} 为柔性系数。

典型方程中系数 Δ_{iP} 称为自由项，它的物理意义是：基本体系在荷载作用下沿 X_i 方向产生的位移。它与荷载有关，由作用在基本体系上的荷载所确定。

$$\Delta_{iP} = \Sigma \int \frac{\overline{M_i} M_P}{EI} \mathrm{d}s$$

位移 δ_{ij} 或 Δ_{iP} 得正值（负值）说明位移的方向与相应的未知力 X_i 的正向相同（相反）。

系数和自由项求出后，解力法方程可求出多余未知力。超静定结构的内力可根据迭加原理按下式计算

$$\left. \begin{array}{l} M = \overline{M}_1 X_1 + \overline{M}_2 X_2 + \cdots + \overline{M}_n X_n + M_P \\ Q = \overline{Q}_1 X_1 + \overline{Q}_2 X_2 + \cdots + \overline{Q}_n X_n + Q_P \\ N = \overline{N}_1 X_1 + \overline{N}_2 X_2 + \cdots + \overline{N}_P X_n + N_P \end{array} \right\} \tag{12-6}$$

式中 $\overline{M}_i$、$\overline{Q}_i$ 和 $\overline{N}_i$ 是由单位力 $X_i = 1$ 作用在基本结构上而产生的内力；M_P、Q_P 和 N_P 是由荷载作用在基本结构上而产生的内力。作 Q 图和 N 图时，可以先作出原结构的弯矩图，然后利用平衡条件计算出 Q 和 N，再画出 Q、N 图。

§12-3 用力法计算超静定结构

本节将通过算例来说明用力法计算超静定结构的过程。对于刚架，在计算力法方程的各项系数时，通常忽略轴力和剪力的影响，而只考虑弯矩的影响，这样，使计算得到了简化。

【例 12-1】 图 12-10（a）所示刚架为二次超静定刚架，求在水平力 P 的作用下，刚架的内力图。

【解】 （一）取基本结构

取基本结构如图 12-10（b）所示。基本未知量为 X_1、X_2。

（二）列力法方程

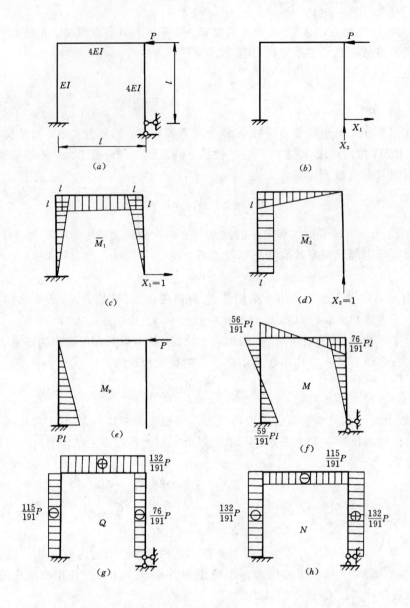

图 12-10

基本结构应满足 B 点即无水平位移又无竖向位移的变形条件，力法方程为

$$\delta_{11}X_1 + \delta_{12}X_2 + \Delta_{1p} = 0$$

$$\delta_{21}X_1 + \delta_{22}X_2 + \Delta_{2p} = 0$$

（三）求主、副系数和自由项

为计算主、副系数及自由项，作出 $\overline{M}_1$、$\overline{M}_2$ 及 $\overline{M}_p$ 图。由图乘法知，δ_{11} 为 $\overline{M}_1$ 图（图 12-10（c））的自乘

$$\delta_{11} = \Sigma \int \frac{\overline{M}_1^2}{EI} \mathrm{d}s$$

$$= \frac{1}{EI} \times \frac{1}{2}l^2 \times \frac{2}{3}l + \frac{1}{4EI} \times l^2 \times l + \frac{1}{4EI} \times \frac{1}{2}l^2 \times \frac{2}{3}l = \frac{2l^3}{3EI}$$

δ_{12}为$\overline{M}_1$图与$\overline{M}_2$图（图 12-10 (d)）的互乘

$$\delta_{12} = \Sigma \int \frac{\overline{M}_1 \overline{M}_2}{EI} \mathrm{d}s$$

$$= \frac{1}{EI} \times \frac{1}{2} l^2 \times l + \frac{1}{4EI} \times l^2 \times \frac{l}{2} = \frac{5l^3}{8EI}$$

$$\delta_{21} = \Sigma \frac{\overline{M}_2 \overline{M}_1}{EI} \mathrm{d}s = \delta_{12} \quad \text{（位移互等定理）}$$

δ_{22}为$\overline{M}_2$图的自乘

$$\delta_{22} = \Sigma \int \frac{\overline{M}_2^2}{EI} \mathrm{d}s$$

$$= \frac{1}{EI} \times l^2 \times l + \frac{1}{4EI} \times \frac{1}{2} l^2 \times \frac{2}{3} l = \frac{13l^3}{12EI}$$

Δ_{1p}为$\overline{M}_1$图与M_p图（图 12-10e）的互乘

$$\Delta_{1p} = \Sigma \int \frac{\overline{M}_1 M_p}{EI} \mathrm{d}s$$

$$= \frac{1}{EI} \times \frac{1}{2} P l^2 \times \frac{1}{3} l = \frac{Pl^3}{6EI}$$

Δ_{2p}为$\overline{M}_2$图与M_p图的互乘

$$\Delta_{2p} = \Sigma \int \frac{\overline{M}_2 M_p}{EI} \mathrm{d}s$$

$$= \frac{1}{EI} \times \frac{1}{2} P l^2 \times l = \frac{Pl^3}{2EI}$$

将各项系数代入力法方程，并消去$\frac{l^3}{EI}$，有

$$\frac{2}{3} X_1 + \frac{5}{8} X_2 + \frac{1}{6} P = 0$$

$$\frac{5}{8} X_1 + \frac{13}{12} X_2 + \frac{1}{2} P = 0$$

解方程得 $$X_1 = \frac{76}{191} P; \quad X_2 = -\frac{132}{191} P$$

求出多余未知力$X_1 X_2$后，弯矩图由迭加法得到：

$$M = \overline{M}_1 X_1 + \overline{M}_2 X_2 + M_p$$

即将$\overline{M}_1$图的纵坐乘X_1，加上$\overline{M}_2$图的纵坐乘X_2，再与M_p图的纵坐相加得弯矩图（图 12-10 (f)）。剪力图和轴力图可以取基本体系，按静定结构绘制内力图的方法得到（图 12-10 (g)、(h)）。

排架是工业厂房常用结构型式。排架由屋架、柱子和基础所组成。柱子通常采用阶梯形变截面构件，柱底为固定端。柱顶与屋架为铰接。计算时通常忽略屋架的轴向变形。图 12-11 所示为一排架的结构及其计算简图。

下面通过一个例子来说明铰接排架的计算。

【例 12-2】 图 12-12 (a) 所示不等高两跨排架，已知 $EI_1 : EI_2 = 4 : 3$，受水平均布荷载作用。试作出该排架的弯矩图。

【解】 （一）取基本结构

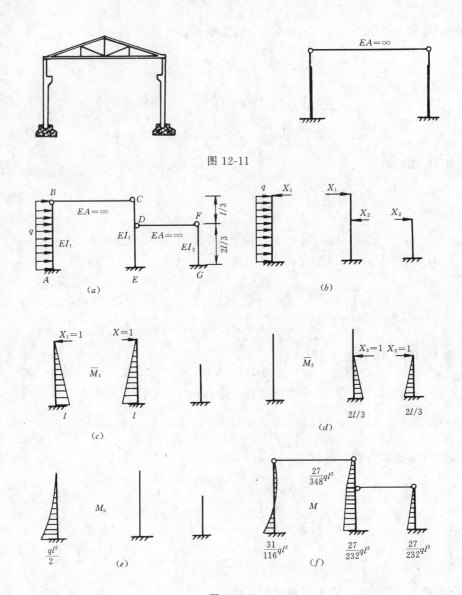

图 12-11

图 12-12

该排架是二次超静定结构，基本结构如图 12-12 （*b*）所示。取 *BC* 杆的轴力 X_1 和 *DF* 杆的轴力 X_2 为多余未知力。

（二）列力法方程

基本体系应满足柱端处 *B*、*C* 二点间的相对位移和 *D*、*F* 二点间的相对位移同时等于零，即

$$\delta_{11}X_1 + \delta_{12}X_2 + \Delta_{1P} = 0$$

$$\delta_{21}X_1 + \delta_{22}X_2 + \Delta_{2P} = 0$$

（三）求主、副系数和自由项

为求主、副系数和自由项，分别作出相应的 $\overline{M}_1$ 图、$\overline{M}_2$ 图和 M_p 图（图 12-12 （*c*）、（*d*）、（*e*））。按图乘法

$$\delta_{11} = 2 \times \frac{1}{EI_1} \times \left(\frac{1}{2} \times l \times l \right) \times \frac{2l}{3} = \frac{2l^3}{3EI_1}$$

$$\delta_{12} = -\frac{1}{EI_1} \times \left(\frac{1}{2} \times \frac{2}{3}l \times \frac{2}{3}l \right) \times \frac{7}{9}l = -\frac{14l^3}{81EI_1}$$

$$\delta_{12} = \delta_{21}$$

$$\delta_{22} = \frac{1}{EI_1} \times \left(\frac{1}{2} \times \frac{2l}{3} \times \frac{2l}{3} \right) \times \frac{4l}{9} + \frac{1}{EI_2} \times \left(\frac{1}{2} \times \frac{2l}{3} \times \frac{2l}{3} \right) \times \frac{4l}{9}$$

$$= \frac{l^3}{EI_1} \times \frac{8}{81} + \frac{l^3}{EI_2} \times \frac{8}{81}$$

$$= \frac{l^3}{EI_1} \times \frac{8}{81} + \frac{4}{3}\frac{l^3}{EI_1} \times \frac{8}{81}$$

$$= \frac{56l^3}{243EI_1}$$

$$\Delta_{1P} = -\frac{1}{EI_1} \times \left(\frac{1}{3} \times l \times \frac{1}{2}ql^2 \right) \times \frac{3l}{4} = -\frac{ql^4}{8EI_1}$$

$$\Delta_{2P} = 0$$

将各项系数代入力法方程，并消去 $\frac{l^3}{EI_1}$，得方程组

$$\frac{2}{3}X_1 - \frac{14}{81}X_2 - \frac{ql}{8} = 0$$

$$-\frac{14}{81}x_1 + \frac{56}{243}X_2 = 0$$

解上述方程组，得

$$X_1 = \frac{81ql}{348}$$

$$X_2 = \frac{81ql}{464}$$

结构弯矩图如图 12-12f 所示。

在工程实际中，有时采用超静定桁架这一结构形式。超静定桁架的计算，在基本方法上与其它超静定结构相同。但又有其特点，其基本结构的位移是由杆件的轴向变形引起的。典型方程中的主、副系数和自由项，可按下式计算：

$$\delta_{ij} = \Sigma \frac{\overline{N_i}\overline{N_j}l}{EA} \qquad \Delta_{iP} = \Sigma \frac{\overline{N_i}N_p l}{EA}$$

下面，通过一个例题说明超静定桁架的计算。

【例 12-3】 计算图 12-13（a）所示桁架。各杆 EA＝常数。

【解】 （一）取基本结构

该桁架是一次超静定结构，基本结构如图 12-13（b）所示，取 12 杆的轴力 X_1 为多余未知力。

（二）列力法方程

基本结构应满足 12 杆截口处相对位移等于零的位移条件，即

$$\delta_{11}X_1 + \Delta_{1P} = 0$$

（三）求主系数和自由项

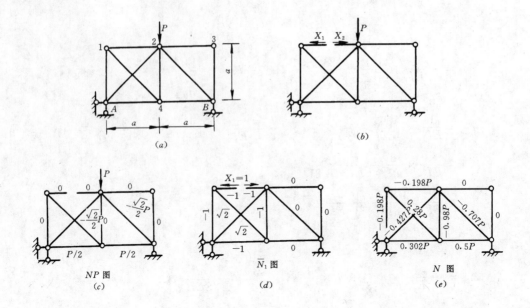

图 12-13

为求主系数和自由项，分别作出相应的 $\overline{N}_1$ 图（图 12-13（d））和 N_P 图（图 12-13（c））。按照桁架位移计算公式，有

$$\delta_{11} = \Sigma \frac{\overline{N}_1^2 l}{EA}$$

$$= 4 \times \frac{1}{EA} \times (-1)^2 \times a + 2 \times \frac{1}{EA} \times (\sqrt{2})^2 \times \sqrt{2}\,a$$

$$= \frac{4a(1+\sqrt{2})}{EA}$$

$$\Delta_{1p} = \Sigma \frac{\overline{N}_1 N_p l}{EA}$$

$$= \frac{1}{EA} \times \sqrt{2} \times \left(-\frac{\sqrt{2}}{2}P\right) \times \sqrt{2}\,a + \frac{1}{EA} \times (-1) \times \frac{P}{2} \times a$$

$$= -\frac{(2\sqrt{2}+1)Pa}{2EA}$$

将各项系数代入力法方程，并消去 EA，得方程

$$4a(1+\sqrt{2})X_1 - (2\sqrt{2}+1)\frac{Pa}{2} = 0$$

解方程，得

$$X_1 = \frac{(3-\sqrt{2})}{8}P$$

结构轴力图如图 12-13（e）所示。

由上述例题可知，超静定结构在荷载作用下，多余力表达式中不含刚度 EI（EA），但当各杆刚度的比值不同时，多余力的值也不同。结构的内力与各杆刚度的绝对值无关，只与其相对值有关，这是超静定结构的一个重要特性。因为多余未知力、内力与各杆刚度的相对值有关，所以，在设计超静定结构时，与设计静定结构不同，要预先给定各杆的刚度之比。待求出多余未知力后才能选定截面，并定出实际采用的刚度。

现在，将用力法计算超静定结构的步骤总结如下：

（1）去掉多余联系代之以多余未知力，得到静定的基本结构，并定出基本未知量的数目。

（2）根据原结构在去掉多余联系处的位移与基本结构在多余未知力和荷载作用下相应处的位移相同的条件，建立力法典型方程。

（3）作基本结构的单位内力图和荷载内力图，求出力法方程的系数和自由项。

（4）解力法典型方程，求出多余未知力。

（5）按分析静定结构的方法，作出原结构的内力图。

§12-4 结构对称性的利用

用力法计算超静定结构时，其主要的工作量是建立和求解含有多余未知力的线性方程组。力法方程中的主系数 δ_{ii} 总是取不等于零的正值，副系数 δ_{ij} 可取正、负或等于零的值。若能采用某种方法，使尽可能多的副系数等于零，这不仅减小了求系数的计算量，而且也减少了求解联立方程组的计算量。对于对称结构，只要能恰当地选取基本结构和基本未知量就能做到这一点。

工程中有很多结构，它们不仅有几何形状的对称轴，而且其截面、材料性质及支承情况也对称于该轴，这类结构称为对称结构。图 12-14a、b 所示的刚架就是两个对称结构。平分对称结构的中心线称为对称轴。

作用在对称结构上的荷载（图 12-15 (a)），都可以分解为两部分，一部分是对称荷载（图 12-15 (b)），另一部分是反对称荷载（图 12-15 (c)）。将结构绕对称轴对折后，如果轴两侧荷载完全重合，即作用点重合、方向相同、大小相等（图 12-15 (b)），则这种荷载称为对称荷载；如果轴两侧荷载作用点重合、大小相等，但方向相反（图 12-15 (c)），则称这种荷载称为反对称荷载。

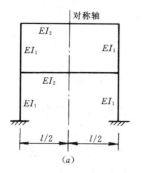
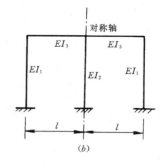

图 12-14

利用对称性计算超静定结构时，应选择对称的基本结构，即将未知量取在对称轴上。下面分三种情况讨论结构对称性的利用。

一、荷载对称

将图 12-15 (b) 所示刚架沿对称轴截开，得到一对称的基本结构（图 12-16 (a)）。基本未知量有三对：一对弯矩 X_1，一对轴力 X_2，一对剪力 X_3。其中弯矩 X_1 和轴力 X_2 是对称未知力；剪力 X_3 是反对称未知力。

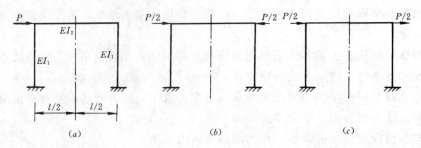

图 12-15

按变形连续条件，对称轴上两侧截面，既无相对转动，又无相对移动，所以基本结构也应满足上述变形条件，力法典型方程为

$$\delta_{11}X_1 + \delta_{12}X_2 + \delta_{13}X_3 + \Delta_{1P} = 0$$
$$\delta_{21}X_1 + \delta_{22}X_2 + \delta_{23}X_3 + \Delta_{2P} = 0 \qquad (12\text{-}7)$$
$$\delta_{31}X_1 + \delta_{32}X_2 + \delta_{33}X_3 + \Delta_{3P} = 0$$

方程组中的第一个方程表示基本体系中切口两侧截面的相对转角等于零；第二个方程表示切口两侧截面沿水平方向的相对位移等于零；第三个方程表示切口两侧截面沿竖直方向的相对位移等于零。为计算力法方程的各项系数和自由项，作出各单位力单独作用时的单位弯矩图（图 12-16 (b)、(c)、(d)）。因为 X_1 和 X_2 是对称未知力，所以 $\overline{M}_1$ 图和 $\overline{M}_2$ 图是对称的。X_3 是反对称未知力，所以 $\overline{M}_3$ 图是反对称的。外荷载是对称地作用在结构上，所以 M_P 图是对称的，在计算系数及自由项时有

$$\delta_{13} = \delta_{31} = 0$$
$$\delta_{23} = \delta_{32} = 0$$
$$\Delta_{3P} = 0$$

这样，力法方程可以简化为

$$\delta_{11}X_1 + \delta_{12}X_2 + \Delta_{1P} = 0$$
$$\delta_{21}X_1 + \delta_{22}X_2 + \Delta_{2P} = 0$$
$$\delta_{33}X_3 = 0$$

由上述方程组可知反对称未知力 $X_3 = 0$，即：对称结构在对称荷载的作用下，只存在对称的未知力，反对称未知力为零。上述结论具有普遍性。

利用上述结论，可以简化对称结构的计算，当对称结构受对称荷载作用时，可以取半个结构来计算，此时只须考虑对称的未知力，而不必考虑反对称未知力。

二、荷载反对称

将图 12-15c 所示刚架沿对称轴截开，得到一对称的基本结构（图 12-17 (a)）。基本未知量有三对：一对弯矩 X_1，一对轴力 X_2，一对剪力 X_3。其中弯矩 X_1 和轴力 X_2 是对称未知力；剪力 X_3 是反对称未知力。

此时，$\overline{M}_1$ 图和 $\overline{M}_2$ 图是对称的，$\overline{M}_3$ 图和 M_P 图（图 12-17 (b)）是反对称的，所以有

$$\delta_{13} = \delta_{31} = \delta_{23} = \delta_{32} = 0$$

216

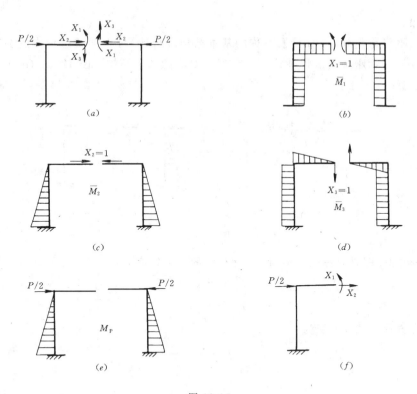

图 12-16

$$\Delta_{1P} = 0$$

$$\Delta_{2P} = 0$$

代入力法典型方程 (12-7) 的前二式，可知对称未知力

$$X_1 = X_2 = 0$$

只剩下反对称力 X_3，可由下式解出

$$\delta_{33}X_3 + \Delta_{3P} = 0$$

即：对称结构在反对称荷载的作用下，只存在反对称未知力，对称未知力为零。上述结论具有普遍性。

利用上述结论，可以简化对称结构的计算，当对称结构受反对称荷载作用时，可以取半个结构来计算，此时只须考虑反对称未知力，而不必考虑对称未知力。

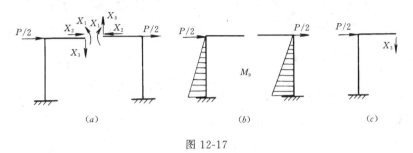

图 12-17

三、非对称荷载

非对称荷载可以分解为对称与反对称两组，分别按前面所述方法计算内力，然后将计

算结果迭加。

也可以不将荷载分解，直接取对称的基本结构进行计算，下面就这种作法加以说明。将图 12-15 (a) 所示刚架沿对称轴截开，得到一对称的基本结构（图 12-18 (a)）。基本未知量如图所示。

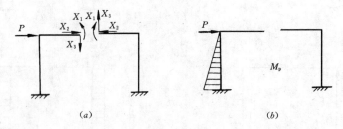

图 12-18

此时 $\overline{M}_1$ 图和 $\overline{M}_2$ 图是对称的，$\overline{M}_3$ 图是反对称的，所以有

$$\delta_{13} = \delta_{31} = 0$$
$$\delta_{23} = \delta_{32} = 0$$

这样，力法方程 (12-7) 变为

$$\delta_{11}X_1 + \delta_{12}X_2 + \Delta_{1P} = 0$$
$$\delta_{21}X_1 + \delta_{22}X_2 + \Delta_{2P} = 0$$
$$\delta_{33}X_3 + \Delta_{3P} = 0$$

上述方程分为两组，一组只包含对称未知力 X_1 和 X_2，另一组只包含反对称未知力 X_3。解方程即可求出 X_1、X_2 和 X_3。

即：若对称结构的基本未知量都是对称力和反对称力，则力法方程必然可分解成为独立的两组，一组方程只包含对称未知力，另一组方程只包含反对称未知力。上述结论具有普遍性。

这样一来，原来的高阶方程组现在分解成为两个低阶的方程组，使计算得到了简化。

【例 12-4】 作图 12-19 (a) 所示刚架的弯矩图。

【解】 刚架在反对称荷载的作用下，只有反对称未知力，对称未知力等于零。利用对称性可以取结构的左半部来计算，基本结构如图 12-19 (b) 所示。

用图乘法可以求出力法方程的系数和自由项，由图 12-19 (c)、(d)，可得

$$\delta_{11} = \frac{1}{EI}\left[l \times \frac{l}{2} \times \frac{l}{2} + \frac{1}{2} \times \frac{l}{2} \times \frac{l}{2} \times \frac{2}{3} \times \frac{l}{2} \right]$$
$$= \frac{7l^3}{24} \cdot \frac{1}{EI}$$
$$\Delta_{1P} = -\frac{1}{EI} \times \frac{1}{3} \times l \times \frac{ql^2}{2} \times \frac{l}{2} = -\frac{1}{12} \cdot \frac{ql^4}{EI}$$

代入力法方程

$$\delta_{11}X_1 + \Delta_{1P} = 0$$

解出

$$X_1 = -\frac{\Delta_{1P}}{\delta_{11}} = \frac{2}{7}ql$$

218

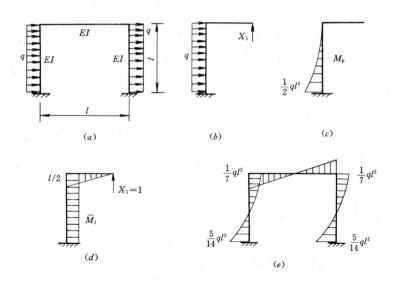

图 12-19

求出 X_1 后，由叠加法

$$M = \overline{M}_1 X_1 + M_P$$

给出弯矩图如 12-19 （e）所示，其中右半部结构的 M 图按图形反对称绘出。

【例 12-5】 作图 12-20 （a）所示刚架的弯矩图

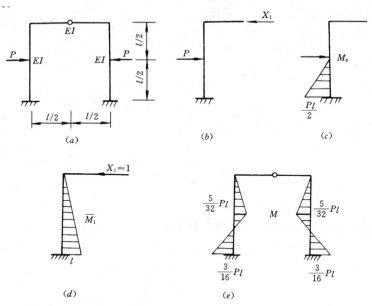

图 12-20

【解】 图示刚架在对称荷载的作用下，只会产生对称未知力，反对称未知力等于零。利用对称性可以取结构的左半部来计算。取基本结构如图 12-20 （b）所示，基本未知量只有对称未知力 X_1。

用图乘法可以求出力法方程的系数和自由项，由图 12-20c、d 可得

$$\delta_{11} = \frac{1}{EI} \times \frac{1}{2} \times l \times l \times \frac{2}{3}l = \frac{l^3}{3EI}$$

$$\Delta_{1P} = -\frac{1}{EI} \times \frac{1}{2} \times \frac{Pl}{2} \times \frac{l}{2} \times \frac{5}{6}l = -\frac{5Pl^3}{48EI}$$

代入力法方程

$$\delta_{11}X_1 + \Delta_{1P} = 0$$

解出

$$X_1 = -\frac{\Delta_{1P}}{\delta_{11}} = \frac{5Pl^3}{48EI} \cdot \frac{3EI}{l^3} = \frac{5}{16} \cdot P$$

求出 X_1 后, 由叠加法

$$M = \overline{M}_1 X_1 + M_P$$

绘出结构弯矩图如 12-20 (e) 所示, 其中右半部结构的 M 图按图形对称性绘出。

§12-5 多跨连续梁、排架、刚架、桁架的受力特点

一、多跨连续梁

整个梁是一个连续的整体, 连续梁在支座处可以承受和传递弯矩, 使梁各段能共同工作, 其整体刚度和承载力优于静定多跨梁。

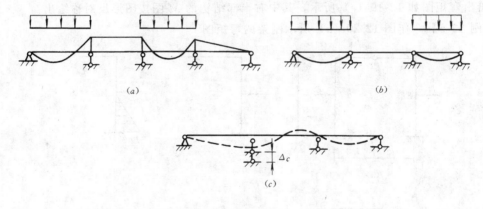

图 12-21

图 12-21 (a) 为一连续多跨梁。当其中两跨有荷载作用时, 整个梁都产生内力。而图 12-21 (b) 为一静定多跨梁。当其中两跨有荷载作用时, 只引起本跨梁的内力, 对其它跨梁无影响。多跨连续梁在支座产生不均匀沉降时会引起整个结构的内力。如图 12-21 (c) 所示。在工程中多跨连续梁通常用于梁板结构体系及桥梁中。

二、排架

排架结构中的排架柱与横梁 (屋架) 铰接, 通常不考虑横梁的轴向变形。它对排架柱的支座不均匀沉降不敏感。如图 12-22 (a) 所示。在有吊车的排架中, 排架柱通常采用变截面柱。排架主要承受竖向 (屋架、吊车) 和水平荷载。在自身平面内刚度和承载力较大, 可以做成较大跨度的结构, 形成较大的空间。排架的施工安装较方便, 通常用于单层工业厂房和仓库中。在实际工程结构中, 排架与排架之间需要加设支撑和纵向系杆, 以保证结构体系的纵向刚度。在有吊车梁的排架中, 吊车梁本身就是很好的系杆, 如图 12-22 (b) 所

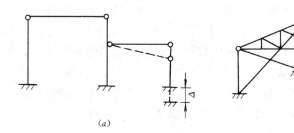

图 12-22

示。

三、刚架

在工程中刚架结构又称为框架结构。在刚架中柱与梁之间的联系采用刚性结点，结构整体性好，刚度强。刚结点可以承受和传递弯矩，结构中的杆件以受弯为主。

在竖向荷载作用下，刚架中的横梁比两端铰支梁受力合理如图 12-23 所示。刚结点起到了承受和传递弯矩的约束作用。

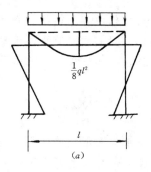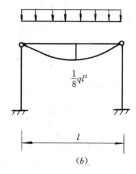

图 12-23

在水平荷载作用下，因为刚结点的存在，对侧移有约束作用。与排架相比，排架柱顶横梁为铰接，对柱的侧移无限制作用。如图 12-24 所示，因为 $M_1 > M_2$，所以刚架的侧移小于排架的侧移。

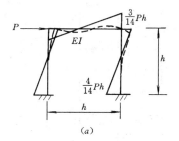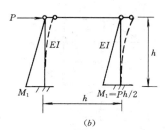

图 12-24

刚架结构，由于杆件数量较少，且大多数是直杆，所以能形成较大的空间，结构布置灵活，通常用于高层建筑中。

四、桁架

无论是静定桁架还是超静定桁架，它们的所有杆件都只受轴力作用，杆件受力合理，结构自重轻。可以作成较大的跨度，能承受较大的荷载。超静定桁架由于具有多余联系杆件，比静定桁架更具有安全性。超静定桁架中个别杆件受破坏不能承受作用力时，可由其它杆件分担，整个结构不会破坏，所以它优于静定桁架。当桁架用作受弯结构时（起梁的作用），在竖向荷载作用下，上弦杆受压，下弦杆受拉。上、下弦杆用来抵抗弯矩。桁架高度 h 值越大，对抵抗弯矩越有利。桁架的腹杆用来抵抗剪力。在承受相同荷载时，桁架的刚度、强度要优于等跨实体梁。如图 12-25 所示。

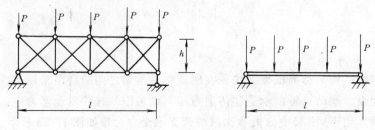

图 12-25

　　桁架结构在工程中可以做成不同形式的造型。可用作屋架、桥梁、空间塔架等。高层建筑中也常采用桁架结构体系。如图 12-26（a）所示。对高层建筑来说水平荷载是主要荷载，对桁架和刚架进行抗水平侧移分析。结构的位移是由各杆件的变形组合形成的，对杆系结构其位移由下式确定

$$\Delta_K = \Sigma \int \frac{\overline{M}M_P}{EI} ds + \Sigma \int \frac{\overline{N}N_P}{EA} ds + \Sigma \int \frac{\overline{Q}Q_P}{GA} ds$$

上式中第一项是弯曲变形，是主要的变形。第二项是轴向变形数值较小，是次要变形。第三项是剪切变形，也较小，一般可以不考虑。对桁架只需考虑各杆件轴向变形所引起的结构的位移。桁架的斜杆支撑可以更有效地抵抗水平荷载所引起的水平侧移，对提高结构的整体刚度是非常有利的。对刚架只需考虑各杆件弯曲变形所引起的结构的位移。所以刚架产生的变形要大于桁架的变形。对高层建筑物，从减少侧向位移的角度出发，桁架结构要优于刚架结构。

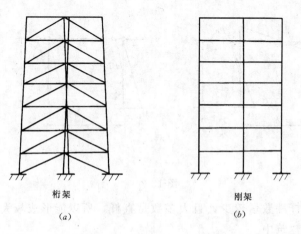

桁架　　　　　　　　刚架

（a）　　　　　　　　（b）

图 12-26

小　　结

力法是计算超静定结构的基本方法之一，是位移法的基础，应该切实掌握。

（1）力法的基本结构是静定结构。力法是以多余未知力作为基本未知量，由满足原结构的位移条件来求解未知量。然后通过静定结构来计算超静定结构的内力，将超静定问题转化为静定问题来处理。这是力法的基本思想。

（2）力法方程是一组变形协调方程，其物理意义是基本结构在多余未知力和荷载的共同作用下，多余未知力作用处的位移与原结构相应处的位移相同，在计算超静定结构时，要同时运用平衡条件和变形条件，这是求解静定结构与求解超静定结构的根本区别。

（3）熟练地选取基本结构，熟练地计算力法方程中的主、副系数和自由项是掌握和运用力法的关键。必须准确地理解主、副系数和自由项的物理意义，并在此基础上理解力法的基本思想。

（4）对于对称结构，可取对称轴一侧的半个结构为基本结构，这时，基本未知量被分解为对称和反对称的两组。这样可使计算得到简化。

思　考　题

12-1　如何得到力法的基本结构？对于给定的超静定结构，它的力法基本结构是唯一的吗？基本未知量的数目是确定的吗？

12-2　力法方程中的主系数 δ_{ii}、副系数 δ_{ij}、自由项 Δ_{ip} 的物理意义是什么？

12-3　对图（a）所示的超静定结构，当分别取图（b）和图（c）为基本结构时，力法方程的物理意义有何不同？

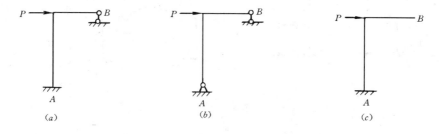

(a)　　　　　　　　(b)　　　　　　　　(c)

图思 12-3

12-4　当对称结构受对称荷载（或反对称荷载）作用时，如何应用对称性进行简化计算？如将例12-4 中刚架的两个固定支座都改变为铰支座，该例题应如何求解？

习　　题

12-1　确定下列结构的超静定次数。

12-2　用力法计算下列结构，并作 M 图。

12-3　用力法计算下列刚架，并作 M 图。

12-4　已知图示桁架中各杆 EA 相同，试求桁架中各杆的轴力。

12-5　已知横梁 $EI=10^4 \text{kN} \cdot \text{m}^2$，各铰接直杆 $EA=15\times10^4 \text{kN}$,试用力法计算图示组合结构各铰接直杆的轴力，并作出横梁的弯矩图。

12-6　图示一不等高两跨排架，$EI_1：EI_2=4：3$。试作出该排架的弯矩图。

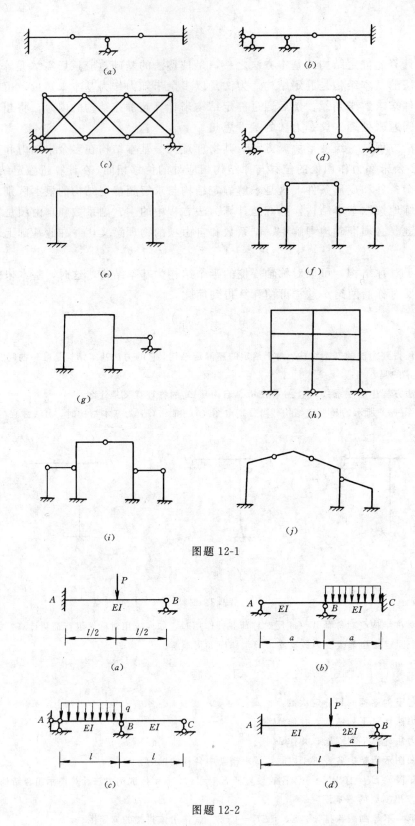

图题 12-1

图题 12-2

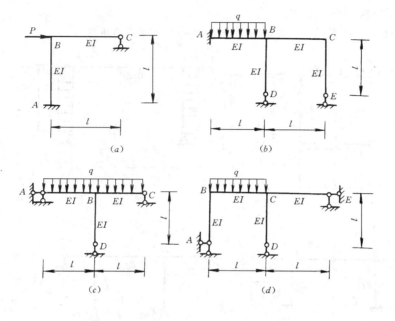

图题 12-3

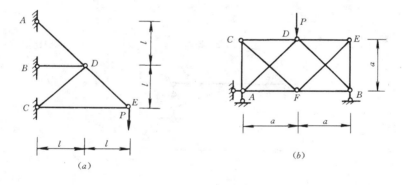

图题 12-4

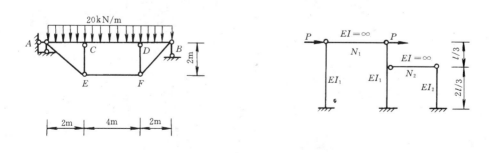

图题 12-5   图题 12-6

12-7　作下列对称结构的弯矩图。

12-8　一端固定一端简支梁，右端支座产生竖向位移 Δ，试作其弯矩图。

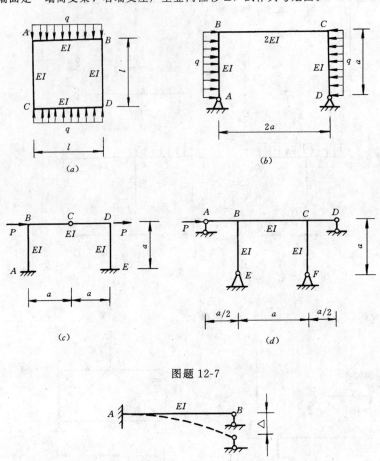

图题 12-7

图题 12-8

第十三章 位 移 法

在上一章中介绍了力法，用力法可以计算各种类型的超静定结构，但是，许多超静定结构用力法求解并不方便。位移法是计算超静定结构的另一个基本方法。位移法适用于计算刚架和多跨连续梁。在用电子计算机计算复杂刚架时，采用位移法比力法更为优越。

与力法不同，位移法是以位移（结点角位移及线位移）作为基本未知量，求解过程是先求位移，然后再求内力。

在位移法中是以单跨超静定梁系为基本体系。所以在位移法的计算中，需要用到单跨超静定梁在外荷载作用下和梁端发生位移时所引起的杆端（梁端）内力。为此，先推导单跨超静定梁的杆端内力计算公式。

§13-1 等截面单跨超静定梁的杆端内力·转角位移方程

杆端弯矩和杆端剪力是作用在杆件端部的弯矩和剪力。在位移法和在下一章将要介绍的力矩分配法中，杆端弯矩和杆端剪力是这样表示的：杆件 AB 上 A 端的弯矩和剪力用 M_{AB} 和 Q_{AB} 表示；B 端的弯矩和剪力用 M_{BA} 和 Q_{BA} 表示（图 13-1），弯矩的符号采用如下的规定：对杆端而言，**弯矩以顺时针方向为正**；对结点或支座而言，则以逆时针方向为正。应当注意，这里的符号规定与以前的弯矩正负号规定有所不同，例如 M_{BA} 在这里是正的，而在以前的符号规定中则是负的。杆端剪力的符号规定仍与以前相同，即**杆端剪力使杆件产生顺时针方向转动为正，反之为负**。对结点或支座而言，则是绕结点或支座顺时针转动的剪力为正，反之为负。图 13-1 （a) 中所示的作用在杆端和支座上的弯矩、剪力均为正向。

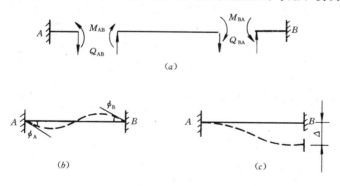

图 13-1

杆端转角 φ_A、φ_B 均以顺时针方向转动为正，反之为负。杆端相对线位移以 Δ 表示。杆件两端的连线顺时针方向转动相对线位移 Δ 为正，反之为负。图 b、c 中所示的杆端转角和杆端相对线位移均为正向。

下面用力法求出等截面单跨梁在荷载作用下和支座移动时所产生的杆端弯矩和杆端剪

力。

一、荷载作用下的杆端弯矩和杆端剪力

单跨超静定梁仅由荷载作用而产生的杆端弯矩和杆端剪力，通常称为固端弯矩和固端剪力，分别用 M^g 和 Q^g 来表示，下面以两端固定梁为例说明杆端内力的计算。

图 13-2 (a) 所示一等截面两端固定梁，基本结构如图 13-2 (b) 所示，两端固定梁是一个三次超静定结构，因为轴向力 X_3 对梁的弯矩没有影响，所以不必考虑。这样就只剩下

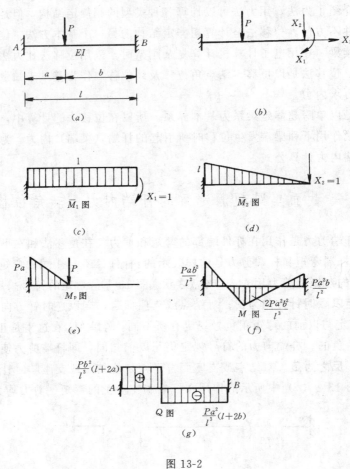

图 13-2

两个多余未知力 X_1 和 X_2。由原结构中，B 支座处不会产生角位移和竖向位移的变形条件，可列出力法方程。

$$\delta_{11}X_1 + \delta_{12}X_2 + \Delta_{1P} = 0$$
$$\delta_{21}X_1 + \delta_{22}X_2 + \Delta_{2P} = 0$$

按图 (c)、(d)、(e) 可以求出力法方程中的各个系数和自由项

$$\delta_{11} = \frac{1}{EI} \times 1 \times l \times 1 = \frac{l}{EI}$$

$$\delta_{12} = \delta_{21} = \frac{1}{EI} \times \frac{1}{2} \times l \times l \times 1 = \frac{l^2}{2EI}$$

$$\delta_{22} = \frac{1}{EI} \times \frac{1}{2} \times l \times l \times \frac{2}{3}l = \frac{l^3}{3EI}$$

$$\Delta_{1P} = \frac{1}{EI} \times \frac{Pa^2}{2} \times 1 = \frac{Pa^2}{2EI}$$

$$\Delta_{2P} = \frac{1}{EI} \times \frac{Pa^2}{2}\left(\frac{2}{3}a + b\right) = \frac{Pa^2}{6EI}(2a + 3b)$$

代入力法方程并化简得

$$lX_1 + \frac{l^2}{2}X_2 + \frac{Pa^2}{2} = 0$$

$$\frac{l^2}{2}X_1 + \frac{l^3}{3}X_2 + \frac{Pa^2}{6}(2a + 3b) = 0$$

解出

$$X_1 = \frac{Pa^2b}{l^2} \qquad X_2 = -\frac{Pa^2(l + 2b)}{l^3}$$

单跨超静定梁的弯矩图和剪力图如图 13-2（f）、（g）所示。

单跨梁 B 端的弯矩和剪力分别为

$$M_{AB} = \frac{Pa^2b}{l^2}; \qquad Q_{AB} = -\frac{Pa^2(l + 2b)}{l^3}$$

由平衡方程可求出 A 端的弯矩和剪力分别为

$$M_{AB} = -\frac{Pab^2}{l^2}; \qquad Q_{AB} = \frac{Pb^2(l + 2a)}{l^3}$$

对于一端固定另一端铰支的等截面梁，其杆端弯矩和杆端剪力同样可用力法求出，为了今后应用方便，将上述支承情况的单跨梁在几种常见荷载作用下而产生的杆端内力值列于表 13-1 中。

等截面梁的杆端弯矩和剪力

表 13-1

支承情况	编号	简　　图	杆　端　弯　矩	杆　端　剪　力
两端固定	1		$M_{AB} = -\dfrac{Pab^2}{l^2}$ $M_{BA} = \dfrac{Pa^2b}{l^2}$	$Q_{AB} = \dfrac{Pb^2}{l^3}(l+2a)$ $Q_{BA} = -\dfrac{Pa^2}{l^3}(l+2b)$
	2		$M_{AB} = -\dfrac{ql^2}{12}$ $M_{BA} = \dfrac{ql^2}{12}$	$Q_{AB} = \dfrac{ql}{2}$ $Q_{BA} = -\dfrac{ql}{2}$
	3		$M_{AB} = \dfrac{b(2a-b)m}{l^2}$ $M_{BA} = \dfrac{a(2b-a)m}{l^2}$	$Q_{AB} = -\dfrac{6abm}{l^3}$ $Q_{BA} = -\dfrac{6abm}{l^3}$
	4		$M_{AB} = -\dfrac{ql^2}{30}$ $M_{BA} = \dfrac{ql^2}{20}$	$Q_{AB} = \dfrac{3ql}{20}$ $Q_{BA} = -\dfrac{7ql}{20}$
	5		$M_{AB} = \dfrac{4EI}{l} = 4i$ $M_{BA} = \dfrac{2EI}{l} = 2i$	$Q_{AB} = -\dfrac{6EI}{l^2} = -6\dfrac{i}{l}$ $Q_{BA} = -\dfrac{6EI}{l^2} = -\dfrac{6i}{l}$

支承情况	编号	简 图	杆端弯矩	杆端剪力
两端固定	6	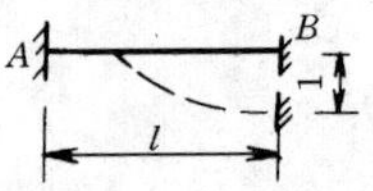	$M_{AB}=-\dfrac{6EI}{l^2}=-6\dfrac{i}{l}$ $M_{BA}=-\dfrac{6EI}{l^2}=-6\dfrac{i}{l}$	$Q_{AB}=\dfrac{12EI}{l^3}=12\dfrac{i}{l^2}$ $Q_{BA}=\dfrac{12EI}{l^3}=12\dfrac{i}{l^2}$
一端固定另一端铰支	7	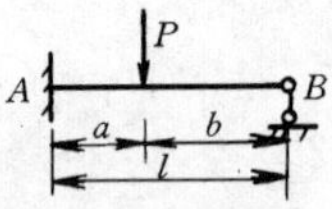	$M_{AB}=-\dfrac{Pab(l+b)}{2l^2}$	$Q_{AB}=\dfrac{Pb(3l^2-b^2)}{2l^3}$ $Q_{BA}=\dfrac{Pa^2(3l-a)}{2l^3}$
	8	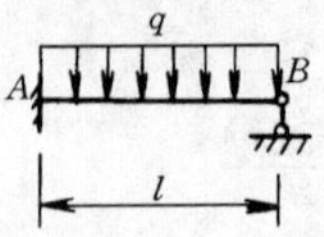	$M_{AB}=-\dfrac{ql^2}{8}$	$Q_{AB}=\dfrac{5}{8}ql$ $Q_{BA}=-\dfrac{3}{8}ql$
	9	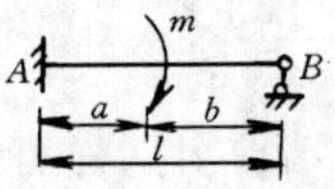	$M_{AB}=\dfrac{(l^2-3b^2)m}{2l^2}$	$Q_{AB}=-\dfrac{3(l^2-b^2)m}{2l^3}$ $Q_{BA}=-\dfrac{3(l^2-b^2)m}{2l^3}$
	10	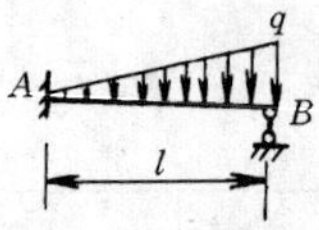	$M_{AB}=-\dfrac{7ql^2}{120}$	$Q_{AB}=\dfrac{9}{40}ql$ $Q_{BA}=-\dfrac{11}{40}ql$
	11	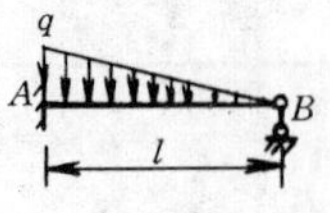	$M_{AB}=-\dfrac{ql^2}{15}$	$Q_{AB}=\dfrac{4}{10}ql$ $Q_{BA}=-\dfrac{1}{10}ql$
	12	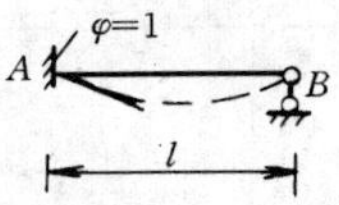	$M_{AB}=\dfrac{3EI}{l}=3i$	$Q_{AB}=-\dfrac{3EI}{l^2}=-3\dfrac{i}{l}$ $Q_{BA}=-\dfrac{3EI}{l^2}=-3\dfrac{i}{l}$
	13	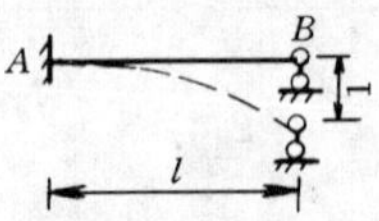	$M_{AB}=-\dfrac{3EI}{l^2}=-3\dfrac{i}{l}$	$Q_{AB}=\dfrac{3EI}{l^2}=3\dfrac{i}{l^2}$ $Q_{BA}=\dfrac{3EI}{l^3}=3\dfrac{i}{l^2}$

二、支座移动引起的杆端弯矩和杆端剪力

图 13-3（a）所示一等截面两端固定梁，当固定端 A 由某种原因产生一顺时针转角 φ_A 时，计算杆端弯矩和杆端剪力，取基本结构如图 13-3（b）所示。由原结构中，B 支座处不会产生角位移和竖向位移的变形条件，可列出力法方程

$$\delta_{11}X_1 + \delta_{12}X_2 + \Delta_{1C} = 0$$

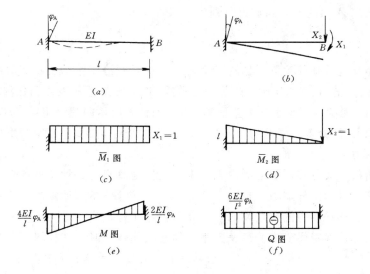

图 13-3

$$\delta_{21}X_1 + \delta_{22}X_2 + \Delta_{2C} = 0$$

式中 Δ_{1C}、Δ_{2C} 分别为基本结构在支座 A 产生转角 φ_A 时，B 点沿 X_1 方向的转角和沿 X_2 方向的竖向位移。可按静定结构由支座移动而产生的位移的公式计算，即

$$\Delta_{1C} = -\Sigma\overline{R}_1 C = -(-1 \times \varphi_A) = \varphi_A$$

$$\Delta_{2C} = -\Sigma\overline{R}_2 C = -(l \times \varphi_A) = l\varphi_A$$

各系数前面已计算出为

$$\delta_{11} = \frac{l}{EI}, \quad \delta_{12} = \delta_{21} = \frac{l^2}{2EI}, \quad \delta_{22} = \frac{l^3}{3EI}$$

代入力法方程，有

$$\frac{1}{EI}X_1 + \frac{l^2}{2EI}X_2 + \varphi_A = 0$$

$$\frac{l^2}{2EI}X_1 + \frac{l^3}{3EI}X^2 + l\varphi_A = 0$$

解方程，得

$$X_1 = \frac{2EI}{l}\varphi_A; \quad X_2 = -\frac{6EI}{l^2}\varphi_A$$

单跨梁的弯矩图和剪力图如图 13-3 (e)、(f) 所示。

单跨梁 B 端的弯矩和剪力分别为

$$M_{BA} = \frac{2EI}{l}\varphi_A; \quad Q_{BA} = -\frac{6EI}{l^2}\varphi_A$$

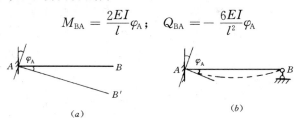

图 13-4

由平衡方程可求出 A 端的弯矩和剪力分别为

$$M_{AB} = \frac{4EI}{l}\varphi_A; \quad Q_{AB} = -\frac{6EI}{l^2}\varphi_A$$

结果表明，支座移动使超静定结构产生内力。这是超静定结构所特有的性质，静定结构不具有这种性质。图 13-4 (a) 所示的静定悬臂梁 AB，当支座 A 发生角位移 φ_A 时，梁 AB 以刚体形式自由地移至 AB'，不产生变形和内力。对图 b 所示的超静定梁 AB，当支座 A 发生角位移 φ_A 时，因 B 处多余联系的限制，梁 AB 不能以刚体形式移动，产生虚线所示的变形，因而产生内力。

对于因杆端相对线位移所引起的内力，也可类似地算出。各种支承条件下，等截面单跨梁因杆端位移所引起的杆端力，也列入表 13-1 中，供计算时查用。

三、等截面直杆杆端力的一般算式——转角位移方程

当等截面单跨超静定梁受到荷载及支座移动的共同作用时，其杆端力可利用迭加原理得到。

两端固定梁（图 13-5 (a)），其杆端弯矩和杆端剪力为

$$\left.\begin{aligned}
M_{AB} &= 4i\varphi_A + 2i\varphi_B - \frac{6i}{l}\Delta + M_{AB}^g \\
M_{BA} &= 2i\varphi_A + 4i\varphi_B - \frac{6i}{l}\Delta + M_{BA}^g \\
Q_{AB} &= -\frac{6i}{l}\varphi_A - \frac{6i}{l}\varphi_B + \frac{12i}{l^2}\Delta + Q_{AB}^g \\
Q_{BA} &= -\frac{6i}{l}\varphi_A - \frac{6i}{l}\varphi_B + \frac{12i}{l^2}\Delta + Q_{BA}^g
\end{aligned}\right\} \tag{13-1}$$

公式（13-1）称为两端固定梁的**转角位移方程**。式中 $i = \dfrac{EI}{l}$，称为杆件的**线抗弯刚度**，简称**线刚度**。

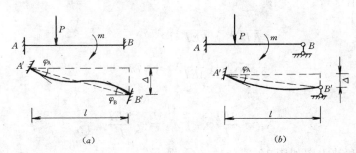

图 13-5

一端固定另一端铰支梁（图 13-5b），其杆端弯矩和杆端剪力为

$$\left.\begin{aligned}
M_{AB} &= 3i\varphi_A - \frac{3i}{l}\Delta + M_{AB}^g \\
M_{BA} &= 0 \\
Q_{AB} &= -\frac{3i}{l}\varphi_A + \frac{3i}{l^2}\Delta + Q_{AB}^g \\
Q_{BA} &= -\frac{3i}{l}\varphi_A + \frac{3i}{l^2}\Delta + Q_{BA}^g
\end{aligned}\right\} \tag{13-2}$$

公式（13-2）称为一端固定另一端铰支梁的转角位移方程。

式（13-1）、（13-2）建立了两种不同支承条件下，等截面直杆的杆端力与荷载和杆端位移之间的关系。当给定荷载和已知杆端转角及杆端相对线位移之后，杆端弯矩和杆端剪力即可按以上二式确定。由此可看出，如何确定杆端位移是用位移法求解超静定结构内力的关键。

§13-2　位移法的基本概念

对于单跨超静定梁，只要求出其梁端位移，即可以根据上节介绍的转角位移方程，求出杆端弯矩和杆端剪力。然后，梁内任一截面的内力均可以通过静力平衡方程确定。对于超静定结构，可用在结点上加约束的方法，将组成结构的各个杆件都变成单跨超静定梁，将这些单跨超静定梁的组合称作位移法的**基本结构**。基本结构中各杆件的汇交点称为结点，结点位移是**位移法的基本未知量**。一旦求得结点位移，则各杆件的杆端力便可由上节推出的转角位移方程确定。

下面通过简单的例子说明用位移法求结点位移的基本原理。

图 13-6(a) 为一两跨连续梁，在集中力 P 的作用下，梁将发生如图中虚线所示的变形。汇交于结点 B 的二个杆件 AB、BC 的 B 端，发生了相同的转角 Z_1。

用位移法求解时，在结点 B 处加一限制转动的约束，称为角变约束，用符号"▼"表示（图（b）），该约束只限制转动，不限制移动，加角变约束后，原来的两跨连续梁变成两个单跨超静定梁，其中梁 AB 为两端固定梁，梁 BC 为一端固定一端铰支梁。这两个超静定梁的组合（图（b））就是原结构的基本结构。基本结构与原结构的差别是限制了结点 B 的转动，原结构上结点 B 的转角 Z_1 就是本题中的位移法基本未知量。

求解结点角位移 Z_1 的方法叙述如下：

（1）将原结构所受荷载 P 加在基本结构上，基本结构的变形如图（b）中虚线所示。由于角变约束限制结点 B 产生角位移，所以，在角变约束上因荷载 P 的作用而产生约束反力矩 R_{1P}。规定约束反力矩以顺时针方向为正。图（b）中 R_{1P} 按正向画出。

（2）为消除基本结构与原结构的差别，将角变约束转动一转角 Z_1（图（c）），使得基本结构上结点 B 的转角与原结构在荷载作用下结点 B 的转角有相同值。由于结点 B 发生转角 Z_1 在角变约束上产生的约束反力矩用 R_{Z1} 表示。R_{Z1} 在图（c）中按正向画出。

（3）在基本结构上加荷载 P；令基本结构的角变约束产生一与实际情况有相同值的转角 Z_1。这样作后，基本结构的受力和变形状态，已与原结构的受力和变形状态完全相同，此时，角变约束已不起约束作用。如将此时角变约束上的约束反力矩用 R_1 表示，则应有

$$R_1 = 0 \qquad\qquad (a)$$

约束反力矩 R_1 是由荷载 P 和结点转角 Z_1 共同作用的结果，按叠加原理

$$R_1 = R_{Z1} + R_{1P} = 0 \qquad\qquad (b)$$

公式（b）中的 R_{Z1} 和 R_{1P} 都应在基本结构上计算。

由于结点转角 Z_1 的作用，在角变约束上产生的约束反力矩 R_{Z1} 应这样确定：令 r_{11} 为结点产生单位转角（$Z_1 = 1$）时在角变约束上产生的约束反力矩，则

$$R_{Z1} = r_{11}Z_1 \qquad\qquad (c)$$

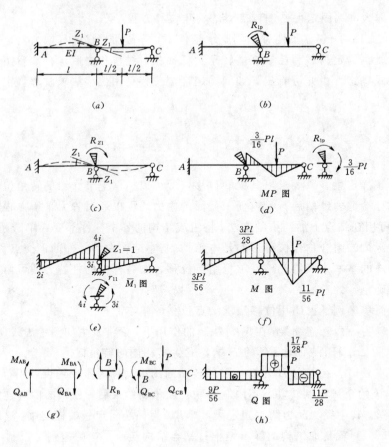

图 13-6

式 (b) 相应可写作

$$R_1 = r_{11}Z_1 + R_{1P} = 0 \qquad\qquad (d)$$

为求系数 r_{11}，令角变约束转单位转角 $Z_1 = 1$，按表 13-1 画出单跨超静定梁 AB 和 BC 的弯矩图（图 (e)），此弯矩图称 $\overline{M}_1$ 图。取结点 B 为分离体，由平衡条件 $\Sigma m_B = 0$ 得

$$r_{11} = 3i + 4i = 7i$$

由于荷载 P 的作用，在角变约束上产生的约束反力矩 R_{1P} 应这样确定：按表 13-1 画出荷载 P 作用下单跨超静定梁 AB 和 BC 的弯矩图（图 (d)），此弯矩图称 M_P 图。取结点 B 为分离体，由平衡条件 $\Sigma m_B = 0$ 得

$$R_{1P} = -\frac{3}{16}Pl$$

将 r_{11} 和 R_{1P} 的值代入式 (d)，有

$$7iZ_1 - \frac{3}{16}Pl = 0$$

解出

$$Z_1 = \frac{3Pl^2}{112EI}$$

结点 B 的转角 Z_1 求出后，可按迭加原理，作出结构的弯矩图 M，即

$$M = \overline{M}_1 Z_1 + M_P$$

如图 (f) 所示。

234

M 图确定后，可分别以杆件 AB 和 BC 为分离体，由平衡方程求解杆端剪力。例如，取图 g 中的 AB 为分离体，

$$\Sigma m_{\mathrm{A}} = 0： \qquad Q_{\mathrm{BA}} \times l + M_{\mathrm{AB}} + M_{\mathrm{BA}} = 0$$

$$Q_{\mathrm{BA}} = -\frac{9}{56}P$$

$$\Sigma Y = 0： \qquad Q_{\mathrm{AB}} - Q_{\mathrm{BA}} = 0$$

$$Q_{\mathrm{AB}} = -\frac{9}{56}P$$

如取 BC 为分离体，可类似求出

$$Q_{\mathrm{BC}} = \frac{17}{28}P；\qquad Q_{\mathrm{CB}} = -\frac{11}{28}P$$

结构的剪力图如图 h 所示。

图 13-7 (a) 所示排架，在荷载作用下将产生如图中虚线所示的位移，因为不考虑横梁的变形（$EA=\infty$），所以 B、C 两结点的水平线位移相等，用 Z_1 表示。为了获得基本结构，可在结点 C 处加一个水平支杆，这时 AB、BC 二杆件都变成一端固定另一端铰支的单跨梁。在基本结构上加荷载，作出 M_{P} 图（图 13-7 (b)）。此时附加支杆上将产生反力 R_{1P}，为了求出 R_{1P}，可以取柱端及横梁为分离体（图 13-7 (c)），柱端剪力可由表 13-1 查得。列平衡方程 $\Sigma X=0$，解出

$$R_{\mathrm{1P}} = -\frac{3}{8}qh$$

加支杆后的基本结构与原结构是有差别的，为了消除这个差别，让支杆 C 产生与实际情况有相同值的水平位移 Z_1，因位移 Z_1 的作用，在附加支杆约束上产生的约束反力用 R_{Z1} 表示。反力 R_{Z1} 的正向规定与位移 Z_1 的正向相同，R_{Z1} 可以这样计算，先作出支杆产生单位位移 $Z_1=1$ 的弯矩图（图 13-7 (d)），然后取横梁及柱端为分离体（图 13-7 (e)），由平衡方程 $\Sigma X=0$ 得单位位移在支杆约束上产生的约束反力

$$r_{11} = 3\frac{i}{h^2} + 3\frac{i}{h^2} = 6\frac{i}{h^2}$$

则由水平位移 Z_1 引起的支杆反力

$$R_{\mathrm{Z1}} = r_{11}Z_1 = 6\frac{i}{h^2}Z_1$$

荷载 q 和水平位移 Z_1 共同作用下，基本结构的受力和变形状态与原结构相同，附加支杆约束的约束反力

$$R_1 = R_{\mathrm{Z1}} + R_{\mathrm{1P}} = 0$$

将 $R_{\mathrm{Z1}}R_{\mathrm{1P}}$ 的值代入，则有

$$6\frac{i}{h^2}Z_1 - \frac{3}{8}qh = 0$$

解得

$$Z_1 = \frac{qh^3}{16i}$$

求出 Z_1 之后，可按叠加法作弯矩图

$$M = \overline{M}_1 Z_1 + M_{\mathrm{P}}$$

结构的弯矩图如图 13-7 (f) 所示。剪力图可借助弯矩图作出。取分离体如图 13-7 (g) 所

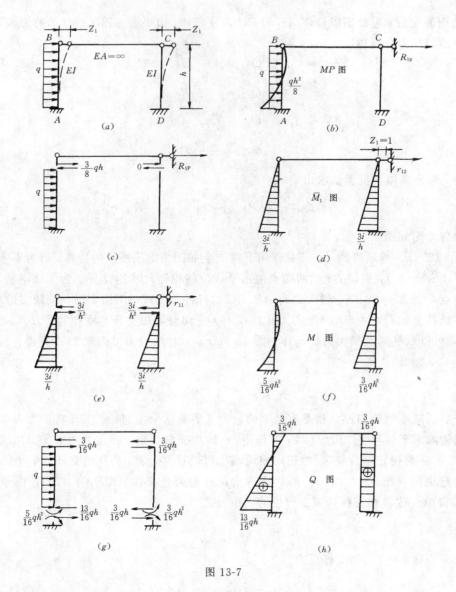

图 13-7

示，列平衡方程即可求出柱端剪力。结构的剪力图如图 13-7 （h）到示。

§13-3 位移法基本未知量数目的确定

位移法的基本未知量是结点的转角和结点线位移，这些结点转角和结点线位移是用位移法计算结构内力时必需求出的。

在原结构中加附加约束（角变约束、支杆约束），就可以得到用位移法计算结构时的基本体系。从上二例中可以看到施加的这两种约束中，角变约束限制了结点的角位移，支杆约束限制了结点的线位移。形成基本体系时所需施加的约束的数目，就是位移法中基本未知量的数目。

对于一个给定的结构，所需施加多少个角变约束和支杆约束才能得到位移法的基本体系？有多少个位移法的基本未知量？下面通过例子加以说明。

图 13-8 (a) 所示刚架，在外荷载作用下将产生如图中虚线所示的变形。结点 B 除了产生转角 Z_1 外还产生线位移 Z_2。因为不考虑轴向变形，即认为杆件在发生弯曲变形时其轴线长度的改变可以忽略不计，则 AB、BC 杆的两端结点之间距离保持不变，这样结点 B 只有水平位移，而且 B、C 二点的水平位移相等。只要在结点 B 加上角变约束，在结点 C 加上水平附加支杆，即可以得到位移法的基本结构（图 13-8 (b)）。本例中独立的位移只有两个，只加了两个附加约束，所以该结构的基本未知量有两个。由此可见，位移法的基本未知量的数目就等于形成基本结构所需加的附加约束的数目，因此，在确定基本结构时，也就将基本未知量的数目确定了。

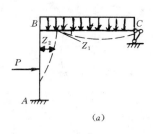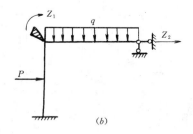

图 13-8

图 13-9 (a) 所示刚架，其基本结构可以这样确定。结点 B 可以发生角位移，所以需要在结点 B 上加一角变约束。结点 C 是铰接的，可以自由转动，不必加角变约束，只须加一竖向支杆，即可限制结点 C 的竖向位移。加了上述两个附加约束后，就得到如图 13-9 (b) 所示的基本结构，所以该结构的基本未知量共有两个，其中一个是角位移，一个是线位移。

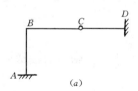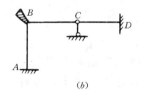

图 13-9

再看图 13-10 (a) 所示排架，根据以上所述分析原则，可以这样来确定基本结构。先在结点 C、结点 F 处加水平支杆，这样就限制了排架的侧移。结点 D 是组合结点，还应加上角变约束，才能使 CD、DE 都成为单跨超静定梁（图 13-10 (b)）。由此可知，该结构的基本未知量共有三个。

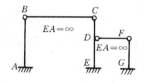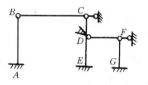

图 13-10

对于复杂刚架，由于结点间有杆相连接，而且假定结点的间距保持不变，因而各结点线位移间存在着一定的联系，不是完全独立的。要将原结构变成位移法的基本结构，所需加入的附加支杆数目应等于独立的结点线位移数。为了确定独立结点线位移数目，可按下述方法进行：把刚架的所有刚结点（包括固定端支座）都改变为铰结点，使其变为铰结体系。使该铰结体系成为几何不变体系所需加的支杆数即等于原结构的独立结点线位移数。

图 13-11（a）为一刚架，可以这样确定该结构的独立结点线位移数。先将所有刚结点都改为铰结点，然后加上两根支杆（图 13-11（b）虚线所示），铰结体系就成为几何不变的。所以原结构的独立结点线位移数目为两个，该结构的基本结构如图 13-11（c）所示。又如图 13-12（a）所示刚架，其相应的铰结体系如图 13-12（b）所示。为了使此铰结体系成为几何不变体系，只须加三个支杆，如图中虚线所示。所以原结构的独立结点线位移数目为三个，该结构的基本结构如图 13-12（c）所示。

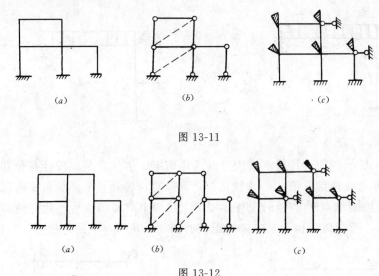

图 13-11

图 13-12

总之，在结构的刚结点和组合结点上加限制转动的约束；按结构的铰结体系成为几何不变体系的原则加支杆约束，即可得到基本结构。

§13-4　位移法典型方程

在§13-2中，通过两个简单的例子说明了位移法的基本原理。本节将以图 13-13（a）中所示刚架为例，说明用位移法求解一般超静定结构的原理和方法，并导出位移法典型方程。

一、形成位移法基本结构

所研究的刚架在荷载的作用下，会产生如图（a）中虚线所示的变形。刚结点 B、C 的转角分别为 Z_1、Z_2。柱端线位移为 Z_3。在刚架结点 B 和 C 处各加一角变约束，在结点 C（或 B）处加一支杆约束，形成位移法的基本结构如图（b）所示。

基本未知量为结点 B、C 的转角 Z_1、Z_2 以及结点 C 的线位移 Z_3。

以后，将位移法中的两种基本未知量（转角、线位移）统称为附加约束的位移，或简称位移。

二、位移法典型方程

将荷载施加在基本结构上，因荷载作用，结点 B、C 处的角变约束上分别产生约束反力

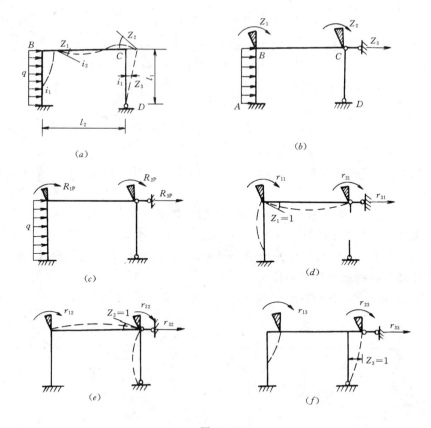

图 13-13

矩 R_{1P}、R_{2P}；结点 C 处的支杆约束上产生约束反力 R_{3P}（图 13-13（c））。

为消除基本结构与原结构的差别，令三个附加约束分别发生位移 Z_1、Z_2、Z_3，这些位移在角变约束 B、C 上所引起的约束反力矩分别为 R_{Z1}、R_{Z2}；在支杆约束 C 上所引起的约束反力为 R_{Z3}。当这些结点位移等于原结构在荷载作用下的真实结点位移时，基本结构的受力和变形状态就与原结构在荷载作用下的受力和变形状态完全一致，这时，各附加约束均已不起作用。这就是说，基本结构在荷载和结点位移 Z_1、Z_2、Z_3 的共同作用下，角变约束的约束反力矩和支杆约束的约束反力均应为零。

以后为讲解方便，将角变约束的约束反力矩和支杆约束的约束反力统称为附加约束的反力，或简称反力。

以 R_i 代表由荷载和附加约束位移共同作用，在第 i 个附加约束上所引起的反力，则按上述分析应有

$$\left.\begin{array}{l} R_1 = R_{Z1} + R_{1P} = 0 \\ R_{12} = R_{Z2} + R_{2P} = 0 \\ R_3 = R_{Z3} + R_{3P} = 0 \end{array}\right\} \qquad (13\text{-}3)$$

式（13-3）中 R_{iP} 的计算已在 §13-2 中解决，这里着重分析 R_{Zi}。R_{Zi} 是三个附加约束分别发生位移 Z_1、Z_2、Z_3，在第 i 个附加约束上所引起的反力。以 r_{ij} 表示第 j 个附加约束发生单位位移 $Z_j=1$ 时，在第 i 个附加约束上所产生的反力，其前一个脚标 i 指示发生反力的地点，其后一个脚标 j 指示发生反力的原因。由此得到反力 R_{Zi} 与位移 Z_i 的关系式

$$R_{Z1} = r_{11}Z_1 + r_{12}Z_2 + r_{13}Z_3$$
$$R_{Z2} = r_{21}Z_1 + r_{22}Z_2 + r_{23}Z_3 \qquad (13\text{-}4)$$
$$R_{Z3} = r_{31}Z_1 + r_{32}Z_2 + r_{33}Z_3$$

将式（13-4）代入式（13-3），得

$$r_{11}Z_1 + r_{12}Z_2 + r_{13}Z_3 + R_{1P} = 0$$
$$r_{21}Z_1 + r_{22}Z_2 + r_{23}Z_3 + R_{2P} = 0 \qquad (13\text{-}5)$$
$$r_{31}Z_1 + r_{32}Z_2 + r_{33}Z_3 + R_{3P} = 0$$

式（13-5）是关于位移法基本未知量的代数方程组，称为位移法典型方程。解方程组即可求出基本未知量 Z_1、Z_2、Z_3。

上式中 r_{11}、r_{21}、r_{31} 是 $Z_1=1$ 所引起的三个附加约束的反力（图（d））；r_{12}、r_{22}、r_{32} 是 $Z_2=1$ 所引起的三个附加约束的反力（图（e））；r_{13}、r_{23}、r_{33} 是 $Z_3=1$ 所引起的三个附加约束的反力（图（f））。下面以图（a）所示刚架为例，具体说明典型方程中 R_{iP} 和 r_{ij} 的求法。

（1）基本体系在荷载作用下的计算

求出在荷载作用下，各杆的固端弯矩，然后作出 M_P 图如图 13-14a 所示。

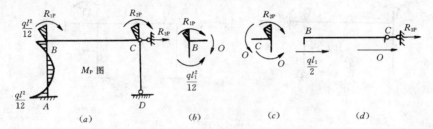

图 13-14

取结点 B 为分离体（图 13-14（b）），由平衡条件 $\Sigma m_B = 0$，求得 $R_{1P} = \dfrac{ql_1^2}{12}$。

取结点 C 为分离体（图 13-14（c）），由平衡条件 $\Sigma m_C = 0$，求得 $R_{2P} = 0$。

再取横梁及柱端为分离体（图 13-14（d）），由平衡条件，$\Sigma X = 0$，求得 $R_{3P} = -\dfrac{ql_1}{2}$。

（2）基本体系在单位转角 $Z_1=1$ 作用下的计算

作出基本体系的 $\overline{M}_1$ 图（图 13-15（a）），分别取结点 B、C 及横梁 BC 为分离体（图（b）、（c）、（d）），由平衡方程求得

$$r_{11} = 4i_1 + 4i_2, \quad r_{21} = 2i_2, \quad r_{31} = -\frac{6i_1}{l_1}$$

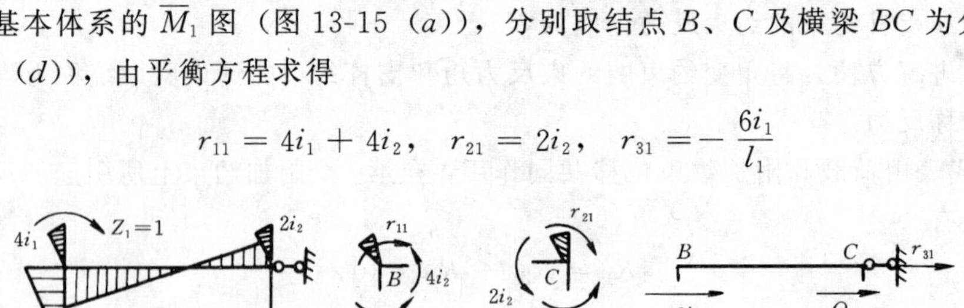

图 13-15

（3）基本体系在单位转角 $Z_2=1$ 作用下的计算

作出基本体系的 $\overline{M}_2$ 图（图 13-16 (a)），分别取结点 B、C 及横梁 BC 为分离体（图 (b)、(c)、(d)），由平衡方程求得

$$r_{12} = 2i_2, \quad r_{22} = 3i_1 + 4i_2, \quad r_{32} = -\frac{3i}{l_1}$$

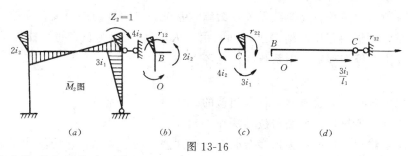

图 13-16

（4）基本体系在单位水平位移 $Z_3 = 1$ 作用下的计算

作出基本体系的 $\overline{M}_3$ 图（图 13-17 (a)），分别取结点 B、C 及横梁 BC 为分离体（图 (b)、(c)、(d)），由平衡方程求得

$$r_{13} = -\frac{6i_1}{l_1}, \quad r_{23} = -\frac{3i_1}{l_1}, \quad r_{33} = \frac{15i_1}{l_1^2}$$

求出所有的系数后将它们代入基本方程（13-5）中，即可得到下列方程组

$$(4i_1 + 4i_2)Z_1 + 2i_2 Z_2 - \frac{6i_1}{l_1}Z_3 + \frac{ql_1^2}{12} = 0$$

$$2i_2 Z_1 + (3i_1 + 4i_2)Z_2 - \frac{3i_1}{l_1}Z_3 + 0 = 0$$

$$-\frac{6i_1}{l_1}Z_1 - \frac{3i_1}{l_1}Z_3 + \frac{15i_1}{l_1^2}Z_3 - \frac{ql_1}{2} = 0$$

由基本方程解出 Z_1、Z_2 和 Z_3 后，可用迭加法作出刚架的弯矩图

$$M = \overline{M}_1 Z_1 + \overline{M}_2 Z_2 + \overline{M}_3 Z_3 + M_P \tag{13-6}$$

对于具有 n 个基本未知量的问题，则可以写出 n 个方程式

$$\left.\begin{array}{l} r_{11}Z_1 + r_{12}Z_2 + \cdots + r_{1n}Z_n + R_{1P} = 0 \\ r_{21}Z_1 + r_{22}Z_2 + \cdots + r_{2n}Z_n + R_{2P} = 0 \\ \cdots\cdots\cdots\cdots\cdots\cdots\cdots\cdots\cdots\cdots\cdots\cdots\cdots\cdots\cdots \\ r_{n1}Z_1 + r_{n2}Z_2 + \cdots + r_{nn}Z_n + R_{nP} = 0 \end{array}\right\} \tag{13-7}$$

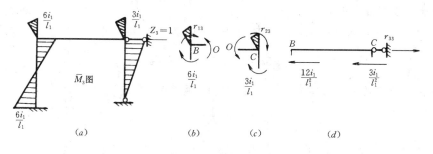

图 13-17

上述方程组就是具有 n 个基本未知量的**位移法典型方程**，在方程（13-7）中 r_{ii} 称为**主系**

数，r_{ij}（$i \neq j$）称为副系数，R_{iP}称为自由项。r_{ij}的物理意义是：当第 j 个附加约束发生单位位移 $Z_j = 1$ 时，在第 i 个附加约束上产生的反力。R_{iP} 的物理意义是基本结构在荷载作用下，第 i 个附加约束上产生的反力。

主系数、副系数和自由项有如下特征：

（1）主系数和副系数与外荷载无关，为结构常数。自由项随外荷变化而改变。

（2）主系数 r_{ii} 恒为正值，副系数 r_{ij} 和自由项 R_{iP} 可为正可为负，也可能等于零。

（3）由反力互等定理知，副系数满足互等关系

$$r_{ij} = r_{ji}$$

可以看出，以上各点与力法典型方程是相似的。

最后，为加深理解，将力法与位移法作一比较。

（1）力法是将超静定结构去掉多余联系而得到静定的基本结构。位移法是通过加附加约束的办法将结构变成超静定梁系而得到基本结构。

（2）力法以多余未知力作为基本未知量，位移法则以结点位移作为基本未知量。力法中基本未知量的数目等于结构超静定的次数。位移法中基本未知量的数目与结构超静定的次数无关。

（3）力法的典型方程是根据原结构的位移条件建立的，体现了基本体系的变形与原结构的变形相一致。位移法的典型方程是根据附加约束的反力矩（或反力）等于零的条件建立的，反映了荷载与结点位移共同作用下，基本结构的受力和变形状态与原结构相同，附加约束不起约束作用。

§13-5　用位移法计算超静定结构

【例 13-1】　试用位移法计算图 13-18（a）所示刚架，并作内力图。

【解】　（一）选取基本结构

该刚架有两个基本未知量，一个是结点 B 的转角 Z_1，另一个是结点 C 的线位移 Z_2。在 B、C 处加附加约束，就可以得到基本结构。

（二）作荷载弯矩图和单位位移弯矩图

由表 13-1 查出杆 AB 的固端弯矩，作出 M_P 图（图 13-18（b））。分别令 $Z_1 = 1$，$Z_2 = 1$ 作出 $\overline{M}_1$ 图和 $\overline{M}_2$ 图（图 13-18c、d）。

（三）求系数和自由项

以 $\overline{M}_1$ 图中结点 B 及 BC 梁为分离体（图 13-18（e）），可求得

$$r_{11} = 4i + 3i = 7i; \quad r_{21} = r_{12} = -\frac{6i}{l}$$

以 $\overline{M}_2$ 图中 BC 梁为分离体（图 13-18（f）），可求得

$$r_{22} = \frac{12i}{l^2}$$

以 M_P 图中结点 B 及 BC 梁为分离体（图 13-18（g）），可求得

$$R_{1P} = \frac{ql^2}{12}; \quad R_{2P} = -\frac{ql}{2}$$

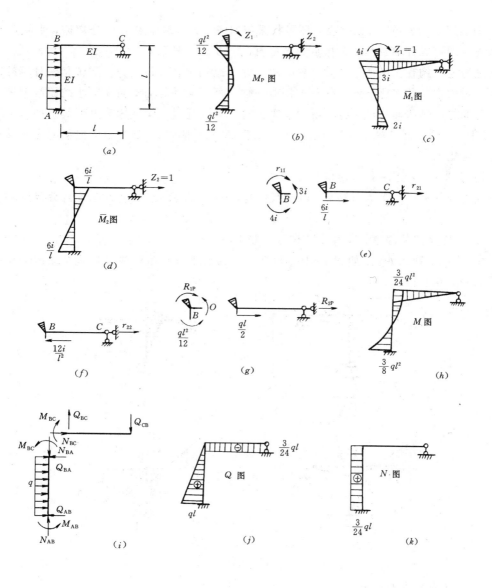

图 13-18

（四）列典型方程求解未知量

将系数和自由项代入典型方程，有

$$7iZ_1 - \frac{6i}{l}Z_2 + \frac{ql^2}{12} = 0$$

$$-\frac{6i}{l}Z_1 + \frac{12i}{l^2}Z_2 - \frac{ql}{2} = 0$$

解方程得 $\qquad Z_1 = \frac{1}{24}\frac{ql^2}{i}; \quad Z_2 = \frac{1}{16}\frac{ql^3}{i}$

（五）作内力图

由迭加原理 $M = \overline{M}_1 Z_1 + \overline{M}_2 Z_2 + M_P$，作出弯矩图如图 13-18（h）所示。剪力图可根据弯矩图作出。分别取二杆件为分离体如图 13-18（i）所示，列平衡方程求出杆端剪力，结构剪力图如图 13-18（j）所示。轴力图可根据剪力图作出。取结点 B 为分离体，由结点 B 的平衡条件即可求杆端轴力。结构轴力图如图 13-18（k）所示。

超静定结构在支座产生移动（或转动）时，结构中会引起内力。用位移法计算时，基本未知量的选取及作题步骤与荷载作用时一样，所不同的是由荷载所产生的固端弯矩应该用由已知的支座移动所产生的固端弯矩来代替。下面通过一个例题来说明具体的作法。

【例 13-2】 图 13-19（a）所示刚架的支座 B 向下移动 Δ，试作出该刚架由支座移动而产生的弯矩图。

【解】 （一）选取基本结构

该刚架只有一个基本未知量，即结点 C 的转角 Z_1。在结点 C 处加角变约束得到基本结构。

（二）作单位位移弯矩图和支座位移弯矩图

令 $Z_1 = 1$，作出 $\overline{M}_1$ 图如图 13-19（b）所示。当支座 B 产生位移 Δ 时基本结构的弯矩图如图 13-19（c）所示。

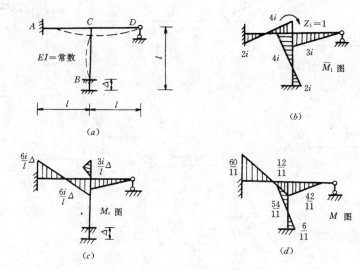

图 13-19

（三）求系数和自由项

以 $\overline{M}_1$ 图中结点 C 为分离体，求得

$$r_{11} = 4i + 4i + 3i = 11i$$

以 M_C 图中结点 C 为分离体，求得

$$R_{1C} = -\frac{6i}{l}\Delta + \frac{3i}{l}\Delta = -\frac{3i}{l}\Delta$$

（四）列典型方程求解未知量

将系数和自由项代入典型方程，有

$$11iZ_1 - \frac{3i}{l}\Delta = 0$$

解方程得

$$Z_1 = \frac{3}{11} \cdot \frac{\Delta}{l}$$

（五）作弯矩图

244

由迭加原理，$M = \overline{M}_1 Z_1 + M_C$。结构弯矩图如图 13-19（$d$）所示。

【例 13-3】 作图示带有无限刚梁的刚架的弯矩图

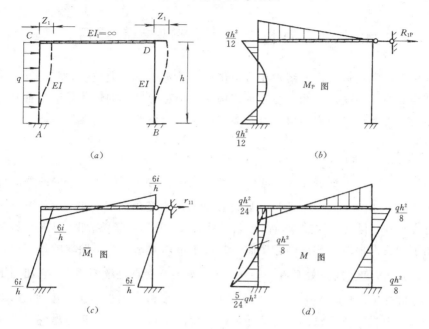

图 13-20

【解】 （一）选基本体系

当刚架受到荷载作用时，由于有无限刚梁的存在，梁 CD 不会产生弯曲变形，仅会发生刚体移动。整个刚架的变形曲线如图 13-20（a）所示。在形成基本体系时，因为结点 C、D 不会转动，只须在结点 D 处加水平支杆就可以了。无限刚梁对柱子的约束作用相当于在结点加了角变约束。

（二）作荷载弯矩图和单位位移弯矩图

由表 13-1 查出 AC 杆的固端弯矩，作出 M_P 图（图 13-20（b））。

令 $Z_1 = 1$ 作出 $\overline{M}_1$ 图（图 13-20（c））。

（三）求系数和自由项

以 $\overline{M}_1$ 图中 CD 梁为分离体，可求得

$$r_{11} = 2 \times \frac{12i}{h^2} = \frac{24i}{h^2}$$

以 M_P 图中 CD 梁为分离体，可求得

$$R_{1P} = -\frac{1}{2}qh$$

（四）列典型方程求解未知量

将系数和自由项代入典型方程，有

$$\frac{24i}{h^2}Z_1 - \frac{1}{2}qh = 0$$

解得

$$Z_1 = \frac{qh^3}{48i}$$

（五）作内力图

由迭加原理 $M=\overline{M}_1Z_1+M_P$ 作出弯矩图，如图 13-20（d）所示。

§13-6 结构近似的变形图和弯矩图

在工程中有时需迅速地作出结构在荷载作用下的弯矩图的大致形状。所以，正确地估计和判断结构受力后的变形曲线，对分析结构内力确定弯矩图的形状是十分重要的。一般对于杆系结构，可以忽略轴力和剪力对变形的影响，而只考虑弯曲变形，即

$$\frac{\mathrm{d}^2y}{\mathrm{d}x^2}=-\frac{1}{\rho}=-\frac{M(x)}{EI}$$

上式给出了弯矩与变形挠曲线之间的关系。式中 ρ 为曲率半径，$\frac{1}{\rho}$ 为曲率。由上式可知，弯矩 $M(x)$ 与曲率成正比。所以只要能正确地画出变形曲线的形状，就可以大致估算出弯矩的分布规律，得到大致的弯矩图形状。图 13-21 所示连续梁、拱、刚架、排架等结构在荷载作用下的变形曲线与相应的弯矩图。从图中可以看出，变形曲线的拐点处，曲率发生变化，由数学分析知，拐点处必有 $\frac{\mathrm{d}^2y}{\mathrm{d}x^2}=0$，所以 $M=0$ 拐点是弯矩零点。它相当于一个铰结点，它不传递弯矩，但可传递剪力。在分析时，可将反弯点当做假想的铰结点来处理，在反弯点处加铰，根据加铰后结构在荷载作用下产生的变形图，来大致画出弯矩图。

图 13-22（a）所示一刚架，在用近似法作弯矩图时，先根据荷载作用的情况，估算弯矩的

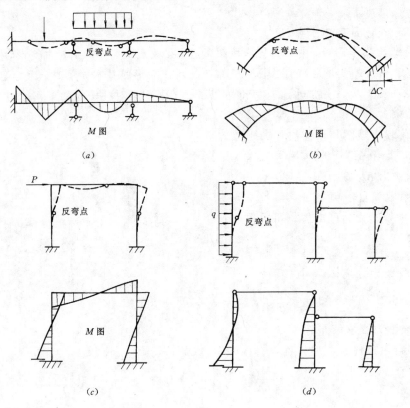

图 13-21

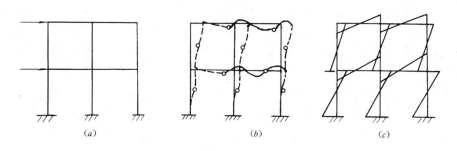

图 13-22

大小,得出相应的曲率大小。确定反弯点,一般反弯点靠近梁和柱的中点。如图 13-22(b)所示。在反弯点加铰,作出结构大致的变形图。然后再根据变形图来作弯矩图。如图 13-22(c)所示。下面给出一些刚架结构在荷载作用下的变形曲线图与弯矩图。见图 13-23 所示。

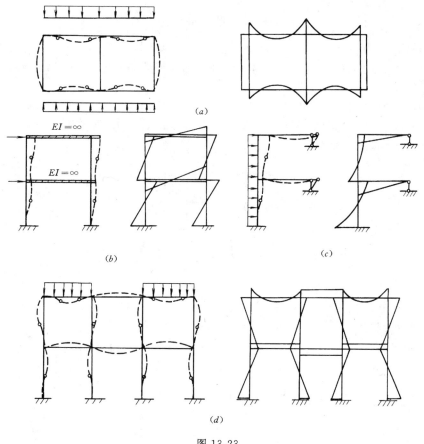

图 13-23

小 结

(1) 位移法的基本结构是通过在原结构上施加附加约束的方法而得到的一组超静定梁系。在刚结点和组合结点上加角变约束;依据结构的铰结体系为几何不变体系的原则加支杆约束,这是形成基本体系的关键。这些结点的角位移和线位移就是位移法的基本未知量。

（2）转角位移方程给出了等截面杆件受荷载及支座移动的共同作用时，其杆端力的计算方法。从这里可以看出，对于超静定结构只要能求出其结点位移，就可以根据转角位移方程确定杆件的杆端力，指明了用位移法求解超静定结构的关键是求出结点位移。

（3）位移法典型方程的物理意义是：基本结构在荷载和结点位移共同作用下，与原结构的受力和变形状态相同，附加约束无约束作用，即附加约束的约束反力全部等于零。位移法典型方程的每个方程都表示加角变约束（或支杆约束）的结点力矩平衡方程（或包含支杆约束的分离体的投影平衡方程）。

（4）熟练地选取基本体系，熟练地计算位移法方程中的主、副系数和自由项，是掌握和运用位移法的关键。必须准确地理解主、副系数和自由项的物理意义，并在此基础上加深理解位移法的基本思想。

（5）计算过程中，结点位移和附加约束的反力一律要按规定的正向画出。否则，易出现符号上的错误。

思 考 题

13-1 位移法的基本结构是怎样构成的？与力法的基本结构有何不同？

13-2 转角位移方程在位移法中有何应用？在转角位移方程中，杆端力和杆端（结点）位移的符号是如何规定的？

13-3 说明位移法典型方程（13-7）中的第二个方程的物理意义。

13-4 图示结构中横梁 AB 的抗弯刚度为无限大。用位移法求内力时，如何确定基本结构？r_{11} 和 R_{1P} 的物理意义是什么？其值为多大？

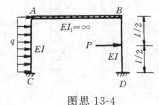

图思 13-4

习 题

13-1 试确定用位移法计算下列结构时的基本未知量。

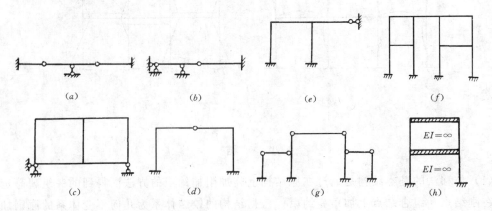

图题 13-1

248

13-2 用位移法计算图示结构，并作出 M、Q、N 图。

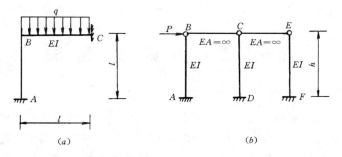

图题 13-2

13-3 用位移法计算图示结构，并作出 M 图。

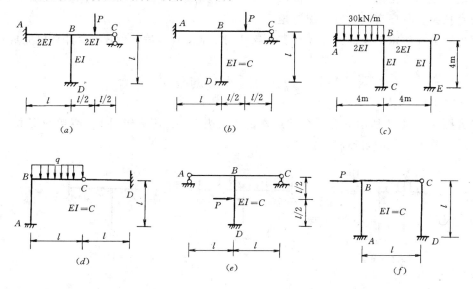

图题 13-3

13-4 支座 A 下沉 Δ 试作图示刚架的 M 图。

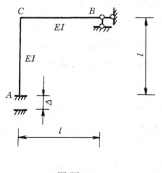

图题 13-4

第十四章 力矩分配法

力法和位移法是求解超静定结构的基本方法。应用这两种方法时，建立和求解典型方程的工作都是很繁重的。为满足工程的要求，在力法、位移法的基础上建立了许多实用计算方法。当前广泛流行的有限元法就是与电子计算技术相结合的实用计算方法。在实用计算方法中，一类是近似法；一类是通过反复运算，逐渐趋于精确解的渐近法。本章介绍的力矩分配法是渐近法中的一种。该法以位移法为理论基础，但不是用典型方程求解结点位移，而是按某种程序直接求解杆端弯矩。

用力矩分配法求解连续梁和无侧移刚架十分方便，且可编制程序，由计算机完成计算。

§14-1 力矩分配法的基本概念

研究图 14-1 (a) 所示的有一个结点角位移的刚架。在荷载作用下，刚架的变形如图中虚线所示，称作结构的自然状态。

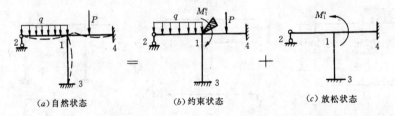

图 14-1

用力矩分配法求解时，先在刚结点上加限制转动的约束，将结点 1 固定，使刚架变成三个单跨梁（图 (b)），称作结构的约束状态。限制转动约束的作用，从变形角度看，是使结点 1 不发生转动；从受力角度看，是在结点 1 上施加一约束反力矩 M_1^r。为让结构恢复在荷载作用下的自然状态，再把约束反力矩 M_1^r 反方向施加在结点 1 上（图 (c)）。这就相当于去掉了约束的作用，称作结构的放松状态。显然，将约束状态下和放松状态下的内力选加，即得到结构在荷载作用的自然状态下的内力。

约束状态下的杆端弯矩称固端弯矩，用 M_{ij}^g 表示，可由表 12-1 查得。

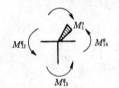

固端弯矩对杆端而言以顺时针转向为正，对结点而言则以逆时针转向为正。

欲求放松状态下的杆端弯矩，则必须解决以下三个问题。

（1）求约束反力矩 M_1^r 的值。**不平衡力矩的概念**。

约束反力矩 M_1^r 的值，可由约束状态下结点 1 的平衡条件求出。

图 14-2 由图 14-2 有

$$M_1^u = M_{12}^g + M_{13}^g + M_{14}^g \tag{14-1}$$

即：约束反力矩 M_1^u 等于汇交于结点 1 的各杆固端弯矩的代数和。规定约束反力矩以绕结点顺时针转向为正，反之为负。

由于原结构上并不存在限制结点转动的约束，所以结点上各杆固端弯矩一般不能使结点平衡，而使结点产生转动，且结点转角的大小由固端弯矩的代数和决定，即由结点约束反力矩决定。由此，又称结点约束反力矩为结点不平衡力矩。

(2) 由不平衡力矩求结点上各杆端弯矩。转动刚度、分配系数、分配弯矩的概念。

假设在放松状态下受不平衡力矩 M_1^u 的作用，结点 1 的转角为 φ_1，按位移法中的基本概念，则可求得结点 1 上各杆端弯矩为

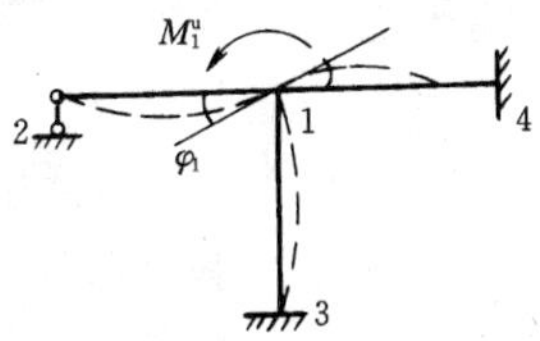

$$\left. \begin{array}{l} M_{12}' = 3i\varphi_1 = S_{12}\varphi_1 \\ M_{13}' = 4i\varphi_1 = S_{13}\varphi_1 \\ M_{14}' = 4i\varphi_1 = S_{14}\varphi_1 \end{array} \right\} \tag{14-2}$$

图 14-3

其中 S_{12}、S_{13}、S_{14} 分别反映了各杆件抵抗结点转动的能力，称为**转动刚度**。转动刚度在数值上等于：**使杆端产生单位转角时，在杆端所需施加的力矩**。

结构给定后，各杆件的转动刚度是确定的。对远端铰支的杆件 $S = 3i$，对远端固定的杆件 $S = 4i$。

根据结点 1 的平衡条件，将式 (14-2) 中各式相加，可以得到不平衡力矩 M_1^u 和由它所引起的结点转角 φ_1 之间的关系：

$$M_1^u = M_{12}' + M_{13}' + M_{14}' = (S_{12} + S_{13} + S_{14})\varphi_1 = \left(\sum_1 S \right)\varphi_1$$

式中 $\sum_1 S$ 为汇交于结点 1 的各杆端转动刚度之和可见，求出结点不平衡力矩，就可以求出结点转角，其值为

$$\varphi_1 = \frac{M_1^u}{\sum_1 S} \tag{14-3}$$

将式 (14-3) 代入式 (14-2)，求得不平衡力矩作用下结点上各杆端弯矩

$$\left. \begin{array}{l} M_{12}' = \dfrac{S_{12}}{\sum_1 S} M_1^u \\[3mm] M_{13}' = \dfrac{S_{13}}{\sum_1 S} M_1^u \\[3mm] M_{14}' = \dfrac{S_{14}}{\sum_1 S} M_1^u \end{array} \right\} \tag{14-4}$$

这一结果表明，杆端弯矩与杆件自身的转动刚度成正比，与通过该结点的各杆件转动刚度的总和成反比。结点不平衡力矩 M_1^u 按系数 $\dfrac{S_{1i}}{\sum S}$ 分配给各杆件的杆端。

式 (14-4) 中的系数 $\dfrac{S_{1i}}{\sum_1 S}$ 称为各杆件的力矩分配系数，记为 μ_{1i}，即

$$\mu_{12} = \frac{S_{12}}{\sum\limits_1 S}$$

$$\mu_{13} = \frac{S_{13}}{\sum\limits_1 S} \Bigg\} \qquad\qquad (14\text{-}5)$$

$$\mu_{14} = \frac{S_{14}}{\sum\limits_1 S}$$

结构给定后，力矩分配系数是确定的。

力矩分配系数 μ_{14} 是 $1i$ 杆件承受不平衡力矩的能力的体现。分配系数较大（小）的杆件，承受不平衡力矩的较大（小）部分。也可以说，转动刚度较大（小）的杆件，承受不平衡力矩的较大（小）部分。

显然，汇交于一结点的所有各杆件的分配系数之和等于一：

$$\Sigma\mu_{1i} = 1 \qquad\qquad (14\text{-}6)$$

以后算题时，可用式（14-6）验算分配系数计算的是否正确。

由结点不平衡力矩 M_1^u 所引起的杆端弯矩 M'_{12}、M'_{13}、M'_{14} 称为**分配弯矩**。

这里需提请注意，分配弯矩是放松状态下的杆端弯矩，放松状态是将结点不平衡力矩反向加在结点上。因而，按公式

$$M'_{12} = \mu_{12}M_1^u$$

$$M'_{13} = \mu_{13}M_1^u \Bigg\} \qquad\qquad (14\text{-}7)$$

$$M'_{14} = \mu_{14}M_1^u$$

计算分配弯矩时，式中的 M_1^u 应将结点不平衡力矩加负号代入。

（3）求杆件上结点远端的杆端弯矩。**传递系数、传递弯矩的概念。**

近端弯矩是指杆件靠结点一端的杆端弯矩，远端弯矩是指杆件远离结点一端的杆端弯矩。例如，杆件 13 的 1 端的弯矩称近端弯矩，3 端的弯矩称远端弯矩。

按位移法的基本理论，近端弯矩 M_{ij} 求出后，远端弯矩 M_{ji} 可按公式

$$M_{ji} = C_{ij}M_{ij} \qquad\qquad (14\text{-}8)$$

求出。式中 C_{ij} 是远端弯矩与近端弯矩的比值，称为**传递系数**。例如，对远端铰接的杆件 12，近端弯矩

$$M_{12} = 3i\varphi_1$$

远端弯矩

$$M_{21} = 0$$

则传递系数

$$C_{12} = 0$$

又如，对远端固定的杆件 13，近端弯矩

$$M_{13} = 4i\varphi_1$$

远端弯矩

$$M_{31} = 2i\varphi_1$$

则传递系数

$$C_{13} = \frac{1}{2}$$

结构给定后，传递系数是确定的，它依杆件远端的支承情况而定。

在力矩分配法中，近端弯矩即是分配弯矩，远端弯矩即是传递弯矩。以下讲述中，传递弯矩以 M'' 表示。

上面通过具有一个结点角位移的简单结构，介绍了力矩分配法的基本概念。从中可以看出，用力矩分配法求杆端弯矩的过程是：

（1）将结点固定，求荷载作用下的杆端弯矩，即固端弯矩。

求各杆固端弯矩的代数和，得出结点不平衡力矩。

（2）求各杆端的分配系数，将不平衡力矩冠以负号，分别乘以各杆件的分配系数，得到分配弯矩。

（3）将分配弯矩乘以传递系数，得到远端的传递弯矩。

（4）将各杆端的固端弯矩、分配弯矩及传递弯矩相加，就得到结构在荷载作用下的杆端弯矩。

以上过程中的第一步是求约束状态下的杆端弯矩。第二、三步是求放松状态下的杆端弯矩，第四步是迭加约束状态和放松状态的杆端弯矩，求得结构在自然状态下的杆端弯矩。

这样经过一次力矩分配得到的计算结果是精确解，实际上，上述过程就是按位移法的计算原理进行的。只不过没有写典型方程，并避开求解结点角位移，而按一定的程序直接求解杆端弯矩。通常，结构有多个结点角位移，对这种情况在力矩分配法中如何处理，将在下节中介绍。

【例 14-1】 用力矩分配法计算图 14-4（a）所示连续梁，求各杆杆端弯矩，绘制 M、Q 图。

【解】 （一）求分配系数

将结点 1 固定，杆件 $1A$ 与 $1B$ 的转动刚度分别为

$$S_{1A} = \frac{3(2EI)}{12} = 0.5EI$$

$$S_{1B} = \frac{4EI}{8} = 0.5EI$$

分配系数

$$\mu_{1A} = \frac{S_{1A}}{S_{1A} + S_{1B}} = 0.5$$

$$\mu_{1B} = \frac{S_{1B}}{S_{1A} + S_{1B}} = 0.5$$

由 $\Sigma\mu = \mu_{1A} + \mu_{1B} = 0.5 + 0.5 = 1$，验算分配系数计算无误。

分配系数记入表中第一行结点 1 的两侧。

（二）求固端弯矩

杆件 $1A$ 为一端铰支一端固定梁，杆件 $1B$ 为两端固定梁。按表 12-1 查得固端弯矩：

$$M^g_{1A} = \frac{1}{8}ql^2 = 180\text{kN} \cdot \text{m}$$

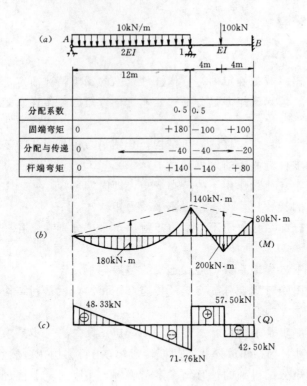

$$M^g_{A1} = 0$$

$$M^g_{1B} = -\frac{1}{8}Pl = -100\text{kN}\cdot\text{m}$$

$$M^g_{B1} = \frac{1}{8}Pl = 100\text{kN}\cdot\text{m}$$

固端弯矩记入表中第二行，相应于杆端部位。

按结点 1 的平衡条件，计算结点 1 的不平衡力矩

$$M^u_1 = M^g_{1A} + M^g_{1B} = 180 - 100 = 80\text{kN}\cdot\text{m}$$

（三）求分配弯矩和传递弯矩

将结点 1 的不平衡力矩 M^u_1 冠以负号，乘各杆件的分配系数，得各杆件在 1 端的分配弯矩：

$$M'_{1A} = \mu_{1A}(-M^u_1) = -40\text{kN}\cdot\text{m}$$
$$M'_{1B} = \mu_{1B}(-M^u_1) = -40\text{kN}\cdot\text{m}$$

分配弯矩记入表中第三行，相应于杆端部位。

将杆件近端的分配弯矩乘以该杆件的传递系数，得该杆件远端的传递弯矩：

$$M''_{A1} = 0$$

$$M''_{B1} = \frac{1}{2}M'_{1B} = -20\text{kN}\cdot\text{m}$$

传递弯矩记入第三行，相应于杆件远端的部位。

（四）求最终杆端弯矩

将各杆杆端的固端弯矩与分配弯矩和传递弯矩相加，得最终杆端弯矩：

$$M_{1A} = M_{1A}^g + M'_{1A} = 180 - 40 = 140 \text{kN} \cdot \text{m}$$

$$M_{A1} = M_{A1}^g + M''_{A1} = 0$$

$$M_{1B} = M_{1B}^g + M'_{1B} = -100 - 40 = -140 \text{kN} \cdot \text{m}$$

$$M_{B1} = M_{B1}^g + M''_{B1} = 100 - 20 = 80 \text{kN} \cdot \text{m}$$

最终杆端弯矩记入表中第四行。第四行中的每一值都是二、三两行相应值的竖向代数相加。

（五）绘制弯矩图和剪力图

根据最终杆端弯矩绘制弯矩图如图（b）所示。再根据弯矩图绘制剪力图如图（c）所示。

【例 14-2】 计算图 14-5（a）所示连续梁，绘制 M 图并求支座 B 的反力。

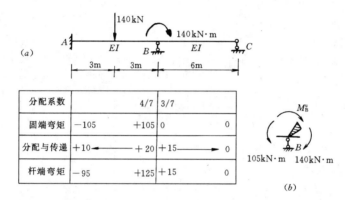

分配系数		4/7	3/7	
固端弯矩	−105	+105	0	0
分配与传递	+10 ←	+20	+15 →	0
杆端弯矩	−95	+125	+15	0

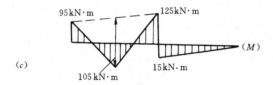

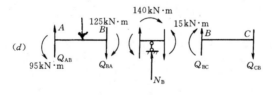

图 14-5

【解】 （一）求分配系数

杆件 BA 和 BC 的转动刚度分别为

$$S_{BA} = \frac{4EI}{6} = \frac{2}{3}EI$$

$$S_{BC} = \frac{3EI}{6} = \frac{1}{2}EI$$

分配系数

$$\mu_{BA} = \frac{S_{BA}}{S_{BA} + S_{BC}} = \frac{4}{7}$$

$$\mu_{BC} = \frac{S_{BC}}{S_{BA} + S_{BC}} = \frac{3}{7}$$

（二）求固端弯矩

固端弯矩是在结点固定的情况下荷载引起的杆端弯矩。当结点固定时，作用在结点上的力偶完全由限制转动的约束承受，不能引起杆端弯矩，计算固端弯矩时应不予考虑。

$$M_{BA}^{g} = \frac{1}{8}Pl = 105\text{kN}$$

$$M_{AB}^{g} = -\frac{1}{8}Pl = -105\text{kN}$$

$$M_{BC}^{g} = M_{CB}^{g} = 0$$

计算结点不平衡力矩 M_{B}^{u} 时必须考虑作用在结点上的力偶的影响，按图（b），由平衡条件得

$$M_{B}^{u} + 140 - 105 = 0$$

$$M_{B}^{u} = -35\text{kN} \cdot \text{m}$$

（三）求分配弯矩和传递弯矩

分配弯矩为

$$M'_{BA} = \mu_{BA}(-M_{B}^{u}) = 20\text{kN} \cdot \text{m}$$

$$M'_{BC} = \mu_{BC}(-M_{B}^{u}) = 15\text{kN} \cdot \text{m}$$

传递弯矩为

$$M''_{AB} = \frac{1}{2}M'_{BA} = 10\text{kN} \cdot \text{m}$$

$$M''_{CB} = 0$$

（四）求最终杆端弯矩

最终杆端弯矩分别为

$$M_{BA} = M_{BA}^{g} + M'_{BA} = 125\text{kN} \cdot \text{m}$$

$$M_{AB} = M_{AB}^{g} + M''_{AB} = -95\text{kN} \cdot \text{m}$$

$$M_{BC} = M_{BC}^{g} + M'_{BC} = 15\text{kN} \cdot \text{m}$$

$$M_{CB} = 0$$

（五）绘制弯矩图，求支座 B 反力

根据最终杆端弯矩，绘制弯矩图如图（c）所示。

为求支座 B 的反力，取结点 B 为研究对象，其上所受的杆端剪力 Q_{BA} 和 Q_{BC} 均按正向画出（图（d））。二者可分别从左侧杆件 AB 和右侧杆件 BC 上求得

$$Q_{BA} = -75\text{kN}$$

$$Q_{BC} = -2.5\text{kN}$$

于是可对结点 B 写投影方程

$$N_{B} + Q_{BA} - Q_{BC} = 0$$

解得
$$N_B = 72.5\text{kN}$$

最后说明一点，从弯矩图（图（c））上看，结点 B 似乎不平衡。实际是平衡的，因为在结点上除受杆端弯矩作用外，还作用有力偶（图（e）），满足平衡条件 $\Sigma m = 0$。

【例 14-3】 计算图 14-6（a）所示无侧移刚架，绘制 M 图。

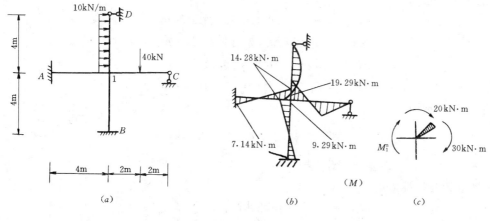

图 14-6

【解】 用力矩分配法可以求解无侧移刚架。这一简单的例子说明，其作法与解连续梁完全相同。

（一）求分配系数

将结点 1 固定，各杆件的转动刚度分别为

$$S_{1A} = \frac{4EI}{4} = EI$$

$$S_{1B} = \frac{4EI}{4} = EI$$

$$S_{1C} = \frac{3EI}{4} = \frac{3}{4}EI$$

$$S_{1D} = \frac{3EI}{4} = \frac{3}{4}EI$$

分配系数

$$\mu_{1A} = \frac{S_{1A}}{S_{1A} + S_{1B} + S_{1C} + S_{1D}} = \frac{2}{7}$$

$$\mu_{1B} = \frac{S_{1B}}{S_{1A} + S_{1B} + S_{1C} + S_{1D}} = \frac{2}{7}$$

$$\mu_{1C} = \frac{S_{1C}}{S_{1A} + S_{1B} + S_{1C} + S_{1D}} = \frac{1.5}{7}$$

$$\mu_{1D} = \frac{S_{1D}}{S_{1A} + S_{1B} + S_{1C} + S_{1D}} = \frac{1.5}{7}$$

（二）求固端弯矩

$$M_{1A}^g = M_{1B}^g = 0$$

$$M_{1C}^g = -\frac{3}{16}Pl = -30\text{kN} \cdot \text{m}$$

$$M_{1D}^g = -\frac{1}{8}ql^2 = -20\text{kN} \cdot \text{m}$$

结点 1 的不平衡力矩可由结点 1 的平衡条件求得。按图（C）有

$$M_1^u = -30 - 20 = -50\text{kN} \cdot \text{m}$$

（三）求分配弯矩和传递弯矩

分配弯矩分别为

$$M'_{1A} = \mu_{1A}(-M_1^u) = 14.28\text{kN} \cdot \text{m}$$
$$M'_{1B} = \mu_{1B}(-M_1^u) = 14.28\text{kN} \cdot \text{m}$$
$$M'_{1C} = \mu_{1C}(-M_1^u) = 10.71\text{kN} \cdot \text{m}$$
$$M'_{1D} = \mu_{1D}(-M_1^u) = 10.71\text{kN} \cdot \text{m}$$

传递弯矩分别为

$$M''_{A1} = M''_{B1} = \frac{1}{2} \times 14.28 = 7.14\text{kN} \cdot \text{m}$$
$$M''_{C1} = M''_{D1} = 0$$

（四）求最终杆端弯矩

$$M_{1A} = M'_{1A} = 14.28\text{kN} \cdot \text{m}$$
$$M_{A1} = M''_{A1} = 7.14\text{kN} \cdot \text{m}$$
$$M_{1B} = M'_{1B} = 14.28\text{kN} \cdot \text{m}$$
$$M_{B1} = M''_{B1} = 7.14\text{kN} \cdot \text{m}$$
$$M_{1C} = M_{1C}^g + M'_{1C} = -19.29\text{kN} \cdot \text{m}$$
$$M_{1D} = M_{1D}^g + M'_{1D} = -9.29\text{kN} \cdot \text{m}$$
$$M_{C1} = M_{D1} = 0$$

（五）绘制弯矩图

弯矩图如图（b）所示。

§14-2 用力矩分配法解连续梁

上节中的各例题是用于说明力矩分配法的基本概念。对这些具有一个结点转角未知量的简单结构，只需进行一次力矩分配便得到杆端弯矩的精确解。所得到的杆端弯矩使结点处于平衡状态。一般情况下，结构有多个结点转角未知量，如图 14-7 所示的连续梁就有三个结点转角未知量。这时，用力矩分配法求解通常是这样作的：

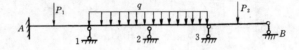

图 14-7

（1）将各结点同时固定，求分配系数。

（2）求各杆的固端弯矩和各结点的不平衡力矩 M_1^u、M_2^u、M_3^u。

（3）先放松第 1 个结点，其它结点保持固定。求结点 1 上各杆端的分配弯矩。

（4）再放松第 2 个结点，其它结点保持固定。求结点 2 上各杆端的分配弯矩。这时出

现了新情况：在结点 1 进行力矩分配时，已有传递弯矩 M''_{21} 传到杆件 21 的 2 端。因此，结点 1 进行力矩分配后，结点 2 的不平衡力矩已不再是 M'_2，而是 $(M'_2+M''_{21})$，在结点 2 应以 $(M'_2+M''_{21})$ 为不平衡力矩进行力矩分配。

（5）最后放松结点 3，其它结点保持固定。求结点 3 上各杆端的分配弯矩。同样，在结点 2 进行力矩分配时，已有传递弯矩 M''_{32} 传到杆件 23 的 3 端。因此，在结点 3 应以 $(M'_3+M''_{32})$ 为不平衡力矩进行力矩分配。

各结点轮流完成一次力矩分配之后，即第一个循环的力矩分配完成之后，结点 1、2 都不处于平衡状态，这是因为：结点 1 接受了结点 2 进行力矩分配时的传递弯矩；结点 2 接受了结点 3 进行力矩分配时的传递弯矩。1、2 两个结点出现了新的不平衡力矩，需重复（3）—（5）的计算过程，进行第二个循环的力矩分配。如此往复作下去，新出现的不平衡力矩随循环次数的增加而减少，当不平衡力矩趋向于零时，求得的最终杆端弯矩也就趋向于精确解。实际上，一般经三、四个循环后，所得结果的精度就足以满足工程的要求。

最终杆端弯矩按下式计算

$$杆端弯矩 = 固端弯矩 + \Sigma 分配弯矩 + \Sigma 传递弯矩 \tag{14-9}$$

式中 Σ 分配弯矩和 Σ 传递弯矩分别代表同一杆端在各次循环中所得分配弯矩和传递弯矩的代数和。

【例 14-4】 用力矩分配法计算图 14-8（a）所示连续梁的各杆端弯矩，并绘制弯矩图。

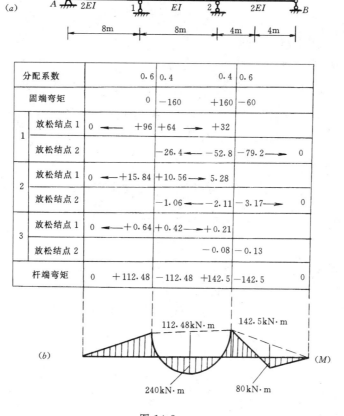

图 14-8

【解】 （一）求分配系数

本题中有两个结点转角未知量。将结点 1、2 同时固定，计算转动刚度和分配系数。杆件 1A 和杆件 12 的转动刚度分别为

$$S_{1A} = \frac{3 \times 2EI}{l} = 6i$$

$$S_{12} = \frac{4 \times EI}{l} = 4i$$

结点 1 上两杆件的分配系数分别为

$$\mu_{1A} = \frac{6i}{4i + 6i} = 0.6$$

$$\mu_{12} = \frac{4i}{4i + 6i} = 0.4$$

杆件 21 和杆件 2B 的转动刚度分别为

$$S_{21} = \frac{4EI}{l} = 4i$$

$$S_{2B} = \frac{3 \times 2EI}{l} = 6i$$

结点 2 上两杆件的分配系数分别为

$$\mu_{21} = \frac{4i}{4i + 6i} = 0.4$$

$$\mu_{2B} = \frac{6i}{4i + 6i} = 0.6$$

分配系数记入表中第一行
（二）求固端弯矩

$$M_{1A}^g = M_{A1}^g = 0$$

$$M_{12}^g = \frac{1}{12}ql^2 = -160 \text{kN} \cdot \text{m}$$

$$M_{21}^g = \frac{1}{12}ql^2 = 160 \text{kN} \cdot \text{m}$$

$$M_{2B}^g = -\frac{3}{16}Pl = -60 \text{kN} \cdot \text{m}$$

$$M_{B2}^g = 0$$

记入表中第二行。
（三）第一循环

先单独放松结点 1。结点 1 的不平衡力矩

$$M_1^n = -160 \text{kN} \cdot \text{m}$$

杆端分配弯矩分别为

$$M_{1A}' = \mu_{1A}(-M_1^u) = 96 \text{kN} \cdot \text{m}$$

$$M_{12}' = \mu_{12}(-M_1^u) = 64 \text{kN} \cdot \text{m}$$

传递弯矩分别为

$$M_{A1}'' = 0$$

$$M_{21}'' = \frac{1}{2}M_{12}' = 32\text{kN} \cdot \text{m}$$

以上结果记入表中第三行

再单独放松结点 2。结点 1 经放松后又重新固定起来，这时，结点 2 接受了传递弯矩，其不平衡力矩为

$$M_2^u + M_{21}'' = 160 - 60 + 32 = 132\text{kN} \cdot \text{m}$$

分配弯矩分别为

$$M_{21}'' = \mu_{21} \times (-132) = -52.8\text{kN} \cdot \text{m}$$
$$M_{2B}' = \mu_{2B} \times (-132) = -79.2\text{kN} \cdot \text{m}$$

传递弯矩分别为

$$M_{B2}'' = 0$$
$$M_{12}'' = \frac{1}{2}M_{21}' = -26.4\text{kN} \cdot \text{m}$$

以上结果记入表中第四行。

（四）第二循环

结点在进行力矩分配后总是处于平衡状态的，从力矩分配的概念和计算结果中都可说明这一点。例如，结点 2 在力矩分配后的杆端弯矩如图 14-9 所示，显然它满足平衡条件

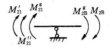

图 14-9

$$\Sigma M = 0$$

但是，第一循环完成之后，结点 1 已不处于平衡状态，因为它又接受了传递弯矩 $M_{12}'' = -26.4\text{kN} \cdot \text{m}$，传递弯矩 M_{12}'' 成为结点 1 的不平衡力矩。不过这一不平衡力矩已较原来的不平衡力矩小的多了。

进行了力矩分配和传递，结果记入表中第五行。

第五行中值为 5.28kN·m 的传递弯矩又成为结点 2 的不平衡力矩。经分配和传递，结果记入表中第六行。

至此，第二循环完成。

（五）第三循环

第三循环的计算结果记入表中第七行和第八行。

可以看到，结点 1 的不平衡力矩已极小（-0.04kN·m），计算可到此结束。

（六）求杆端弯矩

杆端弯矩按式（14-9）计算，即将表中各行竖向代数相加为相应杆端弯矩。如杆件 12 的 1 端的杆端弯矩按式（14-9）为

$$M_{12} = -160 + 64 - 26.4 + 10.56 - 1.06 + 0.42$$
$$= -112.48\text{kN} \cdot \text{m}$$

各杆端弯矩记入表中最后一行。

（七）绘制弯矩图

弯矩图如图（b）所示。

最后说明一点。本题中第一循环的计算是从结点 1 开始的，也可以从结点 2 开始计算。最好的作法是从不平衡力矩的绝对值最大的结点开始计算，这样能较快的收敛于精确解。本

题正是这样作的，因为两个结点固定后，$|M_1^u|=160>|M_2^u|=100$。

【**例 14-5**】 用力矩分配法计算图 14-10（*a*）所示连续梁的各杆端弯矩，绘制弯矩图。

【**解**】 本题的特点是有伸臂段 *BC*，这部分是静定的，荷载作用下的内力已知。求解时可将这部分去掉，在支座 *B* 处用等效的集中力和力偶代替，如图（*b*）所示。下面针对图（*b*）所示的连续梁进行计算，该梁在结点 1、2 处有两个结点转角未知量。

（一）求分配系数

杆件 1*A* 和 12 的转动刚度分别为

$$S_{1A} = \frac{4EI}{6} = \frac{2}{3}EI$$

$$S_{12} = \frac{4EI}{4} = EI$$

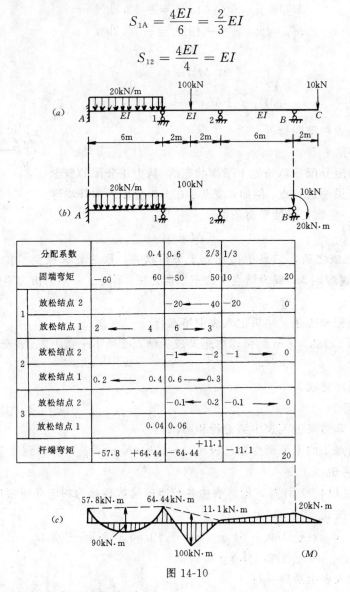

图 14-10

结点 1 上两杆件的分配系数分别为

$$\mu_{1A} = \frac{\frac{2}{3}EI}{\frac{2}{3}EI + EI} = 0.4$$

262

$$\mu_{12} = \frac{EI}{\frac{2}{3}EI + EI} = 0.6$$

杆件 21 和 2B 的转动刚度分别为

$$S_{21} = \frac{4EI}{4} = EI$$

$$S_{2B} = \frac{3EI}{6} = 0.5EI$$

结点 2 上两杆件的分配系数分别为

$$\mu_{21} = \frac{EI}{EI + 0.5EI} = \frac{2}{3}$$

$$\mu_{2B} = \frac{0.5EI}{EI + 0.5EI} = \frac{1}{3}$$

分配系数记入表中第一行。

（二）求固端弯矩

各杆件固端弯矩分别为

$$M_{A1}^g = -\frac{1}{12}ql^2 = -60\text{kN} \cdot \text{m}$$

$$M_{1A}^g = \frac{1}{12}ql^2 = 60\text{kN} \cdot \text{m}$$

$$M_{12}^g = -\frac{1}{8}Pl = -50\text{kN} \cdot \text{m}$$

$$M_{21}^g = \frac{1}{8}Pl = 50\text{kN} \cdot \text{m}$$

对杆件 B2，B 端集中力作用在支座上，不产生固端弯矩；B 端力偶产生的固端弯矩可由表 12-1 查得

$$M_{B2}^g = 20\text{kN} \cdot \text{m}$$

$$M_{2B}^g = \frac{1}{2}M_{B2}^g = 10\text{kN} \cdot \text{m}$$

以上结果记入表中第二行。

（三）第一循环

因为 $|M_2^u| > |M_1^u|$，力矩分配应从结点 2 开始。

先单独放松结点 2，结点 2 的不平衡力矩

$$M_2^u = 50 + 10 = 60\text{kN} \cdot \text{m}$$

杆端分配弯矩分别为

$$M'_{21} = \mu_{21}(-M_2^u) = -40\text{kN} \cdot \text{m}$$
$$M'_{2B} = \mu_{2B}(-M_2^u) = -20\text{kN} \cdot \text{m}$$

传递弯矩分别为

$$M''_{12} = \frac{1}{2}M'_{21} = -20\text{kN} \cdot \text{m}$$

$$M''_{B2} = 0$$

记入表中第三行。

再单独放松结点 1，结点 1 的不平衡力矩

$$M_1^u = 60 - 50 - 20 = -10 \text{kN} \cdot \text{m}$$

杆端分配弯矩分别为

$$M'_{1A} = \mu_{1A}(-M_1^u) = 4 \text{kN} \cdot \text{m}$$

$$M'_{12} = \mu_{12} = (-M_1^u) = 6 \text{kN} \cdot \text{m}$$

传递弯矩分别为

$$M''_{A1} = \frac{1}{2}M'_{1A} = 2 \text{kN} \cdot \text{m}$$

$$M''_{21} = \frac{1}{2}M'_{12} = 3 \text{kN} \cdot \text{m}$$

记入表中第四行

（四）第二循环，第三循环

将上述分配过程再重复两次，结果记入表中第五～八行。

（五）求杆端弯矩

按式（14-9）求杆端弯矩，结果记入表中第九行。

（六）绘制弯矩图

弯矩图如图（c）所示。

§14-3　超静定结构的特性

与静定结构比较，超静定结构具有以下特性：

1. 超静定结构比静定结构具有较大的刚度。所谓结构刚度是指结构抵抗某种变形的能力。图 14-11（a）、（b）所示两种梁，在荷载、截面尺寸、长度、材料均相同的情况下，简支梁的最大挠度 $y = \dfrac{0.013ql^4}{EI}$，而两端固定梁的最大挠度 $y = \dfrac{0.0026ql^4}{EI}$，仅是前者的五分之一。

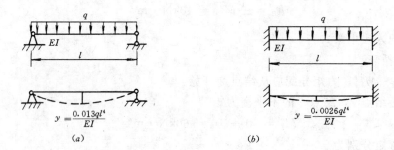

图 14-11

2. 在局部荷载作用下，超静定结构的内力分布比静定结构均匀，分布范围也大。图 14-12（a）、（b）两种刚架，在相同荷载作用下，图（a）静定刚架，只有横梁承受弯矩，最大值为 $\dfrac{Pa}{4}$；图（b）超静定刚架的各杆都受弯矩作用，最大弯矩值为 $\dfrac{Pa}{6}$。

加载跨的弯矩减小，意味着该跨应力降低，因而选择梁的截面可以比静定结构所要求

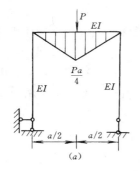
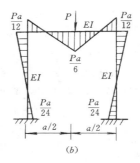

图 14-12

的小，故节省材料。

3. 静定结构的内力只用平衡条件即可确定，其值与结构的材料性质及构件截面尺寸无关。而超静定结构的内力需要同时考虑平衡条件和位移条件才能确定，故超静定结构的内力与结构的材料性质和截面尺寸有关。利用这一特性，也可以通过改变各杆刚度的大小来调整超静定结构的内力分布。

4. 在静定结构中，除荷载以外的其它因素，如支座移动、温度改变、制造误差等，都不会引起内力。而超静定结构由于有多余约束，使构件的变形不能自由发生，上述因素都要引起结构的内力。

5. 静定结构的某个约束遭到破坏，就会变成几何可变体系，不能再承受荷载。而当超静定结构的某个多余约束被破坏时，结构仍然为几何不变体系，仍能承受荷载。因而超静定结构具有较强的抵抗破坏能力。在进行军事及抗震等防护结构设计时，可考虑这一点。

小　结

（1）力矩分配法是渐近法的一种。一般情况下，要按一定的程序返复运算，使杆端弯矩趋于精确解。该法用于求解连续梁和无侧移刚架较为方便。

（2）力矩分配法以位移法为理论基础，将结构的受荷状态分解为约束状态（固定结点）和放松状态（放松结点）分别求约束状态与放松状态下的杆端弯矩，二者的和即为结构受荷状态下的杆端弯矩。

（3）力矩分配法的关键是如何确定放松状态下的杆端弯矩，为此必须明确以下三点：

a. 约束状态相当于在受荷结构上施加了不平衡力矩（即约束反力矩）M^u。M^u可由约束状态下的结点平衡条件求得，放松状态是将不平衡力矩M^u反向加在结构结点上，是原结构受荷载（$-M^u$）作用的状态。

b. 分配弯矩是放松状态下结点近端的杆端弯矩，分配弯矩由（$-M^u$）乘以分配系数求得，分配系数与杆端转动刚度成正比，所以，转动刚度越大所获得的分配弯矩也越大。

c. 传递弯矩是放松状态下结点远端的杆端弯矩，传递弯矩由分配弯矩乘以传递系数求得。

（4）结点放松后就处于平衡状态。但是，当结构有多个结点时，一个结点放松、平衡的同时，相邻结点获得不平衡力矩——传递弯矩，这就破坏了相邻结点的平衡。所以，力矩分配的计算要逐个结点反复的进行，直到每个结点的不平衡力矩都足够的小，精度满足工程的要求时为止。

力矩分配法的优点之一就是有较快的收敛速度，通常经三、四个循环所得结果的精度就可满足工程的需要。

（5）运用力矩分配法时，失误常出在符号上，这里的符号法则与位移法中的规定完全一致。要特别注意不平衡力矩的正负号规定，在求分配弯矩时要将不平衡力矩变号进行分配。

思 考 题

14-1 图示各结构中，哪些可以直接用力矩分配法计算、哪些不能？

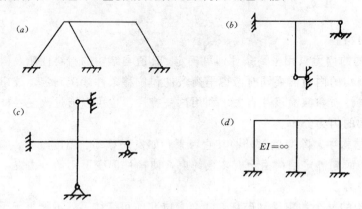

图思 14-1

14-2 为什么要将结点的不平衡力矩反号进行分配？说说它所表示的物理意义。

14-3 什么叫转动刚度？它与哪些因素有关？

14-4 在力矩分配法的计算中，为什么结点不平衡力矩会愈来愈小？

14-5 单结点力矩分配与多结点力矩分配有什么相同点？有什么不同点？

习 题

14-1 用力矩分配法求图示结构的杆端弯矩，绘制弯矩图。

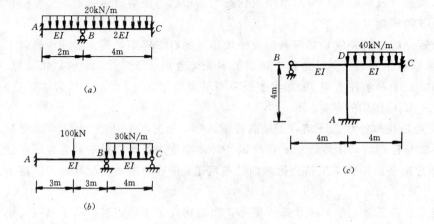

图题 14-1

14-2　用力矩分配法求连续梁的杆端弯矩，绘制 M、Q 图。

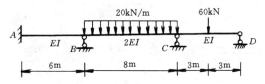

图题 14-2

14-3　用力矩分配法求连续梁的杆端弯矩，绘制 M 图并求支座 B 的反力。

14-4　用力矩分配法求连续梁的杆端弯矩，绘制 M 图。

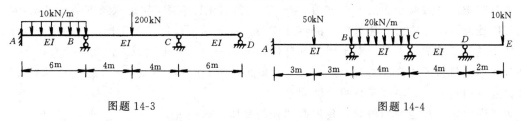

图题 14-3　　　　　　　　　　　　　　　　图题 14-4

第十五章 压杆稳定

§15-1 压杆稳定的概念

工程中把承受轴向压力的直杆称为压杆,在以前讨论压杆时,只是从强度角度出发,认为压杆横截面上的正应力不超过材料的容许应力,就能保证杆件正常工作,这种观点对于短粗杆来说是正确的,但是,对于细长的杆件,实践表明,在轴向压力作用下,杆内的应力并没有达到材料的容许应力时,就可能发生突然弯曲而破坏,因此,对于这类受压杆件,除考虑强度问题外,还必须考虑稳定性问题。

为了说明压杆稳定性的概念,我们取细长的受压杆来研究。

以图 15-1 (a) 所示轴心受压直杆为例,在大小不等的压力 P 作用下,观察压杆直线平衡状态所表现的不同特性。为便于观察,对压杆施加不大的横向干扰力,将其推至微弯状态 (图 15-1a 中的虚线状态)。

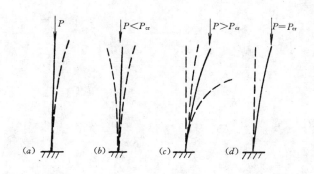

图 15-1

1. 当压力 P 值较小时 (P 小于某一临界值 P_{cr}),将横向干扰力去掉后,压杆将在直线平衡位置左右摆动,最终仍恢复到原来的直线平衡状态 (15-1b)。这表明,压杆原来的直线平衡状态是稳定的,该压杆原有直线状态的平衡是稳定平衡。

2. 当压力 P 值超过某一临界值 P_{cr} 时,将横向干扰力去掉后,压杆不仅不能恢复到原来的直线平衡状态,而且还将在微弯的基础上继续弯曲,从而使压杆失去承载能力 (图 15-1c)。这表明,压杆原来的直线平衡状态是不稳定的,该压杆原有直线状态的平衡是不稳定平衡。

3. 当压力 P 值恰好等于某一临界值 P_{cr} 时,将横向干扰力去掉后,压杆就在被干扰成的微弯状态下处于新的平衡,既不恢复原状,也不增加其弯曲的程度 (图 15-1d)。这表明,压杆可以在偏离直线平衡位置的附近保持微弯状态的平衡,称压杆这种状态的平衡为随遇平衡,它是介于稳定平衡和不稳定平衡之间的一种临界状态。当然,就压杆原有直线状态的平衡而言,随遇平衡也属于不稳定平衡。

压杆直线状态的平衡由稳定平衡过渡到不稳定平衡，叫压杆失去稳定，简称失稳。压杆处于稳定平衡和不稳定平衡之间的临界状态时，其轴向压力称为临界力，用 P_{cr} 表示。临界力 P_{cr} 是判别压杆是否会失稳的重要指标。

应该指出，不仅压杆会出现失稳现象，其它类型的构件，如图 15-2 所示的梁、拱、薄壁筒、圆环等也存在稳定问题，在荷载作用下，它们失稳的变形形式如图中虚线所示。这些构件的稳定问题都比较复杂，这里将不予研究，本章仅讨论常见的压杆稳定性问题。

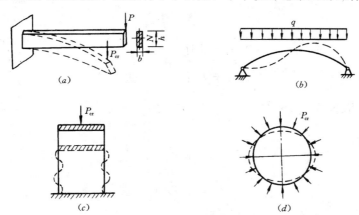

图 15-2

§15-2　细长压杆的临界力

一、两端铰支压杆的临界力

稳定计算的关键是确定临界力，下面首先讨论两端铰支（球铰）的细长压杆（图 15-3a）的临界力计算公式。

由上节所述可知，当轴向压力 P 达到临界力 P_{cr} 时，压杆可在微弯状态下保持平衡，此时，在任一横截面上存在弯矩 $M(x)$（图 15-3b），其值为

$$M(x) = P_{cr}y \qquad (a)$$

杆的挠曲线近似微分方程为

$$\frac{\mathrm{d}^2 y}{\mathrm{d}x^2} = -\frac{M(x)}{EI} \qquad (b)$$

将式 (a) 代入式 (b)，得

$$\frac{\mathrm{d}^2 y}{\mathrm{d}x^2} = -\frac{P_{cr}}{EI}y \qquad (c)$$

令

$$k^2 = \frac{P_{cr}}{EI} \qquad (d)$$

则式 (c) 变为

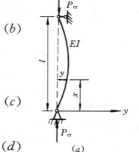

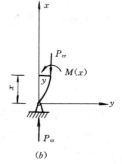

图 15-3

$$\frac{\mathrm{d}^2 y}{\mathrm{d}x^2} + k^2 y = 0 \qquad\qquad (e)$$

(e) 式为常系数线性二阶齐次微分方程，其通解为 2

$$y = A\sin kx + B\cos kx \qquad\qquad (f)$$

式中的 A 和 B 为积分常数，可由压杆的边界条件确定。图 15-3 (a) 所示压杆的边界条件为

$$当\ x = 0\ 时，\quad y = 0 \qquad\qquad (1)$$

$$当\ x = l\ 时，\quad y = 0 \qquad\qquad (2)$$

将边界条件（1）代入式（f），得

$$B = 0$$

于是式（f）变为

$$y = A\sin kx \qquad\qquad (g)$$

将边界条件（2）代入式（g）得

$$A\sin kl = 0 \qquad\qquad (h)$$

若式（h）中 $A=0$，则由式（f）可知杆的挠度 $y=0$，这与微弯状态的假设不符，所以 $A \neq 0$，而只能是

$$\sin kl = 0$$

要满足这一条件，则要求

$$kl = n\pi \qquad (n = 0,1,2,3\cdots\cdots)$$

将其代入式（d）得

$$P_{\mathrm{cr}} = \frac{n^2 \pi^2 EI}{l^2}$$

式中若取 $n=0$，则 $P_{\mathrm{cr}}=0$，没有意义。这里应取使杆丧失稳定的最小压力值，即取 $n=1$，所以有

$$P_{\mathrm{cr}} = \frac{\pi^2 EI}{l^2} \qquad\qquad (15\text{-}1)$$

该式即为两端铰支细长压杆的临界力计算公式，又称为欧拉公式。应注意的是，杆的弯曲必然发生在抗弯能力最小的平面内，所以，式（15-1）中的惯性矩 I 应为压杆横截面的最小惯性矩。

二、其它支承形式的压杆的临界力

以上讨论的是两端铰支的细长压杆的临界力计算。对于其它支承形式的压杆，也可用同样方法导出其临界力的计算公式。这里将不再一一推导，只把计算结果列表如下：

各种支承情况下等截面细长杆的临界力公式　　**表 15-1**

支承情况	两端铰支	一端固定 一端自由	两端固定	一端固定 一端铰支
失稳时挠曲线形状	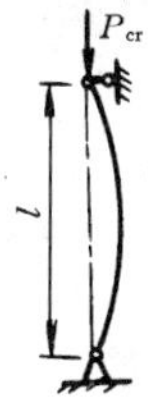	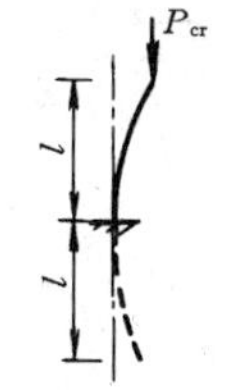	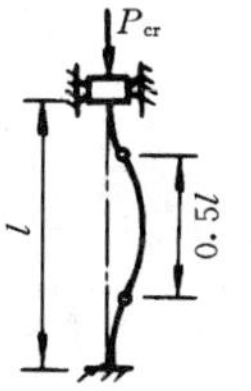	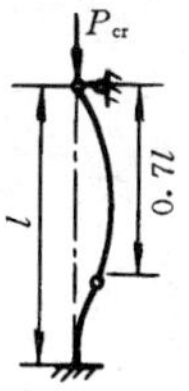
临界力公式	$P_{cr}=\frac{\pi^2EI}{l^2}$	$P_{cr}=\frac{\pi^2EI}{(2l)^2}$	$P_{cr}=\frac{\pi^2EI}{(0.5l)^2}$	$P_{cr}=\frac{\pi^2EI}{(0.7l)^2}$
计算长度	l	$2l$	$0.5l$	$0.7l$
长度系数	$\mu=1$	$\mu=2$	$\mu=0.5$	$\mu=0.7$

从表中可以看出，各种细长压杆的临界力计算公式基本相似，只是分母中 l 前边的系数不同，因此，可以写成统一形式的欧拉公式

$$P_{cr}=\frac{\pi^2EI}{(\mu l)^2} \tag{15-2}$$

式中，μ 反映了杆端支承对临界力的影响，称为**长度系数**，μl 称为**计算长度**。

【例 15-1】　图 15-4 所示细长压杆的两端为球形铰，弹性模量 $E=200\text{GPa}$，截面形状为：(1) 圆形截面，$d=5\text{cm}$；(2) 16 号工字钢。杆长均为 $l=2\text{m}$ 试用欧拉公式计算其临界荷载。

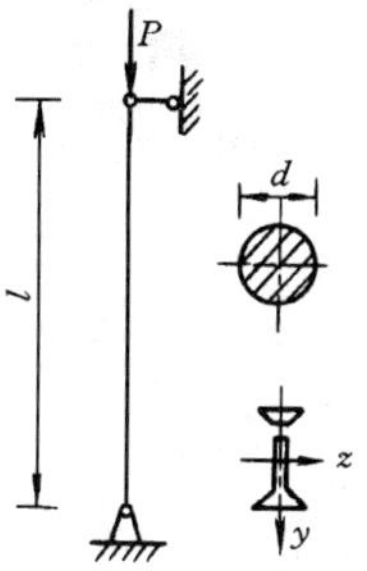

图 15-4

【解】　因压杆两端为球形铰，故 $\mu=1$。现分别计算两种截面杆的临界力。

（一）圆形截面杆：

$$P_{cr}=\frac{\pi^2EI}{(\mu l)^2}=\frac{\pi^3Ed^4}{64l^2}$$

$$=\frac{\pi^3\times200\times10^9\times5^4\times10^{-8}}{64\times4}$$

$$=151.2\times10^3\text{N}=151.2\text{kN}$$

（二）工字型截面杆：

对压杆为球铰支承的情况，应取 $I=I_{min}=I_y$。由型钢表查得

$$I_y=93.1\text{cm}=93.1\times10^{-8}\text{m}^4$$

$$P_{cr}=\frac{\pi^2EI_y}{(\mu l)^2}=\frac{\pi^2\times200\times10^9\times93.1\times10^{-8}}{4}$$

$$=459\times10^3\text{N}=459\text{kN}$$

§15-3　压杆的临界应力

一、临界应力

将临界荷载 P_{cr}除以压杆的横截面面积 A，即可求得压杆的临界应力，即

$$\sigma_{cr} = \frac{P_{cr}}{A} = \frac{\pi^2 EI}{(\mu l)^2 A}$$

把截面的惯性半径 $i = \sqrt{I/A}$ 引入上式，得

$$\sigma_{cr} = \frac{\pi^2 E}{\left(\dfrac{\mu l}{i}\right)^2}$$

再令

$$\lambda = \frac{\mu l}{i} = \frac{\mu l}{\sqrt{\dfrac{I}{A}}} \tag{15-3}$$

则细长杆的临界应力可表达为

$$\sigma_{cr} = \frac{\pi^2 E}{\lambda^2} \tag{15-4}$$

式（15-4）称为欧拉临界应力公式，式中的 λ 称为长细比或柔度，λ 是一个无量纲量，它综合地反映了压杆的长度、截面的形状与尺寸以及杆件的支承情况对临界应力的影响，公式（15-4）表明，λ 值愈大，压杆就愈容易失稳。

二、欧拉公式的适用范围

式（15-4）表明，临界应力 σ_{cr} 是柔度 λ 的函数，其函数关系曲线为欧拉曲线（图 15-5）。

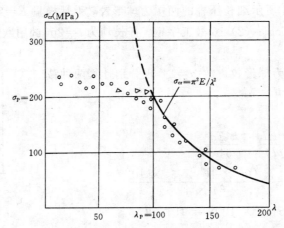

图 15-5　Q235 的实验点与欧拉双曲线

为了考察欧拉公式是否符合实际情况，并研究非弹性稳定问题，可作如下稳定实验：

用 Q235 钢制成不同柔度的压杆试件，在尽可能保持轴心受压的条件下作受压实验，测得每个试件的临界应力（压溃应力），将实验结果在图 15-5 中标出❶。当 $\lambda > \lambda_p$ 时，实验值与欧拉曲线比较吻合。而当 $\lambda < \lambda_p$ 时，实验值与欧拉曲线完全不符合。这说明，欧拉公式并不是对任何柔度的压杆都适用。

进一步分析图 15-5 所示的实验点和欧拉理论曲线发现，对应于柔度 λ_p 的临界应力 $\sigma_{cr} =$

---

❶　泰特马耶实验和德国钢结构协会实验等诸多稳定实验结果均与图 15-5 所示实验结果类似。

200MPa 左右，该值恰为 Q235 钢的比例极限值（$\sigma_p = 200\text{MPa}$）。表明 $\sigma_{cr} \leqslant \sigma_p$ 时，欧拉公式是正确的；而在 $\sigma_{cr} > \sigma_p$ 时，则欧拉公式不成立。这是由于欧拉公式是利用压杆的弹性曲线近似微分方程推导出来的，而该方程仅在材料服从胡克定律时才成立，故欧拉公式只在临界应力 σ_{cr} 不超过材料的比例极限 σ_p 时才能应用。欧拉公式的适用范围是

$$\sigma_{cr} = \frac{\pi^2 E}{\lambda^2} \leqslant \sigma_p$$

或写作

$$\lambda \geqslant \pi \sqrt{\frac{E}{\sigma_p}}$$

若用 λ_p 表示对应于 $\sigma_{cr} = \sigma_p$ 时的柔度值（图 15-5），则有

$$\lambda_p = \pi \sqrt{\frac{E}{\sigma_p}} \tag{15-5}$$

显然，λ_p 是判断欧拉公式能否应用的柔度，称为判别柔度。当 $\lambda \geqslant \lambda_p$ 时，才能满足 $\sigma_{cr} \leqslant \sigma_p$，欧拉公式才适用，这种压杆称为大柔度杆或细长杆。

对于用 Q235 钢制成的压杆，$E = 200\text{GPa}$，$\sigma_p = 200\text{MPa}$，其判别柔度 λ_p 为

$$\lambda_p = \pi \sqrt{\frac{200 \times 10^3}{200}} \approx 100$$

若压杆的柔度 λ 小于 λ_p，称为小柔度杆或非细长杆。小柔度杆的临界应力大于材料的比例极限，这时的压杆将产生塑性变形，称为弹塑性稳定问题。

【例 15-2】 图 15-6 所示矩形截面压杆，其支承情况为：在平面（纸面平面）内，两端固定；出平面（与纸面垂直的平面）内，下端固定，上端自由。已知 $l = 3\text{m}$，$b = 0.1\text{m}$，材料的弹性模量 $E = 200\text{GPa}$，比例极限 $\sigma_p = 200\text{MPa}$，试计算该压杆的临界力。

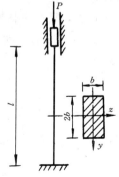

图 15-6

【解】 （一）判断失稳方向

由于杆的上端在两个平面（在平面与出平面）内的支承情况不同，所以压杆在两个平面内的长细比也不同，压杆将首先在 λ 值大的平面内失稳。两个平面内的 λ 值分别为：

在平面：

$$\lambda_y = \frac{\mu_1 l}{i_y} = \frac{\mu_1 l}{\sqrt{\dfrac{I_y}{A}}} = \frac{\mu_1 l}{b / \sqrt{12}} = \frac{0.5 \times 3}{0.1 / \sqrt{12}}$$

$$= 51.96$$

出平面：

$$\lambda_z = \frac{\mu_2 l}{i_z} = \frac{\mu_2 l}{\sqrt{\dfrac{I_z}{A}}} = \frac{\mu_2 l}{2b / \sqrt{12}} = \frac{2 \times 3}{2 \times 0.1 / \sqrt{12}}$$

$$= 103.92$$

因 $\lambda_z > \lambda_y$，所以杆若失稳，将发生在出平面内，

（二）判定该压杆是否可用欧拉公式求临界力

$$\lambda_p = \pi \sqrt{\frac{E}{\sigma_p}} = \pi \sqrt{\frac{200 \times 10^3}{200}} = 99.35$$

因 $\lambda_z > \lambda_p$，故可用欧拉公式求临界力，其值为

$$P_{cr} = \frac{\pi^2 E I_z}{(\mu_2 l)^2} = \frac{\pi^2 \times 200 \times 10^9 \times \dfrac{0.1 \times 0.2^3}{12}}{(2 \times 3)^2}$$

$$= 3655.4 \times 10^3 \text{N} = 3655.4 \text{kN}$$

三、超过比例极限时压杆的临界应力

对临界应力超过比例极限的压杆（$\lambda < \lambda_p$）可分为两类：

（1）短粗杆或称小柔度杆，一般来说，短粗杆不会发生失稳，它的承压能力取决于材料的抗压强度，属于强度问题。

（2）中柔度杆，在工程实际中，这类压杆是最常见的。

关于这类压杆的临界力计算，有基于理论分析的公式，如切线模量公式；还有以实验为基础的经验公式。经验公式有多种形式，这里只介绍直线经验公式。

直线公式将临界应力 σ_{cr} 和柔度 λ 表示为以下的直线关系：

$$\sigma_{cr} = a - b\lambda \tag{15-6}$$

式中 a 与 b 是与材料性质有关的常数。例如 Q235 钢制成的压杆，$a = 304\text{MPa}$，$b = 1.12\text{MPa}$；松木压杆判别柔度 $\lambda_p = 110$，$a = 28.7\text{MPa}$，$b = 0.19\text{MPa}$。

应予指出，只有在临界应力小于屈服极限 σ_s 时，直线公式（15-6）才适用。若以 λ_s 表示对应于 $\sigma_{cr} = \sigma_s$ 时的柔度，则

$$\sigma_{cr} = \sigma_s = a - b\lambda_s$$

或

$$\lambda_s = \frac{a - \sigma_s}{b}$$

λ_s 是可用直线公式的最小柔度。对于 Q235 钢，$\sigma_s = 235\text{MPa}$，则

$$\lambda_s = \frac{a - \sigma_s}{b} = \frac{304 - 235}{1.12} \approx 60$$

若 $\lambda < \lambda_s$，压杆应按压缩强度计算，即

$$\sigma_{cr} = \frac{P}{A} \leqslant \sigma_s$$

由欧拉公式和直线公式表示 σ_{cr}-λ 曲线，如图 15-7 所示。σ_{cr}-λ 曲线称为临界应力总图，工程中称它为柱子曲线。

稳定计算中，无论是欧拉公式，还是直线公式，都是以压杆的整体变形为基础的，即压杆在临界力作用下可保持微弯状态的平衡，以此作为压杆失稳时的整体变形状态。局部削弱（如螺钉孔等）对压杆的整体变形影响很小，所以计算临界应力时，应采用未经削弱的横截面积 A（毛面积）和惯性矩 I。

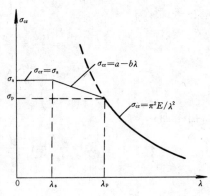

图 15-7

§15-4 压杆的稳定计算

一、压杆的稳定条件

工程中，为使受压杆件不失去稳定，并具有必要的安全储备，需建立压杆的稳定条件，对压杆作稳定计算。

轴心受压杆件的稳定条件为

$$\sigma = \frac{P}{A} \leqslant \varphi f \tag{15-7a}$$

或

$$\frac{P}{\varphi A} \leqslant f \tag{15-7b}$$

式中 P 为轴心压力；A 为压杆截面的毛截面面积；f 为材料抗压强度的设计值，如 Q235 钢的 $f=215\text{MPa}$；φ 称为稳定系数。

因为压杆的临界应力总是随柔度而改变，柔度越大，临界应力越低，所以，在压杆的稳定计算中，需要将材料的强度计算值 f 乘以一个随柔度而变的稳定系数 $\varphi = \varphi(\lambda)$。

二、设计中应用的柱子曲线

在钢压杆中，稳定系数被定义为临界应力与材料屈服极限的比值，即 $\varphi = \sigma_{cr}/\sigma_s$。显然，$\varphi$-$\lambda$ 曲线与 σ_{cr}-λ 曲线的意义是相同的，均被称为柱子曲线。轴心受压直杆的柱子曲线如图 15-7 所示。

作为工程设计中应用的柱子曲线，理应是实际压杆的柱子曲线。为此，对实际压杆的 φ 与 λ 的关系作了大量的研究。在诸多影响压杆稳定的不利因素中，以杆件的初弯曲、压力偏心和残余应力尤为严重。但这三者同时对压杆构成最不利情况的概率很低，可只考虑初弯曲与残余应力两个不利因素，取存在残余应力的初弯曲压杆作为实际压杆的模型。

所谓残余应力，是指杆件由于轧制或焊接后的不均匀冷却，而在截面内产生的自相平衡（截面合内力为零）的一种应力。残余应力的大小和分布与截面形状尺寸、制造工艺和加工过程有关。压杆在增大压力的过程中，截面上最大残余应力区域将率先达到屈服极限，从而使截面出现塑性区，使压杆的临界应力降低。可见，残余应力对压杆的承载能力具有不利影响。

我国的《钢结构设计规范》（GBJ17—88）中的柱子曲线，采用的计算假定为

(1) 初弯曲为 $w_0 = l/1000$。w_0 为压杆的最大初挠度。

(2) 残余应力共选用了 13 种不同模式。

(3) 材料为理想弹塑性体。

基于上述假定，按最大强度准则用计算机求出 96 条曲线，这些曲线分布在相当宽的范围内，再将这些曲线分为三组，每组用一条曲线作为代表曲线，即 a、b、c 三条柱

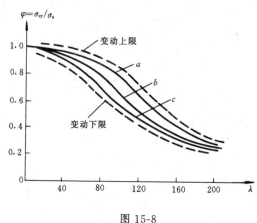

图 15-8

275

子曲线供设计时应用（图 15-8），它们分别对应着 a、b、c 三种截面分类，其中 a 类的残余应力影响较小，稳定性较好；c 类的残余应力影响较大，其稳定性较差；多数情况可归为 b 类。表 15-2 中只给出了圆管和工字形截面的分类，其它截面分类见《钢结构设计规范》。对于不同材料，根据 φ 与 λ 的关系，分别给出 a、b、c 三类截面的稳定系数 φ 值。表 15-3、表 15-4 和表 15-5 分别给出 Q235 钢 a、b、c 三类截面的 φ 值。

轴压杆件的截面分类 表 15-2

类　别	截　面　形　状　和　对　应　轴	
a 类	轧制，对任意轴	轧制，$b/h \leqslant 0.8$，对 z 轴
b 类	焊接，对任意轴	轧制，$b/h \leqslant 0.8$，对 y 轴 $b/h > 0.8$，对 y、z 轴 焊接，翼缘为轧制边，对 z 轴
c 类		焊接，翼缘为轧制边，对 y 轴

Q235 钢 a 类截面轴心受压构件的稳定系数 φ 表 15-3

λ	0	1.0	2.0	3.0	4.0	5.0	6.0	7.0	8.0	9.0
0	1.000	1.000	1.000	1.000	0.999	0.999	0.998	0.998	0.997	0.996
10	0.995	0.994	0.993	0.992	0.991	0.989	0.988	0.986	0.985	0.983
20	0.981	0.979	0.977	0.976	0.974	0.972	0.970	0.968	0.966	0.964
30	0.963	0.961	0.959	0.957	0.955	0.952	0.950	0.948	0.946	0.944
40	0.941	0.939	0.937	0.934	0.932	0.929	0.927	0.924	0.921	0.919
50	0.916	0.913	0.910	0.907	0.904	0.900	0.897	0.894	0.890	0.886
60	0.883	0.879	0.875	0.871	0.867	0.863	0.858	0.851	0.849	0.844
70	0.839	0.834	0.829	0.824	0.818	0.813	0.807	0.801	0.795	0.789
80	0.783	0.776	0.770	0.763	0.757	0.750	0.743	0.736	0.728	0.721
90	0.714	0.706	0.699	0.691	0.684	0.676	0.668	0.661	0.653	0.645
100	0.638	0.630	0.622	0.615	0.607	0.600	0.592	0.585	0.577	0.570
110	0.563	0.555	0.548	0.541	0.534	0.527	0.520	0.514	0.507	0.500
120	0.494	0.488	0.481	0.475	0.469	0.463	0.457	0.451	0.445	0.440
130	0.434	0.429	0.423	0.418	0.412	0.407	0.402	0.397	0.392	0.387
140	0.383	0.378	0.373	0.369	0.364	0.360	0.356	0.351	0.347	0.343
150	0.339	0.335	0.331	0.327	0.323	0.320	0.316	0.312	0.309	0.305
160	0.302	0.298	0.295	0.292	0.289	0.285	0.282	0.279	0.276	0.273
170	0.270	0.267	0.264	0.262	0.259	0.256	0.253	0.251	0.248	0.246
180	0.243	0.241	0.238	0.236	0.233	0.231	0.229	0.226	0.224	0.222
190	0.220	0.218	0.215	0.213	0.211	0.209	0.207	0.205	0.203	0.201
200	0.199	0.198	0.196	0.194	0.192	0.190	0.189	0.187	0.185	0.183
210	0.182	0.180	0.179	0.177	0.175	0.174	0.172	0.171	0.169	0.168
220	0.166	0.165	0.164	0.162	0.161	0.159	0.158	0.157	0.155	0.154
230	0.153	0.152	0.150	0.149	0.148	0.147	0.146	0.144	0.143	0.142
240	0.141	0.140	0.139	0.138	0.136	0.135	0.134	0.133	0.132	0.131
250	0.130									

Q235 钢 b 类截面轴心受压构件的稳定系数 φ表 15-4

λ	0	1.0	2.0	3.0	4.0	5.0	6.0	7.0	8.0	9.0
0	1.000	1.000	1.000	0.999	0.999	0.998	0.997	0.996	0.995	0.994
10	0.992	0.991	0.989	0.987	0.985	0.983	0.981	0.978	0.976	0.973
20	0.970	0.967	0.963	0.960	0.957	0.953	0.950	0.946	0.943	0.939
30	0.936	0.932	0.929	0.925	0.922	0.918	0.914	0.910	0.906	0.903
40	0.899	0.895	0.891	0.887	0.882	0.878	0.874	0.870	0.865	0.861
50	0.856	0.852	0.847	0.842	0.838	0.833	0.828	0.823	0.818	0.813
60	0.807	0.802	0.797	0.791	0.786	0.780	0.774	0.769	0.763	0.757
70	0.751	0.745	0.739	0.732	0.726	0.720	0.714	0.707	0.701	0.694
80	0.688	0.681	0.675	0.668	0.661	0.655	0.648	0.641	0.635	0.628
90	0.621	0.614	0.608	0.601	0.594	0.588	0.581	0.575	0.568	0.561
100	0.555	0.549	0.542	0.536	0.529	0.523	0.517	0.511	0.505	0.499
110	0.493	0.487	0.481	0.475	0.470	0.464	0.458	0.453	0.447	0.442
120	0.437	0.432	0.426	0.421	0.416	0.411	0.406	0.402	0.397	0.392
130	0.387	0.383	0.378	0.374	0.370	0.365	0.361	0.357	0.353	0.340
140	0.345	0.341	0.337	0.333	0.329	0.326	0.322	0.318	0.315	0.311
150	0.308	0.304	0.301	0.298	0.265	0.291	0.288	0.285	0.282	0.279
160	0.276	0.273	0.270	0.267	0.265	0.262	0.259	0.256	0.254	0.251
170	0.249	0.246	0.244	0.241	0.239	0.236	0.234	0.232	0.229	0.227
180	0.225	0.223	0.220	0.218	0.216	0.214	0.212	0.210	0.208	0.206
190	0.204	0.202	0.200	0.198	0.197	0.195	0.193	0.191	0.190	0.188
200	0.186	0.184	0.183	0.181	0.180	0.178	0.176	0.175	0.173	0.172
210	0.170	0.169	0.167	0.166	0.165	0.163	0.162	0.160	0.159	0.158
220	0.156	0.155	0.154	0.153	0.151	0.150	0.149	0.148	0.146	0.145
230	0.144	0.143	0.142	0.141	0.140	0.138	0.137	0.136	0.135	0.134
240	0.133	0.132	0.131	0.130	0.129	0.128	0.127	0.126	0.125	0.124
250	0.123									

Q235 钢 c 类截面轴心受压构件的稳定系数 φ表 15-5

λ	0	1.0	2.0	3.0	4.0	5.0	6.0	7.0	8.0	9.0
0	1.000	1.000	1.000	0.999	0.999	0.998	0.997	0.996	0.995	0.993
10	0.992	0.990	0.988	0.986	0.983	0.981	0.978	0.976	0.973	0.970
20	0.966	0.959	0.953	0.947	0.940	0.934	0.928	0.921	0.915	0.909
30	0.902	0.896	0.890	0.884	0.877	0.871	0.865	0.858	0.852	0.846
40	0.839	0.833	0.826	0.820	0.814	0.807	0.801	0.794	0.788	0.781
50	0.775	0.768	0.762	0.755	0.748	0.742	0.735	0.729	0.722	0.715
60	0.709	0.702	0.695	0.689	0.682	0.676	0.669	0.662	0.656	0.649
70	0.643	0.636	0.629	0.623	0.616	0.610	0.604	0.597	0.591	0.584
80	0.578	0.572	0.566	0.559	0.553	0.547	0.541	0.535	0.529	0.523
90	0.517	0.511	0.505	0.500	0.494	0.488	0.483	0.477	0.472	0.467
100	0.463	0.458	0.454	0.449	0.445	0.441	0.436	0.432	0.428	0.423
110	0.419	0.415	0.411	0.407	0.403	0.399	0.395	0.391	0.387	0.383
120	0.379	0.375	0.371	0.367	0.364	0.360	0.356	0.353	0.349	0.346
130	0.342	0.339	0.335	0.332	0.328	0.325	0.322	0.319	0.315	0.312
140	0.309	0.306	0.303	0.300	0.297	0.294	0.291	0.288	0.285	0.282
150	0.280	0.277	0.274	0.271	0.269	0.266	0.264	0.261	0.258	0.256
160	0.254	0.251	0.249	0.246	0.244	0.242	0.239	0.237	0.235	0.233
170	0.230	0.228	0.226	0.224	0.222	0.220	0.218	0.216	0.214	0.212
180	0.210	0.208	0.206	0.205	0.203	0.201	0.199	0.197	0.196	0.194
190	0.192	0.190	0.189	0.187	0.186	0.184	0.182	0.181	0.179	0.178
200	0.176	0.175	0.173	0.172	0.170	0.169	0.168	0.166	0.165	0.163
210	0.162	0.161	0.159	0.158	0.157	0.156	0.154	0.153	0.152	0.151
220	0.150	0.148	0.147	0.146	0.145	0.144	0.143	0.142	0.140	0.139
230	0.138	0.137	0.136	0.135	0.134	0.133	0.132	0.131	0.130	0.129
240	0.128	0.127	0.126	0.125	0.124	0.124	0.123	0.122	0.121	0.120
250	0.119									

对于木制压杆的稳定系数 φ 值，我国的《木结构设计规范》（GBJ5—88）按着树种的强度等级分别给出两组计算公式为

树种强度等级为 TC17、TC15 及 TB20 时，

$$\lambda \leqslant 75 \qquad \varphi = \frac{1}{1 + \left(\dfrac{\lambda}{80}\right)^2} \tag{15-8}$$

$$\lambda > 75 \qquad \varphi = \frac{3000}{\lambda^2} \tag{15-9}$$

树种强度等级为 TC13、TC11、TB17 及 TB15 时，

$$\lambda \leqslant 91 \qquad \varphi = \frac{1}{1 + \left(\dfrac{\lambda}{65}\right)^2} \tag{15-10}$$

$$\lambda > 91 \qquad \varphi = \frac{2800}{\lambda^2} \tag{15-11}$$

关于树种强度等级，如 TC17 有柏木、东北落叶松等，TC15 有红杉、云杉等，TC13 有红松、马尾松等。代号后的数字为树种的抗弯强度（MPa），详细的树种强度等级及相应的力学性质，可查阅《木结构设计规范》（GBJ5—88）。

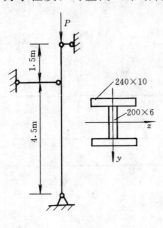

图 15-9

【例 15-3】 图 15-9 所示压杆，在高 4.5m 处沿 z 轴平面内有横向支撑。压杆截面为焊接工字形，翼缘为轧制边，材料为 Q235 钢，$P = 800$kN，压杆柔度不得超过 150。试校核其稳定性。

【解】 （1）压杆的相当长度 μl

由题可知 $\mu l_z = 1 \times 6 = 6$m，$\mu l_y = 1 \times 4.5 = 4.5$m，$l_z$ 与 l_y 分别为压杆绕 z 轴和 y 轴失稳时的长度。

（2）截面几何量

$$A = 2 \times 240 \times 10 + 200 \times 6 = 6000\text{mm}^2$$

$$I_z = 2 \times \left(\frac{240 \times 10^3}{12} + 240 \times 10 \times 105^2\right) + \frac{6 \times 200^3}{12}$$
$$= 56.96 \times 10^6\text{mm}^4$$

括号中首项可略去。

$$I_y = 2 \times 10 \times 24^3 / 12 = 23.04 \times 10^6\text{mm}^4$$

$$i_z = \sqrt{I_z/A} = \sqrt{56.96 \times 10^6 / 6000} = 97.43\text{mm}$$

$$i_y = \sqrt{I_y/A} = \sqrt{23.04 \times 10^6 / 6000} = 61.97\text{mm}$$

（3）λ 和 φ 值

$$\lambda_z = \mu l_z / i_z = 6000 / 97.43 = 61.58 < 150$$

$$\lambda_y = \mu l_y / i_y = 4500 / 61.97 = 72.62 < 150$$

压杆截面的加工条件为焊接和翼缘轧制边，从表 15-2 可知，对 z 轴属 b 类，对 y 轴属 c 类。从表 15-4 中，由 $\lambda_z = 61.58$ 查得 $\varphi_z = 0.802 - (0.802 - 0.799) \times 0.6 = 0.799$；从表 15-5 中，由 $\lambda_y = 72.62$ 查得 $\varphi_y = 0.629 - (0.629 - 0.623) \times 0.6 = 0.625$。

（4）由式（15-7）作稳定校核

$$\frac{P}{\varphi A}=\frac{800}{0.625\times6\times10^{-3}}=213.3\text{MPa}<f=215\text{MPa}$$

压杆满足稳定性要求。

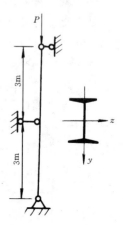

图 15-10

【例 15-4】 图 15-10 所示工字形截面型钢压杆，在压杆的中间沿截面的 z 轴方向有铰支座，即相当长度 $\mu l_z=6$m，$\mu l_y=3$m，$P=$ 1500kN，材料为 Q235 钢，试选择型钢号。

【解】 压杆截面选择的步骤通常是，先假定柔度 λ 值（一般取 $\lambda=60\sim100$），并查出稳定系数 φ 值，再按式（15-7）求出截面面积。若采用型钢截面，可直接从型钢表中选用合适的型号。若采用工字形组合截面时，应先从假定的 λ 值求得截面的惯性半径 i，再借助惯性半径与截面轮廓尺寸（h、b）的近似关系，确定截面高度 h 和宽度 b（关于工字形组合截面压杆的截面选择问题，本书不予介绍）。

经此选定截面后，即可计算出所选截面的有关几何量，并按（15-7）验算出压杆的稳定性。

本题选择工字型钢，设 $\lambda=100$，从表 15-2 可知，应分别按 a 类（对 z 轴）及 b 类（对 y 轴）截面，查出稳定系数（表 15-3、表 15-4）

$$\varphi_z=0.638,\qquad\varphi_y=0.555$$

由式（15-7），得

$$A=\frac{P}{\varphi f}=\frac{1500}{0.555\times215\times10^3}=12.57\times10^{-3}\text{m}^2=125.7\text{cm}^2$$

$$i_z=\frac{\mu l_z}{\lambda}=\frac{600}{100}=6\text{cm}$$

$$i_y=\frac{\mu l_y}{\lambda}=\frac{300}{100}=3$$

由型钢表查得 I 50b，其中 $A=129$cm^2，$i_z=19.4$cm，$i_y=3.01$cm、$b=160$mm。

选用 I 50b 时，$b/h=160/500=0.32$

$$\lambda_z=\mu l_z/i_z=600/19.4=30.93$$

$$\lambda_y=\mu l_y/i_y=300/3.01=99.67$$

因 $b/h=0.32<0.8$，所以对 z 轴为 a 类截面，对 y 轴为 b 类截面。分别查得 $\varphi_z=0.961$，$\varphi_y=0.557$。

由式（15-7b）验算压杆稳定性，有

$$\frac{P}{\varphi A}=\frac{1500\times10^{-3}}{0.557\times129\times10^{-4}}=208.8\text{MPa}<f=215\text{MPa}$$

§15-5 提高压杆稳定性的措施

提高压杆稳定性的措施应从决定压杆临界应力的各种因素去考虑。从前面的讨论中可以看出，影响压杆临界应力的主要因素是柔度（即 $\lambda=\dfrac{\mu l}{i}$）。临界应力与柔度的平方成反比，

柔度越小，临界应力越大，稳定性越好。柔度取决于压杆的长度、截面的形状、尺寸和支承情况。因此，要提高压杆的稳定性，必然要从这几方面入手。

一、减小杆的长度

从柔度的计算式中可以看出，杆长 l 与柔度 λ 成正比，l 越小，则 λ 越小，临界应力就越高。如图 15-11a 所示的两端铰支细长压杆，若在中点增加一支承（图 15-11b），则其计算长度为原来的一半，柔度即为原来的一半，而它的临界应力却是原来的四倍。

二、选择合理的截面形状

在相同截面面积的情况下，应设法增大惯性矩 I，从而达到增大惯性半径 i、减小柔度 λ、提高压杆临界应力的目的。例如，空心圆截面比实心圆截面要好（图 15-11a）；四根角钢布置成一个箱形，比布置成一个十字形要好（图 15-12b）等等。

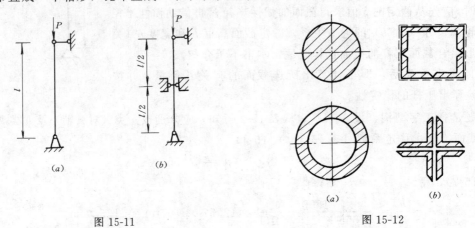

图 15-11   图 15-12

三、改善支承情况

长度系数 μ 反映了压杆的支承情况，μ 值越小，柔度 λ 越小，临界应力就越大。所以，在结构条件允许的情况下，应尽可能地使杆端约束牢固些，以提高压杆的稳定性。

应该指出，材料的弹性模量 E 也与临界应力有关。但由于各种钢材的 E 值大致相等，所以，采用优质钢材对提高临界应力来说是不足取的。

小　　结

（1）学习本章时，首先要准确地理解压杆稳定的概念，弄清压杆"稳定"和"失稳"的概念。

（2）欧拉公式是计算细长压杆临界力的基本公式，应用此公式时，要注意它的适用范围。即当 $\lambda \geqslant \lambda_p$ 时，临界力和临界应力分别为

$$P_{cr} = \frac{\pi^2 EI}{(\mu l)^2}; \qquad \sigma_{cr} = \frac{\pi^2 E}{\lambda^2}$$

（3）长度系数 μ 反映了杆端支承对压杆临界力的影响，在计算压杆的临界力时，应根据支承情况选用相应的长度系数 μ。因此对表 15-1 中所列的 μ 值要熟记。

（4）要深刻理解柔度 λ 的物理意义及其在稳定计算中的作用，λ 值愈大，压杆愈易失去稳。

a. 根据柔度 λ 值的大小，判断压杆可能在哪个平面内失稳。

b. 计算临界力时，应先计算出 λ，然后根据其数值，判断压杆的类别，选用计算临界力的公式。

（5）稳定条件和强度条件一样，都是保证构件安全工作的基本条件。利用稳定条件可以解决三类问题：

a.稳定校核

$$\sigma = \frac{P}{A} \leqslant \varphi f$$

b.确定容许荷载

$$P \leqslant A \cdot \varphi \cdot f$$

c.选择截面

$$A \geqslant \frac{P}{\varphi \cdot f}$$

思 考 题

15-1 何谓失稳？何谓稳定平衡与不稳定平衡？

15-2 试判断以下两种说法对否？

（1）临界力是使压杆丧失稳定的最小荷载。

（2）临界力是压杆维持直线稳定平衡状态的最大荷载。

15-3 欧拉公式是如何建立的？应用该公式的条件是什么？

15-4 柔度 λ 的物理意义是什么？它与哪些量有关，各个量如何确定。

15-5 为什么要建立压杆的稳定条件？利用稳定条件可以解决哪些类型的问题？试说明步骤。

15-6 何谓稳定系数？它随哪些因素变化？为什么？

15-7 提高压杆的稳定性可以采取哪些措施？采用优质钢材对提高压杆稳定性的效果如何？

习 题

15-1 两端铰支的 22*a* 号工字型钢压杆（Q235 钢），已知 $l=5\text{m}$，材料的弹性模量 $E=2\times10^5\text{MPa}$。试求此压杆的临界力。

15-2 图示矩形截面木压杆，已知 $l=4\text{m}$，$b=10\text{cm}$，$h=15\text{cm}$，材料的弹性模量 $E=10\text{GPa}$，$\lambda_\text{p}=110$。试求此压杆的临界力。

15-3 图示各杆的材料和截面形状及尺寸均相同，各杆的长度如图所示，当压力 P 从零开始以相同的速率逐渐增加时，问哪个杆首先失稳。

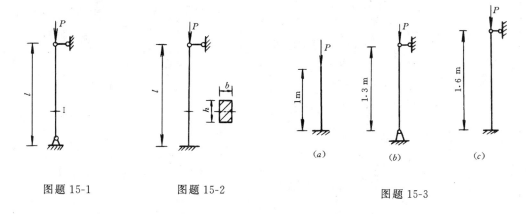

图题 15-1　　　　图题 15-2　　　　　　图题 15-3

15-4 有一 $30\times50\text{mm}^2$ 的矩形截面压杆，两端为球形铰支。已知材料的弹性模量 $E=200\text{GPa}$，比例极限 $\sigma_\text{P}=200\text{MPa}$。试求可用欧拉公式计算临界力的最小长度。

15-5 一根用 28b 工字钢（Q235）制成的立柱，上端自由，下端固定，柱长 $l=2$m，轴向压力 $P=250$kN，材料的强度设计值 $f=215$MPa，试校核立柱的稳定性。

15-6 图示结构中，横梁 AB 由 I 14 制成，材料许用应力 $[\sigma]=160$MPa，CD 杆为 Q235 轧制钢管，设计强度值 $f=215$MPa，$d=26$mm，$D=36$mm。试对结构作强度与稳定校核。

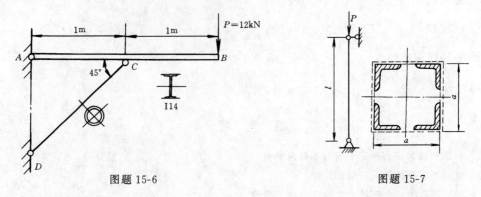

图题 15-6   图题 15-7

15-7 图示两端铰支格构式压杆，由四根 Q235 钢的 $70\times70\times6$ 的角钢组成，按设计规范属 b 类截面。杆长 $l=5$m，受轴向压力 $P=400$kN，材料的强度设计值 $f=215$MPa，试求压杆横截面的边长 a 值。

15-8 图示两端铰支薄壁轧制钢管柱，材料为 Q235 钢，设计强度值 $f=215$MPa，$P=160$kN，$l=3$m，平均半径 $R=50$mm。试求钢管壁厚 t。

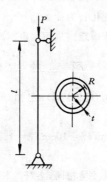

图题 15-8

附录 型钢表

热轧等边角钢(GB700—79)

符号意义:b——边宽;
d——边厚;
r——内圆弧半径;
r_1——边端内弧半径;
I——惯性矩;
i——惯性半径;
W——截面模量;
z_0——形心距离。

角钢号数	尺寸(毫米)			截面面积	理论重量	外表面积	参考数值										
							$x-x$			x_0-x_0			y_0-y_0			x_1-x_1	z_0
	b	d	r	(厘米²)	(千克/米)	(米²/米)	I_x(厘米⁴)	i_x(厘米)	W_x(厘米³)	I_{x0}(厘米⁴)	i_{x0}(厘米)	W_{x0}(厘米³)	I_{y0}(厘米⁴)	i_{y0}(厘米)	W_{y0}(厘米³)	I_{x1}(厘米⁴)	(厘米)
2	20	3	3.5	1.132	0.889	0.078	0.40	0.59	0.29	0.63	0.75	0.45	0.17	0.39	0.20	0.81	0.60
		4		1.459	1.145	0.077	0.50	0.58	0.36	0.78	0.73	0.55	0.22	0.28	0.24	1.09	0.64
2.5	25	3	3.5	1.432	1.124	0.098	0.82	0.76	0.46	1.29	0.95	0.73	0.34	0.49	0.33	1.57	0.73
		4		1.859	1.459	0.097	1.03	0.74	0.59	1.62	0.93	0.92	0.43	0.48	0.40	2.11	0.76
3.0	30	3	4.5	1.749	1.373	0.117	1.46	0.91	0.68	2.31	1.15	1.09	0.61	0.59	0.51	2.71	0.85
		4		2.276	1.786	0.117	1.84	0.90	0.87	2.92	1.13	1.37	0.77	0.58	0.62	3.63	0.89

角钢号数	尺寸(毫米)			截面面积	理论重量	外表面积	参			考			数			值				
	b	d	r	(厘米²)	(千克/米)	(米²/米)	$x—x$			$x_0—x_0$			$y_0—y_0$			$x_1—x_1$	z_0			
							I_x(厘米⁴)	i_x(厘米)	W_x(厘米²)	I_{x0}(厘米⁴)	i_{x0}(厘米)	W_{x0}(厘米³)	I_{y0}(厘米⁴)	i_{y0}(厘米)	W_{y0}(厘米³)	I_{x1}(厘米⁴)	(厘米)			
3.6	36	3	4.5	2.109	1.656	0.141	2.58	1.11	0.99	4.09	1.39	1.61	1.07	0.71	0.76	4.68	1.00			
		4		2.756	2.163	0.141	3.29	1.09	1.28	5.22	1.38	2.05	1.37	0.70	0.93	6.25	1.04			
		5		3.332	2.654	0.141	3.95	1.08	1.56	6.24	1.36	2.45	1.65	0.70	1.09	7.84	1.07			
4.0	40	3	5	2.359	1.852	0.157	3.59	1.23	1.23	5.69	1.55	2.01	1.49	0.79	0.96	6.4	1.09			
		4		3.086	2.422	0.157	4.60	1.22	1.60	7.29	1.54	2.58	1.91	0.79	1.19	8.56	1.13			
		5		3.791	2.976	0.156	5.53	1.21	1.96	8.76	1.52	3.01	2.30	0.78	1.39	10.74	1.17			
4.5	45	3	5	2.659	2.088	0.177	5.17	1.40	1.58	8.20	1.76	2.58	2.14	0.90	1.24	9.12	1.22			
		4		3.486	2.736	0.177	6.65	1.38	2.05	10.56	1.74	3.32	2.75	0.89	1.54	12.18	1.26			
		5		4.292	3.369	0.176	8.04	1.37	2.51	12.74	1.72	4.00	3.33	0.88	1.81	15.25	1.30			
		6		5.076	3.985	0.176	0.33	1.36	2.95	14.76	1.70	4.64	3.89	0.88	2.06	18.36	1.33			
5	50	3	5.5	2.971	2.332	0.197	7.18	1.55	1.96	11.37	1.96	3.22	2.98	1.00	1.57	12.50	1.34			
		4		3.897	3.059	0.197	9.26	1.54	2.56	14.70	1.94	4.16	3.82	0.99	1.96	16.69	1.38			
		5		4.803	3.770	0.196	11.21	1.53	3.13	17.79	1.92	5.03	4.64	0.98	2.31	20.90	1.42			
		6		5.688	4.465	0.196	13.05	1.52	3.68	20.68	1.91	5.85	5.42	0.98	2.63	25.14	1.46			
5.6	56	3	6	3.343	2.624	0.221	10.19	1.75	2.48	16.14	2.20	4.08	4.24	1.13	2.02	17.56	1.48			
		4		4.390	3.446	0.220	13.18	1.73	3.24	20.92	2.18	5.28	5.46	1.11	2.52	23.43	1.53			
		5		5.415	4.251	0.220	16.02	1.72	3.97	25.42	2.17	6.42	6.61	1.10	2.98	29.33	1.57			
		6		8.367	6.568	0.219	23.63	1.68	6.03	37.37	2.11	9.44	9.89	1.09	4.16	47.24	1.68			

续表

角钢号数	尺寸（毫米）			截面面积（厘米²）	理论重量（千克/米）	外表面积（米²/米）	参　考　数　值												
							$x-x$			x_0-x_0			y_0-y_0			x_1-x_1	z_0		
	b	d	r				I_x（厘米⁴）	i_x（厘米）	W_x（厘米²）	I_{x0}（厘米⁴）	i_{x0}（厘米）	W_{x0}（厘米³）	I_{y0}（厘米⁴）	i_{y0}（厘米）	W_{y0}（厘米³）	I_{x1}（厘米⁴）	（厘米）		
6.3	63	4	7	4.978	3.907	0.248	19.03	1.96	4.13	30.17	2.46	6.78	7.89	1.26	3.29	33.35	1.70		
		5		6.143	4.822	0.248	23.17	1.94	5.08	36.77	2.45	8.25	9.57	1.25	3.90	41.73	1.74		
		6		7.288	5.721	0.247	27.12	1.93	6.00	43.03	2.43	9.66	11.20	1.24	4.46	50.14	1.78		
		8		9.515	7.469	0.247	34.46	1.90	7.75	54.56	2.40	12.25	14.33	1.23	5.47	67.11	1.85		
		10		11.657	9.151	0.246	41.09	1.88	9.39	64.85	2.36	14.56	17.33	1.22	6.36	84.31	1.93		
7	70	4	8	5.570	4.372	0.275	26.39	2.18	5.14	41.80	2.74	8.44	10.99	1.40	4.17	45.74	1.86		
		5		6.875	5.397	0.275	32.21	2.16	6.32	51.08	2.73	10.32	13.34	1.39	4.95	57.21	1.91		
		6		8.160	6.406	0.275	37.77	2.15	7.48	59.93	2.71	12.11	15.61	1.38	5.67	68.73	1.95		
		7		9.424	7.398	0.275	43.09	2.14	8.50	68.35	2.69	13.81	17.82	1.38	6.34	80.29	1.99		
		8		10.667	8.373	0.274	48.17	2.12	9.68	76.37	2.68	15.43	19.98	1.37	6.98	91.92	2.03		
(7.5)	75	5	9	7.367	5.818	0.295	39.97	2.33	7.32	63.30	2.92	11.94	16.63	1.50	5.77	70.56	2.01		
		6		8.797	6.915	0.294	46.95	2.31	8.64	74.38	2.90	14.02	19.51	1.49	6.67	84.55	2.07		
		7		10.160	7.976	0.294	53.57	2.30	9.93	84.96	2.89	16.02	22.18	1.48	7.44	98.71	2.11		
		8		11.503	9.030	0.294	59.96	2.23	11.20	95.07	2.88	17.93	24.86	1.47	8.19	112.97	2.15		
		10		14.126	11.089	0.293	71.98	2.26	13.64	113.92	2.84	21.48	30.05	1.46	9.56	141.71	2.22		
8	80	5	9	7.912	6.211	0.315	48.79	2.48	8.34	77.33	3.13	13.67	20.25	1.60	6.66	85.36	2.15		
		6		9.397	7.376	0.314	57.35	2.47	9.87	90.98	3.11	16.08	23.72	1.59	7.65	102.50	2.19		
		7		10.860	8.525	0.314	65.58	2.46	11.37	104.07	3.10	18.40	27.09	1.58	8.58	119.70	2.23		
		8		12.303	9.658	0.314	73.49	2.44	12.83	116.60	3.08	20.61	30.39	1.57	9.46	136.97	2.27		
		10		15.126	11.874	0.313	88.43	2.42	15.64	140.09	3.04	24.76	36.77	1.56	11.08	171.74	2.35		

角钢号数	尺寸(毫米)			截面面积	理论重量	外表面积	参 考 数 值												
							x—x			x_0—x_0			y_0—y_0			x_1—x_1	z_0
	b	d	r	(厘米²)	(千克/米)	(米²/米)	I_x (厘米⁴)	i_x (厘米)	W_x (厘米³)	I_{x0} (厘米⁴)	i_{x0} (厘米)	W_{x0} (厘米³)	I_{y0} (厘米⁴)	i_{y0} (厘米)	W_{y0} (厘米³)	I_{x1} (厘米⁴)	(厘米)
9	90	6	10	10.637	8.350	0.354	82.27	2.79	12.61	131.26	3.51	20.63	34.28	1.80	9.95	145.87	2.44
		7		12.301	9.656	0.354	94.83	2.78	15.54	150.47	3.50	23.64	39.18	1.78	11.19	170.30	2.48
		8		13.944	10.946	0.353	106.47	2.76	16.42	168.97	3.48	26.55	43.97	1.78	12.35	194.80	2.52
		10		17.167	13.476	0.353	128.58	2.74	20.07	203.90	3.45	32.04	53.26	1.76	14.52	244.07	2.59
		12		20.306	15.940	0.352	149.22	2.71	23.57	236.21	3.41	37.12	62.22	1.75	16.49	293.76	2.67
10	100	6	12	11.932	9.366	0.393	114.95	3.01	15.68	181.98	3.90	25.74	47.92	2.00	12.69	200.07	2.67
		7		13.796	10.830	0.393	131.86	3.09	18.10	208.97	3.89	29.55	54.74	1.99	14.26	233.54	2.71
		8		15.638	12.276	0.393	148.24	3.08	20.47	235.07	3.88	33.24	61.41	1.98	15.75	267.09	2.76
		10		19.261	15.120	0.392	179.51	3.05	24.06	284.68	3.84	40.26	74.35	1.96	18.54	334.48	2.84
		12		22.800	17.898	0.391	208.90	3.03	29.48	330.95	3.81	46.80	86.84	1.95	21.08	402.34	2.91
		14		26.256	20.611	0.391	236.53	3.00	33.73	374.06	3.77	52.90	99.00	1.94	23.44	470.75	2.99
		16		29.627	23.257	0.390	262.53	2.98	37.82	414.16	3.74	58.57	110.89	1.94	25.63	539.8	3.06
11	110	7	12	15.196	11.928	0.433	177.16	3.41	22.05	280.94	4.30	36.12	73.38	2.20	17.51	310.64	2.96
		8		17.238	13.532	0.433	199.46	3.40	24.95	316.49	4.28	40.69	82.42	2.19	19.39	355.20	3.01
		10		21.261	16.690	0.432	242.19	3.38	30.60	384.39	4.25	49.42	99.98	2.17	22.91	444.65	3.09
		12		25.200	19.782	0.431	282.55	3.35	36.05	448.17	4.22	57.62	116.93	2.15	26.15	534.60	3.16
		14		29.056	22.809	0.431	320.71	3.32	41.31	508.01	4.18	65.31	133.40	2.14	29.14	625.6	3.24
12.5	125	8	14	19.750	15.504	0.492	297.03	3.88	32.52	470.89	4.88	53.28	123.16	2.50	25.86	521.01	3.37
		10		24.373	19.133	0.491	361.67	3.85	39.97	573.89	4.85	64.93	149.46	2.48	30.62	651.93	3.45
		12		28.912	22.696	0.491	423.16	3.83	41.17	671.44	4.82	75.96	174.88	2.46	35.03	783.42	3.53
		14		33.367	26.193	0.490	481.65	3.80	54.16	763.73	4.78	86.41	199.57	2.45	39.13	915.61	3.61

角钢号数	尺寸（毫米） b	d	r	截面面积（厘米²）	理论重量（千克/米）	外表面积（米²/米）	$x-x$ I_x（厘米⁴）	i_x（厘米）	W_x（厘米²）	x_0-x_0 I_{x0}（厘米⁴）	i_{x0}（厘米）	W_{x0}（厘米³）	y_0-y_0 I_{y0}（厘米⁴）	i_{y0}（厘米）	W_{y0}（厘米³）	x_1-x_1 I_{x1}（厘米⁴）	z_0（厘米）
14	140	10	14	27.373	21.488	0.551	514.65	4.34	50.58	817.27	5.46	82.56	212.04	2.78	39.20	915.11	3.82
		12		32.512	25.522	0.551	603.68	4.31	59.80	958.79	5.43	96.85	248.57	2.76	45.02	1099.28	3.90
		14		37.567	29.490	0.550	688.81	4.28	68.75	1093.56	5.40	110.47	284.06	2.75	50.45	1284.22	3.98
		16		42.539	33.393	0.549	770.24	4.26	77.46	1221.81	5.36	123.42	318.67	2.74	55.55	1470.07	4.06
15	160	10	16	31.502	24.729	0.630	779.53	4.98	66.70	1237.30	6.27	109.36	321.76	3.20	52.76	1365.33	4.31
		12		37.441	29.391	0.630	916.58	4.95	78.98	1455.68	6.24	148.67	377.49	3.18	60.74	1639.57	4.39
		14		43.296	33.987	0.629	1048.36	4.92	90.95	1665.02	6.20	147.17	431.70	3.16	68.244	1914.68	4.47
		16		49.067	38.518	0.629	1175.08	4.89	102.63	1865.57	6.17	164.89	484.59	3.14	75.31	2190.82	4.55
18	180	12	16	42.241	33.159	0.710	1321.35	5.59	100.82	2100.10	7.05	165.00	542.61	3.58	78.41	2332.80	4.89
		14		48.896	38.388	0.709	1514.48	5.56	116.25	2407.42	7.02	189.14	625.53	3.56	88.38	2723.48	4.97
		16		55.467	43.542	0.709	1700.99	5.54	131.13	2703.37	6.98	212.40	698.60	3.55	97.83	3115.29	5.05
		18		61.955	48.634	0.708	1875.12	5.50	145.64	2988.24	6.94	234.78	762.01	3.51	105.14	3502.43	5.13
20	200	14	18	54.642	42.894	0.788	2103.55	6.20	144.70	3343.26	7.82	236.40	863.83	3.98	111.82	3734.10	5.46
		16		62.013	48.680	0.788	2366.15	6.18	163.65	3760.89	7.79	265.93	971.41	3.96	123.96	4270.39	5.54
		18		69.301	54.401	0.787	2620.64	6.15	182.22	4164.54	7.75	294.48	1076.74	3.94	135.52	4808.13	5.62
		20		76.505	60.056	0.787	2867.30	6.12	200.42	4554.55	7.72	322.06	1180.04	3.98	146.55	5347.51	5.69
		24		90.661	71.168	0.785	2338.25	6.07	236.17	5294.97	7.64	374.41	1381.53	3.90	166.55	6457.16	5.87

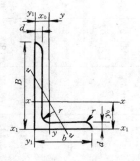

角钢号数	尺 寸 (毫米)				截面面积 (厘米²)	理论重量 (千克/米)	外表面积 (米²/米)	参		
								$x-x$		
	B	b	d	r				I_x (厘米⁴)	i_x (厘米)	W_x (厘米³)
2.5/1.6	25	16	3		1.162	0.912	0.080	0.70	0.78	0.43
			4		1.499	1.176	0.079	0.88	0.77	0.55
3.2/2	32	20	3	3.5	1.492	1.171	0.102	1.53	1.01	0.72
			4		1.939	1.522	0.101	1.93	1.00	0.93
4/2.5	40	25	3	4	1.890	1.484	0.127	3.08	1.28	1.15
			4		2.467	1.936	0.127	3.93	1.26	1.49
4.5/2.8	45	28	3	5	2.149	1.687	0.143	4.45	1.44	1.47
			4		2.806	2.203	0.143	5.69	1.42	1.91
5/3.2	50	32	3	3.5	2.431	1.908	0.161	6.24	1.60	1.84
			4		3.177	2.494	0.160	8.02	1.59	2.39
5.6/3.6	56	36	3	6	2.743	2.153	0.181	8.88	1.80	2.32
			4		3.590	2.813	0.180	11.45	1.79	3.03
			5		4.415	3.466	0.180	13.86	1.77	3.71
6.3/4	63	40	4	7	4.058	3.185	0.202	16.49	2.02	3.87
			5		4.993	3.920	0.202	20.02	2.00	4.74
			6		5.908	4.638	0.201	23.36	1.96	5.59
			7		6.802	5.339	0.201	26.53	1.98	6.40
7/4.5	70	45	4	7.5	4.547	3.570	0.226	23.17	2.26	4.86
			5		5.609	4.403	0.225	27.95	2.23	5.92
			6		6.647	5.218	0.225	32.54	2.21	6.95
			7		7.657	6.011	0.225	37.22	2.20	8.03

钢（GB701—79）

符号意义：B——长边宽度；

b——短边宽度；

d——边厚；

r——内圆弧半径；

r_1——边端内弧半径；

I——惯性矩；

i——惯性半径；

W——截面模量；

x_0——形心距离；

y_1——形心距离。

考		数		值						
$y-y$			x_1-x_1		y_1-y_1		$u-u$			
I_y（厘米⁴）	i_y（厘米）	W_y（厘米³）	I_{xl}（厘米⁴）	y_0（厘米）	I_{yl}（厘米⁴）	x_0（厘米）	I_u（厘米⁴）	i_u（厘米）	W_u（厘米³）	tgα
0.22	0.44	0.19	1.56	0.86	0.43	0.42	0.14	0.34	0.16	2.392
0.27	0.43	0.24	2.09	0.90	0.59	0.46	0.17	0.34	0.20	0.381
0.46	0.55	0.30	3.27	1.08	0.82	0.49	0.28	0.43	0.25	0.382
0.57	0.54	0.39	4.37	1.12	1.12	0.53	0.35	0.42	0.32	0.374
0.93	0.70	0.49	6.39	1.32	1.59	0.59	0.56	0.54	0.40	0.386
1.18	0.69	0.63	8.53	1.37	2.14	0.63	0.71	0.54	0.52	0.381
1.34	0.79	0.62	9.10	1.47	2.23	0.64	0.80	0.61	0.51	0.383
1.70	0.78	0.80	12.13	1.51	3.00	0.68	1.02	0.60	0.68	0.380
2.02	0.19	0.82	12.49	1.60	3.31	0.73	1.20	0.70	0.68	0.404
2.58	0.90	1.06	16.65	1.65	4.45	0.77	1.53	0.69	0.87	0.402
2.92	1.03	1.05	17.54	1.78	4.70	0.80	1.73	0.79	0.87	0.408
3.76	1.02	1.37	23.39	1.82	6.33	0.85	2.23	0.79	1.13	0.408
4.49	1.01	1.65	29.25	1.87	7.94	0.88	2.67	0.78	1.36	0.404
4.23	1.14	1.70	33.30	2.04	8.63	0.92	3.12	0.88	1.40	0.398
5.31	1.12	2.71	41.63	2.08	10.86	0.95	3.76	0.87	1.71	0.396
6.29	1.11	2.43	49.98	2.12	13.12	0.99	4.34	0.86	1.99	0.393
7.24	1.10	2.78	58.07	2.15	15.47	1.03	4.97	0.86	2.29	0.389
6.55	1.29	2.17	45.92	2.24	12.26	1.02	4.40	0.98	1.77	0.410
8.13	1.28	2.65	57.10	2.28	15.39	1.06	5.40	0.98	2.19	0.407
9.62	1.26	3.12	68.35	2.32	18.58	1.09	6.35	0.98	2.59	0.404
11.01	1.25	3.57	79.99	2.36	21.84	1.13	7.16	0.97	2.94	0.402

| 角钢号数 | 尺 寸（毫米） | | | | 截面面积（厘米²） | 理论重量（千克/米） | 外表面积（米²/米） | 参 x—x | | |
	B	b	d	r				I_x（厘米⁴）	i_x（厘米）	W_x（厘米³）
(7.5/5)	75	50	5	8	6.125	4.808	0.245	34.86	2.39	6.83
			6		7.260	5.699	0.245	41.12	2.38	8.12
			8		9.467	7.481	0.244	52.39	2.35	10.52
			10		11.590	9.008	0.244	62.71	2.33	12.79
8/5	80	50	5	8	6.375	5.005	0.255	41.96	2.51	7.78
			6		7.560	5.935	0.255	49.49	2.56	9.25
			7		8.724	6.848	0.255	56.16	2.54	10.58
			8		9.867	7.745	0.254	62.83	2.52	11.92
9/5.6	90	56	5	9	7.212	5.661	0.287	60.45	2.90	9.92
			6		8.557	6.717	0.286	71.03	2.88	11.74
			7		9.880	7.756	0.286	81.01	2.86	13.49
			8		11.183	8.779	0.286	91.03	2.85	15.27
10/6.3	100	63	6	10	9.617	7.550	0.320	99.06	2.21	14.64
			7		11.111	8.722	0.320	113.45	3.29	16.88
			8		12.584	9.878	0.319	127.37	3.18	19.08
			10		15.467	12.142	0.319	153.81	3.15	23.32
10/8	100	80	6	10	10.637	8.350	0.354	107.04	3.17	15.19
			7		12.301	9.656	0.354	122.73	3.17	17.52
			8		13.944	10.946	0.353	137.92	3.14	19.81
			10		17.167	13.476	0.353	166.87	3.12	24.24
11/7	110	70	6		10.637	8.350	0.354	133.37	3.54	17.85
			7		12.301	9.656	0.354	153.00	3.53	20.60
			8		13.944	10.946	0.353	172.04	3.51	23.30
			10		17.167	13.476	0.353	208.39	3.48	28.54
12.5/8	125	80	7	11	14.096	11.066	0.403	227.98	4.02	26.86
			8		15.989	12.551	0.403	256.77	4.01	30.41
			10		19.712	15.474	0.402	312.04	3.98	37.33
			12		23.351	18.330	0.402	364.41	3.95	44.01

考		数			值					
y－y			x_1-x_1		y_1-y_1		u－u			
I_y (厘米⁴)	i_y (厘米)	W_y (厘米³)	I_{xl} (厘米⁴)	y_0 (厘米)	I_{yl} (厘米⁴)	x_0 (厘米)	I_u (厘米⁴)	i_u (厘米)	W_u (厘米³)	tgα
2.61	1.44	3.30	70.00	2.40	21.04	1.17	7.41	1.10	2.74	0.435
4.70	1.42	3.88	84.30	2.44	25.37	1.21	8.54	1.08	3.19	0.435
8.53	1.40	4.99	112.50	2.52	34.23	1.29	10.87	1.07	4.10	0.429
1.96	1.38	6.04	140.80	2.60	43.43	1.36	13.10	1.06	4.99	0.423
2.82	1.42	3.32	85.21	2.60	21.06	1.14	7.66	1.10	2.74	0.388
4.95	1.41	3.91	102.53	2.65	25.41	1.18	8.85	1.08	3.20	0.387
6.96	1.39	4.48	19.33	2.69	29.82	1.21	10.18	1.08	3.70	0.384
8.85	1.38	5.03	136.41	2.73	34.32	1.25	11.38	1.07	4.16	0.381
3.32	1.59	4.21	121.32	2.91	29.53	1.25	10.98	1.23	3.49	0.385
.42	1.58	4.96	145.59	2.95	35.53	1.29	12.90	1.23	4.18	0.384
.36	1.57	5.70	169.66	3.00	41.71	1.33	14.67	1.22	4.72	0.382
.15	1.56	6.41	194.17	3.04	47.93	1.36	16.34	1.21	5.29	0.380
.94	1.79	6.35	199.71	3.24	50.50	1.43	18.42	1.38	5.25	0.394
.26	1.78	7.29	233.00	3.28	59.14	1.47	21.00	1.38	6.02	0.393
.39	1.77	8.21	266.32	3.32	67.88	1.50	23.50	1.37	6.78	0.391
.12	1.74	9.98	333.06	3.40	85.73	1.58	28.33	1.35	8.24	0.387
24	2.40	10.16	199.83	2.95	102.68	1.97	31.65	1.72	8.37	0.627
08	2.39	11.71	233.20	3.00	119.98	2.01	36.17	1.72	9.60	0.626
58	2.37	13.21	266.61	3.04	137.37	2.05	40.58	1.71	10.80	0.625
65	2.35	16.12	333.63	3.12	172.48	2.13	49.10	1.69	13.12	0.622
92	2.01	7.90	265.78	3.53	69.08	1.57	25.36	1.54	6.53	0.403
01	2.00	9.09	310.07	3.57	80.82	1.61	28.95	1.53	7.50	0.402
87	1.98	10.25	354.39	3.62	92.70	1.65	32.45	1.53	8.45	0.401
88	1.96	12.48	443.13	3.70	116.83	1.72	39.20	1.51	10.29	0.397
42	2.30	12.01	454.99	4.01	120.32	1.80	43.81	1.76	9.92	0.408
49	2.28	13.56	519.99	4.06	137.85	1.84	49.15	1.75	11.18	0.407
67	2.26	16.56	650.09	4.14	173.40	1.92	59.45	1.74	13.64	0.404
67	2.24	19.43	780.39	4.22	209.67	2.00	69.35	1.72	16.01	0.400

角钢号数	尺 寸 (毫米)				截面面积 (厘米²)	理论重量 (千克/米)	外表面积 (米²/米)	参		
								$x-x$		
	B	b	d	r				I_x (厘米⁴)	i_x (厘米)	W_x (厘米³)
14/9	140	90	8	12	18.038	14.160	0.453	365.64	4.50	38.48
			10		22.261	17.475	0.452	445.50	4.47	47.31
			12		26.400	20.724	0.451	521.59	4.44	55.87
			14		30.456	23.908	0.451	594.10	4.42	64.18
16/10	160	100	10	13	25.315	19.872	0.512	668.69	5.14	62.13
			12		30.054	23.592	0.511	784.91	5.11	73.49
			14		34.709	27.247	0.510	896.30	5.08	84.56
			16		39.281	30.835	0.510	1003.04	5.05	95.33
18/11	180	110	10	14	28.373	22.273	0.571	956.25	5.80	78.96
			12		33.712	26.464	0.571	1124.72	5.78	93.53
			14		38.967	30.589	0.570	1286.91	5.75	107.76
			16		44.139	34.649	0.569	1443.06	5.72	121.64
20/12.5	200	125	12	14	37.912	29.761	0.641	1570.90	6.44	116.73
			14		43.867	34.436	0.640	1800.97	6.41	134.65
			16		49.739	39.045	0.639	2023.35	6.38	152.18
			18		55.526	43.588	0.639	2238.30	6.35	169.33

注：1. $r_1=\frac{1}{3}d_0$，$r_2=0$，$r_0=0$。

2. 角钢长度：2.5/1.6～5.6/3.6号，长8～9米；6.3/4～9/5.6号，长4～12米；10/6.3～14/9号，长4

3. 一般采用材料：A2，A3，A5，A3F。

考 数 值										
$y-y$			x_1-x_1		y_1-y_1		$u-u$			
I_y (厘米⁴)	i_y (厘米)	W_y (厘米³)	I_{x1} (厘米⁴)	y_0 (厘米)	I_{y1} (厘米⁴)	x_0 (厘米)	I_u (厘米⁴)	i_u (厘米)	W_u (厘米³)	$tg\alpha$
20.69	2.59	17.34	730.53	4.50	195.79	2.04	70.83	1.98	14.31	0.411
46.03	2.56	21.22	913.20	4.58	245.92	2.12	85.82	1.96	17.48	0.400
69.79	2.54	24.95	1096.09	4.66	296.89	2.19	100.21	1.95	20.54	0.406
92.10	2.51	28.54	1279.26	4.74	348.82	2.27	114.13	1.94	23.52	0.403
05.03	2.85	26.56	1362.89	5.24	336.59	2.28	121.74	2.19	21.92	0.390
39.06	2.82	31.28	1635.56	5.32	405.94	2.36	142.33	2.17	25.79	0.388
71.20	2.80	35.83	1908.50	5.40	476.42	2.43	162.23	2.16	29.56	0.385
1.60	2.77	40.24	2181.79	5.48	548.22	2.51	182.57	2.16	33.44	0.382
8.11	3.13	32.49	1940.40	5.89	447.22	2.44	166.50	2.42	26.88	0.376
5.03	3.10	38.32	2328.38	5.98	538.94	2.52	194.87	2.40	31.66	0.374
9.55	3.08	43.97	2716.60	6.06	631.95	2.59	222.30	2.39	36.32	0.372
4.85	3.06	49.44	3105.15	6.14	726.46	2.67	248.94	2.38	40.87	0.369
.16	3.57	49.99	3193.85	6.54	787.74	2.83	285.79	2.74	41.23	0.392
.83	3.54	57.44	3726.17	6.62	922.47	2.91	326.58	2.73	47.34	0.390
.44	3.52	64.69	4258.86	6.70	1058.86	2.99	3466.21	2.71	53.22	0.388
.19	3.49	71.74	4792.00	6.78	1197.13	3.06	404.83	2.70	59.18	0.385

6/10～20/12.5号，长6～19米。

附表 3

热轧普通槽钢(GB707—65)

符号意义：
h——高度；
b——腿宽；
d——腰厚；
t——平均腿厚；
r——内圆弧半径；
r_1——腿端圆弧半径；
I——惯性矩；
W——截面模量；
i——惯性半径；
z_0——y-y 与 y_0-y_0 轴线间距离。

型号	尺寸 (毫米)						截面面积 (厘米²)	理论重量 (千克/米)	参考数值							
	h	b	d	t	r	r_1			x-x			y-y			y_0-y_0	z_0
									W_x (厘米³)	I_x (厘米⁴)	i_x (厘米)	W_y (厘米³)	I_y (厘米⁴)	i_y (厘米)	I_{y0} (厘米⁴)	(厘米)
5	50	37	4.5	7	7	3.5	6.93	5.44	10.4	26	1.94	3.55	8.3	1.1	20.9	1.35
6.3	63	40	4.8	7.5	7.5	3.75	8.444	6.63	16.123	50.786	2.453		11.872	1.185	28.38	1.36
8	80	43	5	8	8	4	10.24	8.04	25.3	101.3	3.15	5.79	16.6	1.27	37.4	1.43
10	100	48	5.3	8.5	8.5	4.25	12.74	10	39.7	198.3	3.95	7.8	25.6	1.41	54.9	1.52
12.6	126	53	5.5	9	9	4.5	15.69	12.37	62.137	391.466	4.953	10.242	37.99	1.567	77.09	1.59
14a	140	58	6	9.5	9.5	4.75	18.51	14.53	80.5	563.7	5.52	13.01	53.2	1.7	107.1	1.71
14b	140	60	8	9.5	9.5	4.75	21.31	16.73	87.1	609.4	5.35	14.12	61.1	1.69	120.6	1.67
16a	160	63	6.5	10	10	5	21.95	17.23	108.3	866.2	6.28	16.3	73.3	1.83	144.1	1.8
16	160	65	8.5	10	10	5	25.15	19.74	116.8	934.5	6.1	17.55	83.4	1.82	160.8	1.75
18a	180	68	7	10.5	10.5	5.25	25.69	20.17	141.4	1272.7	7.04	20.03	98.6	1.96	189.7	1.88
18	180	70	9	10.5	10.5	5.25	29.29	22.99	152.2	1369.9	6.84	21.52	111	1.95	210.1	1.84

型号	尺寸 (毫米)						截面面积 (厘米²)	理论重量 (千克/米)	参考数值							
									x—x			y—y			y0—y0	z0
	h	b	d	t	r	r₁			W_x (厘米³)	I_x (厘米⁴)	i_x (厘米)	W_y (厘米³)	I_y (厘米⁴)	i_y (厘米)	I_{y0} (厘米⁴)	(厘米)
20a	200	73	7	11	11	5.5	28.83	22.63	178	1780.4	7.86	24.2	128	2.11	244	2.01
20	200	75	9	11	11	5.5	32.83	25.77	191.4	1913.7	7.64	25.88	143.6	2.09	268.4	1.95
22a	220	77	7	11.5	11.5	5.75	31.84	24.99	217.6	2393.9	8.67	28.17	157.8	2.23	298.2	2.1
22	220	79	9	11.5	11.5	5.75	36.24	28.45	233.8	2571.4	8.42	30.05	176.4	2.21	326.3	2.03
a	250	78	7	12	12	6	34.91	27.47	269.597	3369.62	9.823	30.607	175.529	2.243	322.256	2.065
25b	250	80	9	12	12	6	39.91	31.30	282.402	3530.04	9.405	32.657	196.421	2.218	353.187	1.982
c	250	82	11	12	12	6	44.91	35.32	295.236	3690.45	9.065	35.926	218.415	2.206	384.133	1.921
a	280	82	7.5	12.5	12.5	6.25	40.02	31.42	340.328	4764.59	10.91	35.718	217.989	2.333	387.566	2.097
28b	280	84	9.5	12.5	12.5	6.25	45.62	35.81	366.46	5130.45	10.6	37.929	242.144	2.304	427.589	2.016
c	280	86	11.5	12.5	12.5	6.25	51.22	40.21	392.594	5496.32	10.35	40.301	267.602	2.286	426.597	1.951
a	320	88	8	14	14	7	48.7	38.22	474.879	7598.06	12.49	46.473	304.787	2.502	552.31	2.242
32b	320	90	10	14	14	7	55.1	43.25	509.012	8144.2	12.15	49.157	336.332	2.471	592.933	2.158
c	320	92	12	14	14	7	61.5	48.28	543.145	8690.33	11.88	52.642	374.175	2.467	643.299	2.092
a	360	96	9	16	16	8	60.89	47.8	956.7	11874.2	13.97	63.54	355	2.73	818.4	2.44
36b	360	98	11	16	16	8	68.09	53.45	702.9	12651.8	13.63	66.85	496.7	2.7	880.4	2.37
c	360	100	13	16	16	8	75.29	50.1	746.1	13429.4	13.36	70.02	536.4	2.67	947.9	2.34
a	400	100	10.5	18	18	9	75.05	58.91	878.9	17577.9	15.30	78.83	592	2.81	1067.7	2.49
40b	400	102	12.5	18	18	9	83.05	65.19	932.2	18644.5	14.98	82.52	640	2.78	1135.6	2.44
c	400	104	14.5	18	18	9	91.05	71.47	985.6	19711.2	14.71	86.19	687.8	2.75	1220.7	2.42

注：1. 槽钢长度：5～8号，长5～12米；10～18号，长5～19米；20～40号，长6～19米。
2. 一般采用材料：A2、A3、A5、A3F。

附表 4

热轧普通工字钢(GB706—65)

符号意义:
h——高度;
b——腿宽;
d——腰厚;
t——平均腿厚;
r——内圆弧半径;
r_1——腿端圆弧半径;
I——惯性矩;
W——截面模量;
i——惯性半径;
s——半截面对 x 轴的静矩。

型号	尺寸(毫米)						截面面积(厘米²)	理论重量(千克/米)	参考数值						
									$x-x$				$y-y$		
	h	b	d	t	r	r_1			I_x(厘米⁴)	W_x(厘米²)	i_x(厘米)	$I_x:S_1$	I_y(厘米⁴)	W_y(厘米³)	i_y(厘米)
10	100	68	4.5	7.6	6.5	3.3	14.3	11.2	245	49	4.14	8.59	33	9.72	1.52
12.6	126	74	5	8.4	7	3.5	18.1	14.2	488.43	77.529	5.195	10.85	46.906	12.677	1.609
14	140	80	5.5	9.1	7.5	3.8	21.5	16.9	712	102	5.76	12	64.4	16.1	1.73
16	160	88	6	9.9	8	4	26.1	20.5	1130	141	6.58	13.8	93.1	21.1	1.89
18	180	94	6.5	10.7	8.5	4.3	30.6	24.1	1660	185	7.36	15.4	122	26	2
20a	200	100	7	11.4	9	4.5	35.5	27.9	2370	237	8.15	17.2	158	31.5	2.12
20b	200	102	9	11.4	9	4.5	39.5	31.1	2500	250	7.96	16.9	169	33.1	2.06
22a	220	110	7.5	12.3	9.5	4.8	42	33	3400	309	8.99	18.9	225	40.9	2.31
22b	220	112	9.5	12.3	9.5	4.8	46.4	36.4	3570	325	8.78	18.7	239	42.7	2.27
25a	250	116	8	13	10	5	48.5	38.1	5023.54	401.88	10.18	21.58	280.046	48.283	2.403
25b	250	118	10	13	10	5	53.5	42	5283.96	422.72	9.938	21.27	309.297	52.423	2.404

型号	尺寸（毫米）						截面面积（厘米²）	理论重量（千克/米）	参考数值						
									x—x				y—y		
	h	b	d	t	r	r₁			I_x（厘米⁴）	W_x（厘米²）	i_x（厘米）	$I_x:S_1$	I_y（厘米⁴）	W_y（厘米³）	i_y（厘米）
28a	280	122	8.5	13.7	10.5	5.3	55.45	43.4	7114.14	508.15	11.32	24.62	345.051	56.565	2.495
28b	280	124	10.5	13.7	10.5	5.3	61.05	47.9	7480	534.29	11.08	24.24	379.496	61.209	2.493
32a	320	130	9.5	15	11.5	5.8	67.05	52.7	11075.5	692.2	12.84	27.46	459.93	70.758	2.619
32b	320	132	11.5	15	11.5	5.8	73.45	57.7	11621.4	726.33	12.58	27.09	501.53	75.989	2.614
32c	320	134	13.5	15	11.5	5.8	79.95	62.8	12167.5	760.47	12.34	26.77	543.81	81.166	2.608
36a	360	136	10	15.8	12	6	76.3	59.9	15760	875	14.4	30.7	552	81.2	2.69
36b	360	138	12	15.8	12	6	83.5	65.6	16530	919	14.1	30.3	582	84.3	2.64
36c	360	140	14	15.8	12	6	90.7	71.2	17310	962	13.8	29.9	612	87.4	2.6
40a	400	142	10.5	16.5	12.5	6.3	86.1	67.6	21720	1090	15.9	34.1	660	93.2	2.77
40b	400	144	12.5	16.5	12.5	6.3	94.1	73.8	22780	1140	15.6	33.6	692	96.2	2.71
40c	400	146	14.5	16.5	12.5	6.3	102	80.1	23850	1190	15.2	33.2	727	99.6	2.65
45a	450	150	11.5	18	13.5	6.8	102	80.4	32240	1430	17.7	38.6	855	114	2.89
45b	450	152	13.5	18	13.5	6.8	111	87.4	33760	1500	17.4	38	894	118	2.84
45c	450	154	15.5	18	13.5	6.8	120	94.5	35280	1570	17.1	37.6	938	122	2.79
50a	500	158	12	20	14	7	119	93.6	46470	1860	19.7	42.8	1120	142	3.07
50b	500	160	14	20	14	7	129	101	48560	1940	19.4	42.4	1170	146	3.01
50c	500	162	16	20	14	7	139	109	50640	2080	19	41.8	1220	151	2.96
56a	560	166	12.5	21	14.5	7.3	135.25	106.2	65585.6	2342.31	22.02	47.73	1370.16	165.08	3.182
56b	560	168	14.5	21	14.5	7.3	146.45	115	68512.5	2446.69	21.63	47.17	1486.75	174.25	3.162
56c	560	170	16.5	21	14.5	7.3	157.85	123.9	71439.4	2551.41	21.27	46.66	1558.39	183.34	3.158
63a	630	176	13	22	15	7.5	154.9	121.6	93916.2	2981.47	24.62	54.17	1700.55	193.24	3.314
63b	630	178	15	22	15	7.5	167.5	131.5	98083.6	3163.98	24.2	53.51	1812.07	203.6	3.289
63c	630	180	17	22	15	7.5	180.1	141	102251.1	3298.42	23.82	52.92	1924.91	213.88	3.268

注：1. 工字钢长度：10～18号，长5～19米；20～63号，长6～19米。

2. 一般采用材料：A2、A3、A5、A3F。

习 题 答 案

第 三 章

3-1 $R=5kN$, $<(R, P_1)=38.22°$

3-2 $R=795.5N$, $\angle(R、F_3)=66.9°$

3-3 $T=5.74kN$, $S_{BC}=9.06kN$

3-4 $S_{BC}=5kN$, $S_{AC}=10kN$

3-5 $S_{AC}=34.6kN$, $S_{BC}=0$

3-6 $F=15kN$, $F_{min}=12kN$, 方向与 OB 垂直。

3-7 $N=2.31kN$

3-8 $R=\dfrac{Pl}{2h}$

3-9 (a) $m_A(F)=\dfrac{l_1 l_2}{\sqrt{l_1^2+l_2^2}}F$

(b) $m_A(F)=Fa\sin\alpha-Fb\cos\alpha$

(c) $m_A(F)=-\dfrac{3}{2}Fa\sin\alpha$

(d) $m_A(F)=Fl\sin\alpha$

(e) $m_A(F)=-2Fl\sin\alpha$

(f) $m_A(F)=\dfrac{\sqrt{2}}{2}Fa$

3-10 $M=14N \cdot m$

3-11 $N_A=\dfrac{m}{a}$, $N_B=\dfrac{m}{a}$

3-12 $N_A=\dfrac{m}{\sqrt{2}a}$

3-13 $R_{01}=\dfrac{2m_1}{r}$, $O_2A=\dfrac{rm_2}{2m_1}$

3-14 $R_A=\dfrac{m}{2a}$, $R_E=\dfrac{\sqrt{2}m}{a}$

第 四 章

4-1 $R=608kN$, $\angle(R, x)=96.30°$

$x=0.488m$ (在 0 点左侧)

4-2 $R=8027kN$, $\angle(R, x)=87.62°$

$x=1.331m$ (在 O 点左侧)

4-3 (a) $X_A=-1.414kN$, $Y_A=-1.207kN$

$R_B=2.621kN$

(b) $X_A=0$, $Y_A=0.5kN$

$R_B=1.5kN$

4-4 $X_A = 14.14\text{kN}$，$Y_A = 7.07\text{kN}$

       $R_B = 7.07\text{kN}$

4-5 $X_A = 0$，$Y_A = ql$，$M_A = \dfrac{1}{2}ql^2$

4-6   (a) $X_A = 3\text{kN}$，$Y_A = 5\text{kN}$，$R_B = -1\text{kN}$

       (b) $X_A = -3\text{kN}$，$Y_A = -0.25\text{kN}$ $R_B = 4.25\text{kN}$

4-7 $S_{BC} = P$，$X_A = -\dfrac{\sqrt{3}}{2}P$，$Y_A = \dfrac{P}{2}$

4-8 $R_A = 4q$，$X_B = -P$，$Y_B = 0$

4-9 $X_A = 2400\text{N}$，$Y_A = 1200\text{N}$

4-10 $x = \dfrac{Q}{W}a$

4-11 $P = 343\text{N}$

4-12 $X_A = X_B = 120\text{kN}$，$Y_A = Y_B = 300\text{kN}$

4-13 $X_A = 1\text{kN}$，$Y_A = 0.875\text{kN}$，$M_A = 0.35\text{kN} \cdot \text{m}$

4-14 $X_A = 0$，$Y_A = -48.3\text{kN}$，$N_B = 100\text{kN}$

4-15 $X_A = 0$，$Y_A = -15\text{kN}$

4-16 $X_A = \dfrac{qb^2}{2a}$，$Y_A = \dfrac{qb}{2}$

4-17 $S_1 = \dfrac{P}{2}$，$S_2 = -\dfrac{P}{2}$

4-18 $X_D = 2400\text{N}$，$Y_D = 300\text{N}$

4-19 $X_B = 20\text{kN}$，$Y_B = 50\text{kN}$

4-20 $X_0 = -\dfrac{b}{a}P$，$Y_0 = 2P$

4-21 $Q = \dfrac{\sin\ (\alpha+\varphi)}{\cos\ (\theta-\varphi)}P$，当 $\theta=\varphi$ 时，$Q = P\sin\ (\alpha+\varphi)$

4-22 $S = 0.45l$

4-23 $\text{tg}\alpha \geqslant \dfrac{P+2Q}{2f\ (P+Q)}$

4-24 $f = 0.224$

4-25 $P = 500\text{N}$

4-26 $Q_1 = fP_A$，$Q_2 = fP_B$

第 五 章

5-1   (a) 几何不变，(b) 几何不变

      (c) 几何可变，(d) 几何不变

      (e) 几何不变，(f) 几何不变

      (g) 几何不变，(h) 几何不变

      (i) 几何不变，(j) 几何不变

      (k) 瞬变   (l) 几何可变

      (m) 几何不变（有 2 个多余联系）

第 六 章

6-1   (a) $N_1 = P$，$N_2 = 2P$

      (b) $N_1 = 0$，$N_2 = P$

(c) $N_1=0$，$N_2=0$

(d) $N_1=P$，$N_2=0$

6-2　(a) $Q=\dfrac{P}{2}$，$M=-\dfrac{Pl}{4}$

　　(b) $Q=14\text{kN}$，$M=-26\text{kN} \cdot \text{m}$

　　(c) $Q_1=-qa$，$M_1=-qa^2$

　　　　$Q_2=-2qa$，$M_2=-\dfrac{q}{2}qa^2$

　　(d) $Q=-6\text{kN}$，$M=0$

　　(e) $Q=7\text{kN}$，$M=2\text{kN} \cdot \text{m}$

　　(f) $Q=-7\text{kN}$，$M=17\text{kN} \cdot \text{m}$

6-3　(a) $Q_1=\dfrac{P}{2}$，$M_1=\dfrac{Pl}{4}$，$Q_2=-\dfrac{P}{2}$，$M_2=\dfrac{Pl}{4}$

　　(b) $Q_1=-\dfrac{M}{l}$，$M_1=-\dfrac{M}{2}$，$Q_2=-\dfrac{M}{l}$，$M_2=\dfrac{M}{2}$

6-4　(a) $Q^-_{\max}=\dfrac{M}{l}$，$M^+_{\max}=M$

　　(b) $Q^-_{\max}=-\dfrac{1}{2}ql$，$Q^+_{\max}=\dfrac{ql}{8}$，$M^-_{\max}=\dfrac{1}{8}ql^2$

　　(c) $Q^+_{\max}=ql$，$M^-_{\max}=\dfrac{1}{2}ql^2$

　　(d) $Q^+_{\max}=P$，$Q^-_{\max}=P$，$M^+_{\max}=Pa$

6-5　(a) $Q^+_{\max}=1\text{kN}$，$M^+_{\max}=12\text{kN} \cdot \text{m}$

　　(b) $Q^+_{\max}=8\text{kN}$，$Q^-_{\max}=12\text{kN}$，$M^-_{\max}=8\text{kN} \cdot \text{m}$

　　(c) $Q^+_{\max}=10\text{kN}$，$Q^-_{\max}=10\text{kN}$，$M^+_{\max}=12\text{kN} \cdot \text{m}$

　　　　$M^-_{\max}=8\text{kN} \cdot \text{m}$

　　(d) $Q^+_{\max}=16\text{kN}$，$Q^-_{\max}=16\text{kN}$，$M^-_{\max}=30\text{kN} \cdot \text{m}$

　　(e) $Q^+_{\max}=11\text{kN}$，$Q^-_{\max}=9\text{kN}$，

　　　　$M_B=11\text{kN} \cdot \text{m}$　$M_C=10\text{kN} \cdot \text{m}$

　　(f) $Q^+_{\max}=18\text{kN}$，$Q^-_{\max}=12\text{kN}$，$M^-_{\max}=18\text{kN} \cdot \text{m}$

6-6　$Q^-_{\max}=\dfrac{1}{3}ql$，$M^+_{\max}=\dfrac{\sqrt{3}}{27}ql^2$

　　$Q^+_{\max}=\dfrac{1}{6}ql$

6-7　$Q^+_{\max}=1.8q$，$Q^-_{\max}=1.8q$，$M^+_{\max}=1.81q$，$N^+_{\max}=0.9q$，$N^-_{\max}=0.9q$

6-9　(a) $Q^+_{\max}=6\text{kN}$，$Q^-_{\max}=4\text{kN}$，$M^+_{\max}=12\text{kN} \cdot \text{m}$

　　　　$M^-_{\max}=6\text{kN} \cdot \text{m}$

　　(b) $Q^+_{\max}=10\text{kN}$，$Q^-_{\max}=10\text{kN}$，$M^+_{\max}=12\text{kN} \cdot \text{m}$

　　　　$M^-_{\max}=18\text{kN} \cdot \text{m}$

　　(c) $Q^+_{\max}=40.5\text{kN}$，$Q^-_{\max}=39.5\text{kN}$，$M^-_{\max}=8\text{kN} \cdot \text{m}$，$M^+_{\max}=74\text{kN} \cdot \text{m}$

6-10　(a) $M_{CB}=M$（下边受拉），$M_{CA}=0$

　　(b) $M_{AB}=\dfrac{Pa}{2}$（右侧受拉），$M_{BC}=\dfrac{Pa}{2}$（上边受拉），$M_{CD}=\dfrac{Pa}{2}$（右侧受拉）

　　(c) $M_{AC}=40\text{kN} \cdot \text{m}$（左侧受拉），$M_{CB}=40\text{kN} \cdot \text{m}$（上边受拉）

　　　　$M_{CD}=80\text{kN} \cdot \text{m}$（上边受拉）

　　(d) $M_{AC}=\dfrac{1}{6}qb^2$（右侧受拉），$M_{BD}=\dfrac{1}{6}qb^2$（左侧受拉）

　　(e) $M_{DC}=20\text{kN} \cdot \text{m}$（左侧受拉），$M_{DB}=30.6\text{kN} \cdot \text{m}$（下边受拉）

(f) $M_{BA}=10kN \cdot m$（右侧受拉），$M_{CB}=10kN \cdot m$（右侧受拉）

$M_{CD}=10kN \cdot m$（下边受拉），$M_{DC}=0$，$M_{max}=16.8kN \cdot m$（CD 杆下边受拉）

6-12 (a) $M_{DA}=\dfrac{5}{4}ql^2$（右侧受拉），$M_{DB}=\dfrac{3}{2}ql^2$（下边受拉）

$M_{DC}=\dfrac{5}{4}ql^2$（左侧受拉），$M_{DE}=ql^2$（上边受拉）

(b) $M_{DA}=0$，$M_{ED}=\dfrac{Pl}{2}$（下边受拉）

$M_{EB}=Pl$（左侧受拉），$M_{EF}=\dfrac{Pl}{2}$（上边受拉）

$M_{FC}=0$

(c) $M_{DA}=\dfrac{ql^2}{4}$（右侧受拉），$M_{DC}=\dfrac{ql^2}{4}$（下边受拉）

$M_{EC}=\dfrac{ql^2}{4}$（上边受拉），$M_{EB}=\dfrac{ql^2}{4}$（右侧受拉）

(d) $M_B=\dfrac{qa^2}{4}$（下边受拉），$M_D=\dfrac{qa^2}{2}$（上边受拉）

(e) $M_C=\dfrac{qa^2}{8}$（上边受拉），$M_D=\dfrac{qa^2}{8}$（上边受拉）

6-13 $M_{DC}=M_C=M_{EC}=0$

6-14 $M_K=-29kN \cdot m$，$Q_K=18.3kN \cdot m$，$N_K=-68.3kN \cdot m$

6-15 $M_D=125kN \cdot m$，$Q_{D左}=46.4kN$，$Q_{D右}=-46.4kN$

$N_{D左}=153.2kN$，$N_{D右}=116.1kN$，$M_E=0$，

$Q_E=0$，$N_E=134.7kN$

6-16

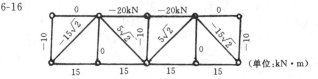

（单位：kN·m）

6-17 (a) $S_1=-2P$，$S_2=-\sqrt{2}P$，$S_3=3P$，$S_4=0$

(b) $S_1=-2P$，$S_2=-\dfrac{3}{4}P$，$S_3=2P$，$S_4=-\dfrac{\sqrt{5}}{4}P$

6-18 (a) $S_1=-P$，$S_2=0$

(b) $S_1=-\sqrt{5}P$

第 七 章

7-1 $\sigma_{1-1}=-25MPa$，$\sigma_{2-2}=25MPa$

7-2 $\sigma_{AB} : \sigma_{BC}=1 : 4$

7-3 $\sigma_{AB}=\sigma_{CD}=7.5MPa$，$\sigma_{BC}=20MPa$

7-4 $\sigma_{BC}=150MPa$

7-5 $\sigma_{AB}=17.3MPa$（压），$\sigma_{BC}=33.3MPa$

7-6 $P=97.1kN$

7-7 $d=2.66cm$

7-8 $\Delta l_{AD}=0.175mm$

7-9 $\Delta l_{AC}=0.8mm$

7-10 $\Delta l_{AB}=-0.5mm$，$\Delta l_{BC}=0.125mm$

$\Delta l_{CD}=0.75mm$，$\Delta l_{AD}=0.375mm$

$\varepsilon_{AB} = -0.5\%$，$\varepsilon_{BC} = 0.125\%$

$\varepsilon_{CD} = 0.375\%$。

第 八 章

8-1　$\tau = 5.97 \times 10^4 \text{kPa}$，$\sigma_C = 9.38 \times 10^4 \text{kPa}$

8-2　$t = 8.3 \text{cm}$

8-3　$\tau = 99.5 \text{MPa}$，$\sigma_C = 125 \text{MPa}$，$\sigma = 125 \text{MPa}$

8-4　$d = 14 \text{mm}$

8-5　$l = 20 \text{cm}$，$a = 2 \text{cm}$

8-7　$\tau_A = 71.4 \text{MPa}$，$\tau_B = 71.4 \text{MPa}$

　　　$\tau_C = 35.7 \text{MPa}$，$\varphi = 0.018 \text{rad}$

8-8　$\tau_{max} = 120 \text{MPa}$

8-9　$\tau_{max} = 24.2 \text{MPa}$，$\theta_{max} = 0.46°/\text{m}$

　　　若 M_1 与 M_2 互换位置，则

　　　$\tau_{max} = 14.52 \text{MPa}$，$\theta_{max} = 0.28°/\text{m}$

8-10　$\tau_{max} = 33.4 \text{MPa}$，$l = 10.4 \text{cm}$

8-11　$d \geqslant 18.5 \text{cm}$，$d_1 \geqslant 2.4 \text{cm}$

第 九 章

9-1　$\sigma_a = -6.55 \text{MPa}$，$\sigma_b = -4.68 \text{MPa}$

　　　$\sigma_c = 0$，$\sigma_d = 4.68 \text{MPa}$，$\sigma_e = 6.55 \text{MPa}$

9-2　$\sigma_{max} = 160 \text{MPa}$

9-3　$\sigma_{max} = 10.4 \text{MPa}$，$\sigma_{min} = -10.4 \text{MPa}$，

　　　最大拉应力和最大压应力均发生在 c 截面。

9-4　(a) $I_z = \dfrac{x}{64}(d_1^4 - d_2^4)$

　　　(b) $I_z = \dfrac{1}{12}(b_1 h_1^3 - b_2 h_2^3)$

9-5　$I_z = 0.467 \times 10^{-3} \text{cm}^4$。

9-6　$\sigma_{拉max} = 15.09 \text{MPa}$，$\sigma_{压max} = 9.6 \text{MPa}$

9-7　$\sigma_{max} = 153.8 \text{MPa} < [\sigma]$ 安全

9-8　$P_{max} = 6.48 \text{kN}$

9-9　$P_{max} = 18.4 \text{kN}$

9-10　$b = 27.7 \text{cm}$，$h = 41.6 \text{cm}$

9-11　$d = 14.5 \text{cm}$

9-12　$\tau_a = \tau_c = 0$，$\tau_b = \tau_d = 0.225 \text{MPa}$

　　　$\tau_c = 0.46 \text{MPa}$

9-13　$\tau_{max} = 2.08 \text{MPa}$，

9-14　$\sigma_{max} = 7.01 \text{MPa}$，$\tau_{max} = 0.475 \text{MPa}$

9-16　16 号工字钢

第 十 章

10-1　$\sigma_{max} = 127.7 \text{MPa}$

10-2 $b=0.094$m, $h=0.141$m

10-3 $q_{max}=1.39$kN/m

10-4 $\sigma_{压max}=-4.39$MPa

10-5 $\sigma_{max}=81.8$MPa

10-6 $\sigma_A=0$, $\sigma_B=-1.34$MPa

10-7 $\sigma_{拉max}=\dfrac{7P}{bh}$

10-8 $\sigma_{压max}=-1.75$MPa

10-10 $\sqrt{\sigma^2+4\tau^2}=130.4$MPa

10-11 $\sqrt{\sigma^2+4\tau^2}=142$MPa

第 十 一 章

11-1 $\theta_A=\dfrac{ml}{6EI}$, $\theta_B=-\dfrac{ml}{3EI}$, $y_C=\dfrac{ml^2}{16EI}$

11-2 $\theta_A=-\dfrac{ql^3}{6EI}$, $y_B=\dfrac{ql^4}{8EI}$

11-3 $\theta_A=-\dfrac{ml}{24EI}$, $y_C=0$

11-4 $\theta_C=\dfrac{7ql^3}{48EI}$, $y_C=\dfrac{41ql^4}{384EI}$

11-5 $y_C=3.24$mm

11-6 $\theta_B=\dfrac{1}{EI}\left(ml+\dfrac{Pl^2}{2}\right)$

$\qquad y_B=\dfrac{1}{EI}\left(\dfrac{ml^2}{2}+\dfrac{Pl^3}{3}\right)$

11-7 $y_C=\dfrac{19ql^4}{1920EI}$

$\qquad \theta_A=\dfrac{ql^3}{40EI}$, $\theta_B=-\dfrac{ql^3}{30EI}$

11-8 $y_C=\dfrac{29Pl^3}{48EI}$

11-9 $\theta_B=-\dfrac{qa^3}{3EI}$, $y_B=-\dfrac{qa^4}{24EI}$, $\theta_C=-\dfrac{4qa^3}{3EI}$, $y_C=-\dfrac{7qa^4}{8EI}$

11-10 (a) $\Delta=\dfrac{11ql^4}{384EI}$, (b) $\Delta=\dfrac{Pl^3}{8EI}$

11-11 (a) $\theta_{\frac{l}{2}}=\dfrac{ql^3}{192EI}$, (b) $\theta_{\frac{l}{2}}=\dfrac{Pl^2}{48EI}$

11-12 (a) $\Delta=\dfrac{3Pl^3}{16EI}$, (b) $\Delta=\dfrac{41ql^4}{384EI}$

11-13 $\Delta_B=\dfrac{Pa}{EA}$, $\Delta_C=\dfrac{(2\sqrt{2}+1)Pa}{2EA}$

11-14 $\Delta_1=\dfrac{5Pa}{2EA}$

11-15 $\Delta=\dfrac{Pl^3}{16EI}$

11-16 $\Delta=\dfrac{23Pl^3}{3EI}$

11-17 $\theta=\dfrac{ql^3}{6EI}$

11-18 $\theta=\dfrac{ql^3}{48EI}$

11-19 $\theta=\dfrac{35ql^3}{48EI}$

11-20 $\dfrac{y_c}{l}=3.75\times10^{-3}>\dfrac{1}{400}=2.5\times10^{-3}$，刚度不满足要求

11-21 $[q]=8.25\text{kN/m}$

$\sigma_{max}=72.1\text{MPa}$

第 十 二 章

12-1 (a) 2 次　(b) 2 次　(c) 1 次　(d) 1 次　(e) 2 次　(f) 3 次　(g) 4 次　(h) 16 次

(i) 4 次　(j) 3 次

12-2 (a) $M_{AB}=\dfrac{3}{16}Pl$（上部受拉）　(b) $M_{BA}=\dfrac{qa^2}{28}$（上部受拉）

$M_{CB}=\dfrac{3}{28}qa^2$（上部受拉）　(c) $M_{BA}=\dfrac{ql^2}{16}$（上部受拉）

(d) $Y_B=P\cdot\dfrac{(2l^3-3l^2a+a^3)}{2l^3-a^3}$

12-3 (a) $M_{BC}=\dfrac{3}{8}Pl$（下部受拉）$M_{AB}=\dfrac{5}{8}Pl$（左侧受拉）　(b) $M_{AB}=\dfrac{3}{28}ql^2$（上部受拉），$M_{BC}=$

$\dfrac{1}{28}ql^2$（上部受拉）　(c) $M_{BA}=M_{BC}=\dfrac{ql^2}{8}$（上部受拉）　(d) $M_{BC}=\dfrac{ql^2}{20}$（上部受拉），$M_{CE}=$

$\dfrac{ql^2}{20}$（上部受拉）

12-4 (a) $N_{AD}=P$，$N_{BD}=0.586P$，$N_{CD}=-0.414P$，

$N_{DE}=\sqrt{2}\,P$，$N_{CE}=-P$

(b) $N_{CD}=0$，$N_{DE}=0$，$N_{CA}=0$，$N_{CF}=0$，

$N_{AD}=-\dfrac{\sqrt{2}}{2}P$，$N_{BD}=-\dfrac{\sqrt{2}}{2}P$，$N_{EF}=0$，$N_{BE}=0$

$N_{AF}=\dfrac{P}{2}$，$N_{BF}=\dfrac{P}{2}$

12-5 $M_C=M_D=14.6\text{kN}\cdot\text{m}$（上部受拉）$N_{EF}=67.3\text{kN}$

12-6 $N_1=-\dfrac{7}{29}P$，$N_2=-\dfrac{27}{29}P$

12-7 (a) $M_{AC}=\dfrac{ql^2}{24}$（外侧受拉）　(b) $M_{BC}=\dfrac{qa^2}{20}$（上部受拉）　(c) $M_{BC}=\dfrac{3}{8}Pl$（下部受拉），

$M_{DC}=\dfrac{3}{8}Pl$（上部受拉）　(d) $M_{BA}=\dfrac{Pa}{4}$（上部受拉），$M_{BC}=\dfrac{Fa}{4}$（下部受拉）$M_{BE}=\dfrac{Pa}{2}$（右侧

受拉）

12-8 $M_{AB}=\dfrac{3EI}{l^2}\Delta$（上部受拉）

第 十 三 章

13-1 (a) 3 个　(b) 2 个　(c) 8 个　(d) 4 个　(e) 3 个　(f) 11 个　(g) 5 个　(h) 2 个

13-2 (a) $M_{BA}=\dfrac{ql^2}{24}$（左侧受拉），$Q_{BA}=-\dfrac{ql}{16}$，$N_{BA}=-\dfrac{7}{16}ql$

(b) $M_{AB}=M_{DC}=M_{FE}=\dfrac{Ph}{3}$（左侧受拉），$N_{BC}=-\dfrac{2}{3}P$，$N_{CE}=-\dfrac{P}{3}$

13-3 (a) $M_{BA}=\dfrac{Pl}{12}$（上部受拉），$M_{BC}=\dfrac{Pl}{8}$（上部受拉），$M_{BD}=\dfrac{Pl}{24}$（左侧受拉）

(b) $M_{BA}=\dfrac{3}{44}Pl$（上部受拉），$M_{BC}=\dfrac{3}{22}Pl$（上部受拉），

$M_{BD}=\dfrac{3}{44}Pl$（左侧受拉）

(c) $M_{BA}=\dfrac{160}{7}$kN・m（上部受拉）, $M_{BD}=\dfrac{100}{7}$kN・m（上部受拉）,

$M_{BC}=\dfrac{60}{7}$kN・m（右侧受拉）, $M_{DE}=\dfrac{20}{7}$kN・m（左侧受拉）

(d) $M_{BA}=\dfrac{5}{22}ql^2$（左侧受拉）, $M_{DC}=\dfrac{3}{11}ql^3$（上部受拉）, $M_{AB}=\dfrac{5}{44}ql^2$（右侧受拉）

(e) $M_{BA}=\dfrac{3}{56}Pl$（上部受拉）, $M_{BC}=\dfrac{3}{56}Pl$（下部受拉）。

$M_{BD}=\dfrac{3}{28}Pl$（右侧受拉）

(f) $M_{BA}=\dfrac{6}{23}Pl$（右侧受拉）, $M_{AB}=\dfrac{10}{23}Pl$（左侧受拉）

$M_{DC}=\dfrac{7}{23}Pl$（左侧受拉）

13-4 $M_{CB}=\dfrac{12}{7}\dfrac{i\Delta}{l}$（下部受拉）, $M_{AC}=\dfrac{6}{7}\dfrac{i\Delta}{l}$（左侧受拉）

13-5 $M_{BA}=\dfrac{12}{5}\dfrac{i\Delta}{l}$（上部受拉）, $M_{CB}=2\dfrac{i\Delta}{l}$（下部受拉）

第 十 四 章

14-1 (a) $M_{AB}=-1.67$kN・m, $M_{BA}=16.7$kN・m, $M_{BC}=-16.7$kN・m, $M_{CB}=31.67$kN・m

(b) $M_{AB}=78.6$kN・m, $M_{BA}=68$kN・m, $M_{BC}=-68$kN・m

(c) $M_{DA}=28.4$kN・m, $M_{AD}=14.2$kN・m, $M_{DB}=10.7$kN・m, $M_{DC}=-39.1$kN・m, $M_{CD}=$ 60.4kN・m

14-2 $M_{AB}=26.6$kN・m, $M_{BA}=53.1$kN・m, $M_{BC}=-53.1$kN・m

$M_{CB}=93.8$kN・m

14-3 $M_{AB}=36.2$kN・m, $M_{BA}=162.8$kN・m, $M_{CB}=-162.8$kN・m, $M_{CB}=124.8$kN・m, $M_{CD}=$ -124.8kN・m

14-4 $M_{AB}=-37.57$kN・m, $M_{BA}=37.35$kN・m, $M_{BC}=-37.35$kN・m, $M_{BC}=5.67$kN・m, $M_{CD}=$ -5.67kN・m, $M_{DC}=20$kN・m

第 十 五 章

15-1 $P_{1j}=177$kN

15-2 $P_{ej}=100.7$kN

15-3 (a) 杆先失稳

15-4 $l=0.86$m

15-5 $\lambda_y=160.6$, $\varphi=0.274$, $P/\varphi A=149.6$MPa$<f$

15-6 AB 梁 $\sigma_{max}=129$MPa$<[\sigma]$（按拉弯计算）

CD 杆 $N/\varphi A=154$MPa$<f$

15-7 $a=13.17$cm

15-8 $t=3.2$mm